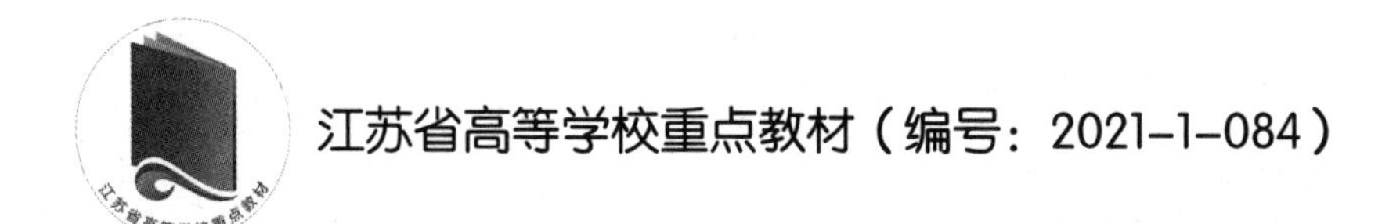

Java语言程序设计案例教程

主　编　徐义晗　黄丽萍

副主编　郜继红　史志英　崔传路

電子工業出版社

Publishing House of Electronics Industry

北京 · BEIJING

内 容 简 介

Java 是当今流行的编程语言之一，使用 Java 开发的软件项目随处可见。本书内容涉及 Java 开发环境的搭建、Java 语法基础、面向对象程序设计、Java 常用类库、Java 异常处理、GUI 程序设计、Java 实现数据库操作、多线程编程、Java 输入/输出（I/O）操作等。本书知识点对接了国信蓝桥“1+X”《大数据应用开发（Java）职业技能等级标准》中的初级、中级技能要求。通过本书的学习，学生不仅可以全面学习 Java 开发理论知识，还可以掌握更多的 Java 应用技巧。

本书选用了丰富的案例，通过任务描述引入问题，通过知识储备和任务实施帮助学生理解并掌握理论知识，提高学生分析和解决实际问题的能力。各单元难度适中，将理论知识与实践操作紧密结合，便于实现理实一体化教学。同时，本书注重思政教育，把培育和践行社会主义核心价值观的基本要求融入教学过程，增强学生探索未知、追求真理的责任感和使命感。

本书既可以作为高职高专和应用型本科学生学习 Java 语言程序设计的教材，又可以作为 Java 语言程序设计人员的技术参考书。

图书在版编目（CIP）数据

Java 语言程序设计案例教程 / 徐义晗，黄丽萍主编.
北京 : 电子工业出版社, 2024. 6. -- ISBN 978-7-121
-48390-5

Ⅰ. TP312.8

中国国家版本馆 CIP 数据核字第 2024AL1853 号

责任编辑：刘　洁
印　　刷：三河市双峰印刷装订有限公司
装　　订：三河市双峰印刷装订有限公司
出版发行：电子工业出版社
　　　　　北京市海淀区万寿路 173 信箱　　邮编：100036
开　　本：787×1092　1/16　印张：18　字数：405 千字
版　　次：2024 年 6 月第 1 版
印　　次：2024 年 6 月第 1 次印刷
定　　价：59.80 元

凡所购买电子工业出版社图书有缺损问题，请向购买书店调换。若书店售缺，请与本社发行部联系，联系及邮购电话：（010）88254888，88258888。

质量投诉请发邮件至 zlts@phei.com.cn，盗版侵权举报请发邮件至 dbqq@phei.com.cn。

本书咨询联系方式：（010）88254178，liujie@phei.com.cn。

前 言

Java 不仅是 Web 开发的主流技术，也逐步成为移动应用开发的主流技术。很多高等院校都将“Java 语言程序设计”列为计算机专业学生的必修课程。本书内容涉及 Java 开发环境的搭建、Java 语法基础、面向对象程序设计、Java 常用类库、Java 异常处理、GUI 程序设计、Java 实现数据库操作、多线程编程、Java 输入/输出（I/O）操作等，具有以下特点。

1．项目化教学，突出实用性

本书选取了“简易计算器”“小型抽奖系统”“简易记事本程序”“网络聊天室”“学生成绩管理系统”等项目，通过项目制定实践任务，将理论知识和实践操作紧密结合，实现理实一体化教学，提高学生的程序设计能力，增强岗位认知。

2．对接“1+X”考核要求，契合技能点

本书选取的知识点对接了国信蓝桥“1+X”《大数据应用开发（Java）职业技能等级标准》中的初级、中级技能要求，有助于学生夯实基础，无缝对接“1+X”证书的认证考试。

3．立德树人，牢记育人使命

本书融入了思政元素，注重培育和践行社会主义核心价值观，培养学生精益求精的大国工匠精神，激发学生科技报国的家国情怀和使命担当。

本书提供了教学课件、案例源文件、项目源代码、习题答案等丰富的课程资源，方便学生使用。

本书由江苏电子信息职业学院的徐义晗、黄丽萍担任主编，由郜继红和无锡工艺职业技术学院的史志英、江苏迪达科技有限公司技术总监崔传路担任副主编。

本书在编写过程中参考了相关文献，并引用了其中的一些例题和内容，在此对这些文献的作者表示诚挚的谢意。

由于编者水平有限，书中难免存在疏漏和不足之处，恳请广大读者批评指正。

目 录

单元一

Java 开发环境的搭建

Java 作为一种流行的网络编程语言，在当今信息化社会中发挥了重要的作用。本单元主要介绍 JDK 的安装和配置、利用记事本和 Eclipse 编写 Java 程序。这些知识点对接了国信蓝桥“1+X”《大数据应用开发（Java）职业技能等级标准》中的初级技能要求。

学习目标

- 了解 Java 的发展历程及特点。
- 正确安装和配置 JDK（★）。
- 了解 Java 程序的运行机制，正确编译和运行 Java 程序（★）。
- 使用基础工具编写程序源代码（★）。
- 使用 Eclipse 开发环境创建工程（★）。

素养目标

- 培养学生利用搜索引擎等工具搜集资料的能力。
- 通过 Java 的发展历程和发展前景的讲解，培养学生的职业认同感。
- 通过开发环境的搭建，引导学生自主探索和实践，培养学生解决问题的能力。
- 培养学生认真、严谨的工匠精神。

任务一　JDK 的安装和配置

任务描述

要学习 Java，首先需要进行软件的下载和安装。本任务主要完成 JDK 的下载、安装和环境变量的配置。

知识储备

1.1 Java 的发展历程

Java 是由 Sun Microsystems 公司（以下简称“Sun 公司”）于 1995 年 5 月推出的 Java 程序设计语言和 Java 平台的总称。Java 平台由 Java 虚拟机（Java Virtual Machine，JVM）和 Java 应用编程接口（Application Programming Interface，API）构成。

1991 年，Sun 公司的 James Gosling、Bill Joe 等人，为控制电视、烤面包机等家用电器的交互操作开发了一个 Oak（一种橡树的名字）软件，该软件是 Java 的前身。1994 年，随着互联网和万维网（World Wide Web，WWW）的飞速发展，他们用 Java 编制了 HotJava 浏览器，得到了当时 Sun 公司首席执行官 Scott McNealy 的支持，得以继续研究和发展。注意，由于 Oak 是另外一个注册公司的名字，因此出于促销和法律方面的原因，Oak 于 1995 年更名为 Java。

随着 Internet 的出现，Java 被推到编程语言的最前沿，这是因为 Internet 也需要可移植的程序。Internet 由不同的、分布式的系统组成，其中包括各种类型的计算机、操作系统和 CPU。尽管许多类型的平台都可以与 Internet 连接，但用户仍然希望他们能够运行同样的程序。Internet 使得 Java 成为网上最流行的编程语言之一，同时 Java 对 Internet 的影响也意义深远。Java 的发展历程如下。

1995 年 5 月 23 日，Java 诞生。

1996 年 1 月，第一个 JDK——JDK 1.0 诞生。

1996 年 4 月，10 个最主要的操作系统供应商声明将在其产品中嵌入 Java 技术。

1996 年 9 月，约 8.3 万个网页应用了 Java 技术。

1997 年 2 月 18 日，JDK 1.1 发布。

1997 年 4 月 2 日，JavaOne 会议召开，参与者超过了 1 万人，打破了当时全球同类会议规模的纪录。

1997 年 9 月，JavaDeveloperConnection 社区成员超过 10 万人。

1998 年 2 月，JDK 1.1 的下载次数超过 2 000 000 次。

1998 年 12 月 8 日，Java 2 平台企业版 J2EE 发布。

1999 年 6 月，Sun 公司发布 Java 的 3 个版本：标准版（Java SE，以前是 J2SE）、企业版（Java EE，以前是 J2EE）和微型版（Java ME，以前是 J2ME）。

2000 年 5 月 8 日，JDK 1.3 发布。

2000 年 5 月 29 日，JDK 1.4 发布。

2001 年 6 月 5 日，诺基亚公司宣布，到 2003 年将出售 1 亿部支持 Java 的手机。

2001 年 9 月 24 日，J2EE 1.3 发布。

2002 年 2 月 26 日，J2SE 1.4 发布，自此 Java 的计算能力有了大幅度提升。

2004 年 9 月 30 日 18:00，J2SE 1.5 发布，成为 Java 发展史上的又一“里程碑”。为了表示该版本的重要性，J2SE 1.5 更名为 Java SE 5.0。

2005 年 6 月，JavaOne 会议召开，Sun 公司公开 Java SE 6。此时，Java 的各种版本已经更名，取消了其中的数字“2”：J2EE 更名为 Java EE，J2SE 更名为 Java SE，J2ME 更名为 Java ME。

2006 年 12 月，Sun 公司发布 JRE 6.0。

2009 年 4 月 20 日，Oracle 公司以 74 亿美元收购 Sun 公司，取得了 Java 的版权。

2010 年 11 月，由于 Oracle 公司对 Java 社区表现出的不友善态度，因此 Apache 扬言退出 JCP。

2011 年 7 月 28 日，Oracle 公司发布 Java 7.0 的正式版。

2014 年 3 月 18 日，Java SE 8 发布。

2017 年 9 月 21 日，Java SE 9 发布。

2018 年 3 月 21 日，Java SE 10 发布。

2018 年 9 月 25 日，Java SE 11 发布。

2019 年 3 月 20 日，Java SE 12 发布。

2019 年 9 月 17 日，JDK 13 发布。

2020 年 3 月 17 日，JDK 14 发布。

2020 年 9 月 15 日，JDK 15 发布。

2021 年 3 月 16 日，JDK 16 发布。

2021 年 9 月 14 日，JDK 17 发布，这也是在 JDK 11 之后的下一个 LTS（长期支持）版本，在性能、安全性和稳定性方面得到了较大提升，并且官方计划支持到 2029 年 9 月。

1.2 Java 的发展前景

随着数字化时代的到来，计算机和网络技术的发展给人们的生活带来了极大的改变。经过多年的发展，Java 已经成为在各大企业中最受欢迎的编程语言之一。随着 Java 技术的不断更新和升级，Java 9、Java 10、Java 11 等版本不仅增加了新的特性和功能，也提升了性能和安全性。

Java 技术的应用场景正在不断拓展。除了传统的后端开发和桌面应用开发领域，Java 技术还广泛应用于大数据、云计算、人工智能等领域。而且随着物联网技术的不断发展，Java 技术必将成为连接物联网设备和互联网的重要技术之一。

思政小贴士

工业和信息化部印发的《“十四五”软件和信息技术服务业发展规划》中指出：“软件是新一代信息技术的灵魂，是数字经济发展的基础，是制造强国、网络强国、数字中国建设的关键支撑。”“人类社会正在进入以数字化生产力为主要标志的发展新阶段，软件在数字化进程中发挥着重要的基础支撑作用，加速向网络化、平台化、智能化方向发展，驱动云计算、大数据、人工智能、5G、区块链、工业互联网、量子计算等新一代信息技术迭代创新、群体突破，加快数字产业化步伐。”

1.3 Java 的特点

Java 是一种简单、面向对象、分布式、健壮、安全、体系结构中立、可移植、高性能、解释型和动态的编程语言，支持多线程的同时执行。这句话就是对 Java 特点的一个概括。

1. 简单

Java 的语法与 C、C++语言很接近，这使得大多数程序员很容易学习和使用它。同时，Java 丢弃了 C++中很少使用的、很难理解的、令人迷惑的特性，如操作符重载、多继承、强制类型转换等。特别地，Java 不使用指针，而使用引用机制。此外，Java 还提供了自动分配和内存空间回收的功能，使得程序员不必为内存管理而担忧。

2. 面向对象

Java 是一种纯面向对象语言，其编程重点在于生成对象、操作对象，以及如何使用对象才能实现协调工作的效果。Java 提供类、接口和继承等面向对象的特性，并支持类与接口之间的实现机制（关键字为 implements）。Java 全面支持动态绑定，而 C++只对虚函数使用动态绑定。

3. 分布式

Java 支持 Internet 应用的开发，在基本的 Java 应用编程接口中有一个网络应用编程接口，它提供了用于网络应用编程的类库，包括 URL、URLConnection、Socket、ServerSocket 等。Java 的 RMI（Remote Method Invocation，远程方法调用）机制也是开发分布式应用的重要手段。

4. 健壮

健壮性反映程序的可靠性。Java 的几个内置特性使程序的可靠性得到了改善。

（1）Java 是强类型语言。编译器和类载入器用于保证所有方法调用的正确性。

（2）Java 没有指针，不能引用内存指针，避免了内存或数组的越界访问。

（3）Java 会自动进行内存回收，所以编程人员不会意外释放内存，不需要判断应该在何处释放内存。

（4）Java 在编译和运行程序时，都要对可能出现的问题进行检查，以减少错误的发生。

5. 安全

Java 通常被用在网络环境中，为此，Java 提供了一个安全机制以防止恶意代码的攻击。除了 Java 具有的许多安全特性，Java 还对通过网络下载的类提供了一个安全防范机制（ClassLoader 类），如通过分配不同的命名空间来防止替代本地的同名类、字节代码检查，并提供了一个安全管理机制（SecurityManager 类）以供 Java 应用设置安全哨兵。

6. 体系结构中立、可移植

Java 程序并不是被编译成依附于平台的二进制码，而是被编译成字节码。只要具备 Java 运行环境的机器就能执行 Java 字节码。结合 Java 程序的运行方式可知，Java 主要依靠 Java 虚拟机在目标代码级别上实现平台无关性，使得“write once, run anywhere”（开发一次软件，在任意平台上运行）成为现实，保证了软件的可移植性。

7. 高性能、解释型

通过把 Java 程序编译为 Java 字节码这样的一个中间过程，Java 可以生成跨平台运行的程序。字节码可以在支持 Java 虚拟机的任何一种系统上被解释执行。许多早期尝试解决跨平台问题的方案对性能要求都很高。而其他解释型语言，如 Basic、Tcl、Perl 等都有无法克服的性能缺陷。Java 却可以在非常低档的 CPU 上顺利运行。综上可知，Java 确实是一种解释型语言，Java 字节码经过了仔细设计，用户很容易便能使用 JIT 编译技术将字节码直接转换成高性能的本机代码。Java 运行时系统在提供这个特性的同时仍具有平台独立性，因此“高效且跨平台”对 Java 来说不再矛盾。

8. 动态

Java 是一种动态语言，这里指的是类库。Java 的设计使得它适用于一个不断发展的环境，可以在类库中自由地加入新的方法和实例变量而不影响用户程序的执行，并且 Java 通过接口来支持多重继承，因此比严格的类继承具有更灵活的扩展方式。

9. 多线程

在 Java 中，线程是一种特殊的对象，它必须由 Thread 类或其子（孙）类来创建。通常使用两种方法来创建线程：其一，将实现 Runnable 接口的对象作为参数创建一个 Thread 类的实例，这个实例就是线程；其二，从 Thread 类派生出子类并重写 run()方法，使用该子类创建的对象就是线程。值得注意的是，Thread 类已经实现了 Runnable 接口，因此，任何一个线程均有它的 run()方法，而 run()方法中包含了线程所要运行的代码。线程的活动由一组方法来控制。Java 支持多线程的同时执行，并提供多线程之间的同步机制。

任务实施

1．JDK 的下载

用户可以通过 Oracle 官网下载 Java 开发工具包（Java Development Kit，JDK），该工具包包含了编译、运行及调试程序所需要的工具，以及大量的基础类库，为不同的操作系统提供了相应的 JDK 安装程序。

2．JDK 的安装

本书中的所有程序均以 jdk-8u191-windows-x64.exe 版本为例。双击 JDK 安装程序，出现的安装界面如图 1-1 所示。

选择要安装的功能，可以安装 JDK 的部分或全部功能，如图 1-2 所示。同时，可以单击“更改”按钮以选择安装路径。

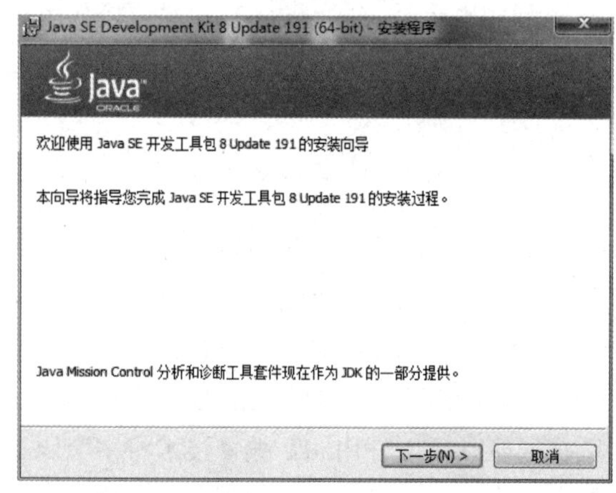

图 1-1　安装界面

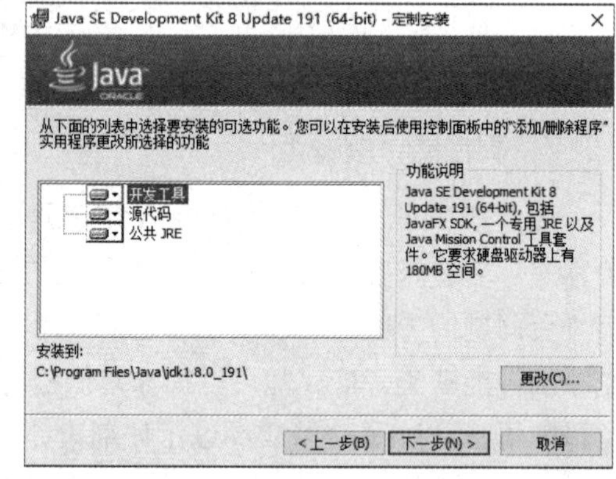

图 1-2　选择要安装的功能

一般使用默认的安装路径，直接单击“下一步”按钮，即可显示安装进度。在安装成功后，即可显示如图 1-3 所示的界面。

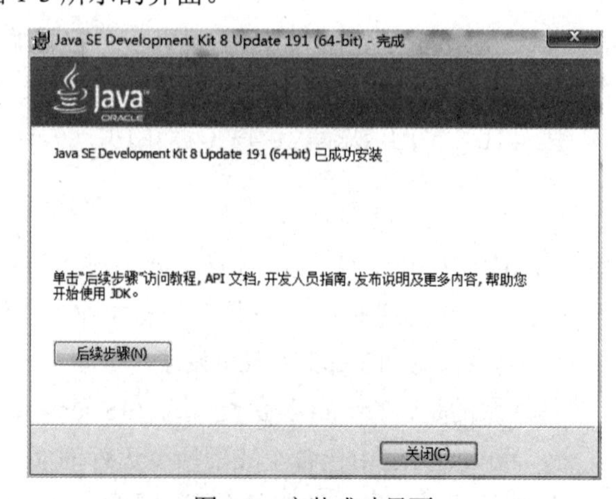

图 1-3　安装成功界面

JDK 安装完成后，产生 jdk1.8.0_191 和 jre1.8.0_191 两个目录，其中，jdk1.8.0_191 目录中包含编译和运行 Java 程序所需要的所有命令和类库，jre1.8.0_191 目录中仅包含运行 Java 程序（即字节码）所需的命令和类库。

下面简要介绍一下 JDK 的重要目录和这些目录所包含的文件。需要注意的是，jre1.8.0_191 目录的文件结构与 jdk1.8.0_191 目录中 jre 目录的文件结构是相同的。以 JDK 安装在默认路径 C:\Program Files\Java 为例。

C:\Program Files\Java\jdk1.8.0_191 是 JDK 的安装根目录。它包括 COPYRIGHT、LICENSE 和 README 文件，还包括 src.zip（Java 平台源代码的压缩包）。

C:\Program Files\Java\jdk1.8.0_191\bin 是 JDK 中开发工具的可执行文件。系统的 Path 环境变量应该包含这个目录项。

C:\Program Files\Java\jdk1.8.0_191\lib 是 JDK 中开发工具所使用的文件，其中的 tools.jar 包含 JDK 中的工具和实用工具支持的非核心类库。

3. 环境变量的配置

JDK 中的工具都是命令行工具，需要在命令行（即 MS-DOS 提示符）下运行。设置环境变量的目的是能够正常使用所安装的 JDK 中的工具，主要包括两个环境变量，即 Path 和 classPath。Path 环境变量用于指定 JDK 中的一些可执行程序，如编译命令 javac.exe、运行命令 java.exe 等。Path 环境变量的作用是设置供操作系统寻找和执行应用程序或命令的路径，也就是说，如果操作系统在当前目录下没有找到想要执行的应用程序或命令，操作系统就会按照 Path 环境变量指定的路径查找，并以最先找到的为准。Path 环境变量可以存放多个路径，且路径和路径之间用分号“;”分隔。在其他的操作系统下，可能会用其他的符号分隔，比如在 Linux 下，就是用冒号“:”分隔的。

以 Windows 10 为例说明设置过程。在桌面“此电脑”图标上右击，并在弹出的快捷菜单中选择“属性”命令，打开系统设置界面，如图 1-4 所示。

图 1-4 系统设置界面

在系统设置界面中选择“高级系统设置”选项，打开“系统属性”对话框，如图 1-5 所示。在“系统属性”对话框中单击“环境变量”按钮，打开“环境变量”对话框，如图 1-6 所示。

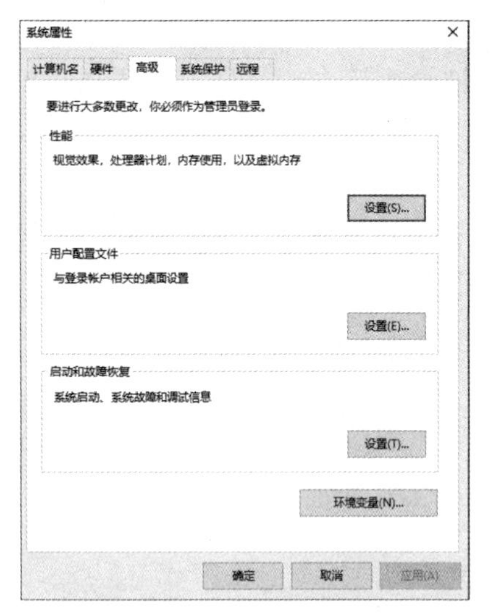

图 1-5 “系统属性”对话框

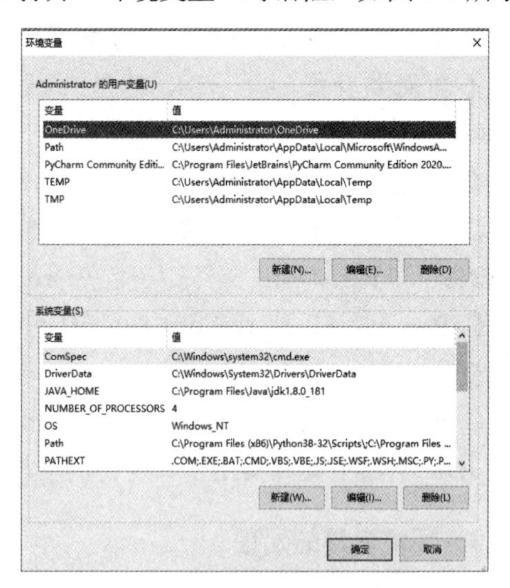

图 1-6 “环境变量”对话框

在“系统变量”列表框中选择“Path”选项，然后单击“编辑”按钮，打开“编辑环境变量”对话框，单击“新建”按钮，输入 JDK 中工具命令集所在的目录，即\bin 目录的路径，如“C:\Program Files\Java\jdk1.8.0_181\bin”，如图 1-7 所示。单击“确定”按钮，返回“环境变量”对话框。

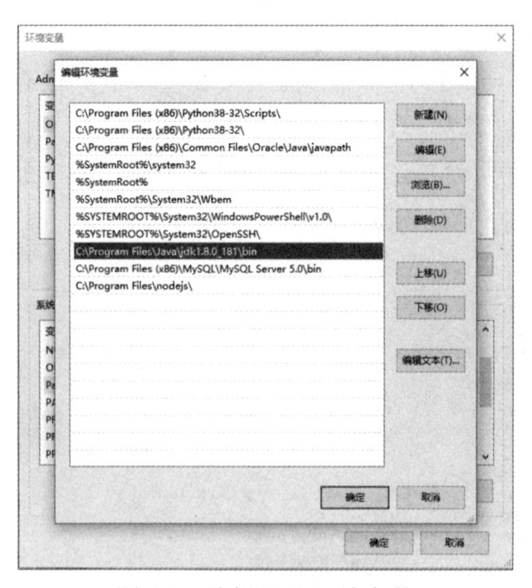

图 1-7 编辑 Path 环境变量

在“系统变量”列表框下面单击“新建”按钮，打开“新建系统变量”对话框，新建 classPath 环境变量，设置“变量值”为“.;C:\Program Files\Java\jdk1.8.0_181\lib\tools.jar”（注意，“.”表示当前目录，一定要加），如图 1-8 所示。

classPath 环境变量用于设置 Java 虚拟机寻找类文件的路径，比如程序需要调用的类库文件等，一般常用的类库文件都被包含在 tools.jar 包中。

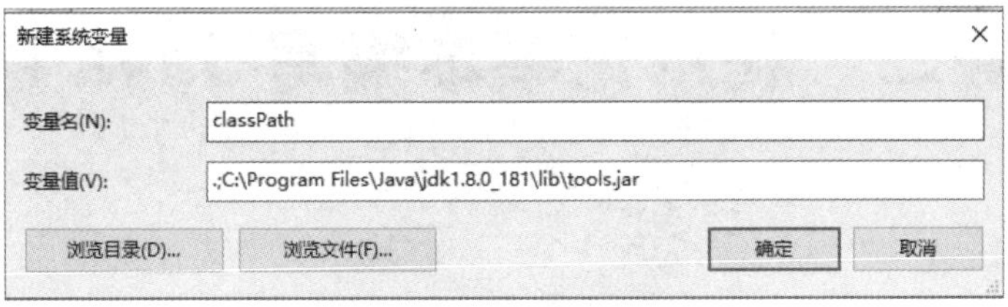

新建系统变量
变量名(N): classPath
变量值(V): .;C:\Program Files\Java\jdk1.8.0_181\lib\tools.jar
浏览目录(D)... 浏览文件(F)... 确定 取消

图 1-8 新建 classPath 环境变量

编译器在编译时，会自动在以下位置查找需要用到的类文件。

- 当前目录。
- classPath 环境变量指定的目录，即类路径。
- JDK 运行库 rt.jar（在 JDK 安装目录的子目录 jre\lib 下）。

事实上，JDK 5.0 会默认到当前工作目录及 JDK 的 lib 目录（C:\Program Files\Java\jdk1.8.0_181\lib）下寻找 Java 程序。如果 Java 程序在这两个目录下，则不必设置 classPath 环境变量也可以找到 Java 程序；如果 Java 程序不在这两个目录下，则可以按上述步骤设置 classPath 环境变量。所以，用户在命令行状态下运行 Java 程序时，一定要在当前目录下运行该程序，或者设置 classPath 环境变量为类文件所在路径，否则会报错。

4. 环境测试

在设置完成后，选择“开始”→“所有程序”→“附件”→“命令提示符”命令，打开命令提示符窗口，在命令提示符后面输入“java”或“javac”，并按回车键，如果出现其用法、选项提示信息，则表示安装正确，如图 1-9 所示。

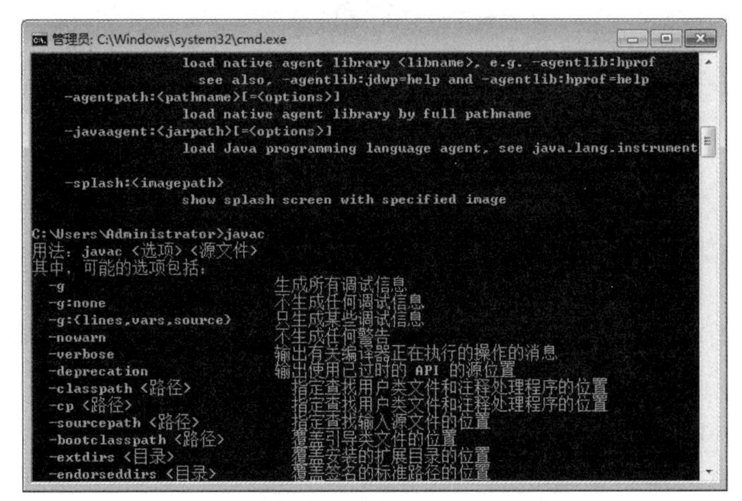

图 1-9 命令提示符窗口

任务小结

本任务通过 JDK 的下载和安装培养学生利用搜索引擎下载资源的能力，引导学生自主探索和实践；通过软件的开源共享引导学生树立共享发展理念，培养学生解决实际问题的能力。

任务二　利用记事本编写 Java 程序

任务描述

本任务利用记事本编写 Java 程序，并将其保存为 Java 源文件，之后使用 JDK 进行编译和运行。

知识储备

1.4　Java 程序的基本结构（★）

1. Java 类的定义

```
public class HelloWorld{
...
}
```

上述代码块称为类，类是 Java 程序最基本的单位，也是构成 Java 程序最基本的条件。只有有了类，才可以在类中定义变量和方法。public 代表这个类是一个公有的类；class 是类定义关键字，表示开始定义一个类；HelloWorld 是类的名字。类的概念是面向对象程序设计中的一个基本概念，读者应当对类（在后续的章节中将详细介绍）有一个感性的认识。

2. Java 程序的入口方法 main()

```
public static void main(String args[]) { ……}
```

上述代码定义了 main()方法，public 代表该方法是一个公有的方法，static 代表该方法是一个静态的方法，void 代表该方法没有返回值，main 为方法名，String args[]是该方法的形式参数（在后续的章节中将详细介绍）。

一个实际的应用程序（软件系统）往往由多个类，甚至成百上千个类构成。要运行应用程序，必须指定一个起点，即从哪一个类的哪一个点（方法）开始执行。而 main()方法就是 Java 程序的入口，带有 main()方法的 Java 程序称为 Java 应用程序。main()方法的定义形式固定，即“public static void main(String args[])”不可以修改，否则程序无法运行。

3. Java 输出语句

System.out.println("世界真美好！！！")，表示通过控制台输出字符串“世界真美好！！！”和一个换行符。

System.out.print ("你好！")，表示通过控制台输出字符串“你好！”，没有换行符。

4. Java注释

Java有3种类型的注释，分别如下。

1）单行注释

```
//comments
```

从//开始至行结束的内容是注释部分，编译器在编译时不会对其进行处理。一般在方法体内部注释一段或一行代码。

2）多行注释

```
/*
* comments
*/
```

在/*和*/之间的所有内容均为注释部分，可以为一行，也可以为多行。

3）文档注释

```
/**
 *  comment1
 *  …
 *  commentn
 */
```

文档注释能够起到注释程序的作用。当使用JDK的文档生成工具javadoc.exe进行处理时，可以自动生成应用程序的文档。

1.5　Java的运行机制（★）

Java编译器将Java源程序编译为可执行代码——Java字节码。Java编译器不会将对变量和方法的引用编译为数值引用，也不会构建程序运行过程中的内存布局，而是将这些符号引用信息保存在字节码中，由解释器在程序运行过程中构建内存布局，并采用边解释边执行的方式。这样可以有效地保证Java的可移植性和安全性。

执行Java字节码的工作是由解释器完成的。解释执行过程分为3步进行：代码的装入、代码的校验和代码的执行。代码的装入工作由“类装载器”（Class Loader）完成。类装载器负责装入运行一个程序所需要的所有代码，也包括程序代码中的类所继承的类和被其调用的类。当装入运行某个程序所需要的所有代码后，解释器即可确定整个可执行程序的内存布局，为符号引用与特定的地址空间建立对应关系及查询表。之后，被装入的代码由字节码校验器进行检查。字节码校验器可以发现操作数栈溢出、非法数据类型转换等多种错误。在通过校验后，代码便可以开始执行了。

Java 字节码的执行方式有两种。

- 即时编译方式：解释器先将 Java 字节码编译成机器码，再执行该机器码。
- 解释执行方式：解释器通过每次解释并执行一小段代码来完成 Java 字节码的所有操作。

通常采用的是第二种方式，但对于那些对运行速度要求较高的应用程序来说，解释器可以将 Java 字节码即时编译为机器码，从而很好地保证 Java 的可移植性和高性能。

为了便于读者理解，可以用图 1-10 来概括 Java 程序的编译和运行过程。

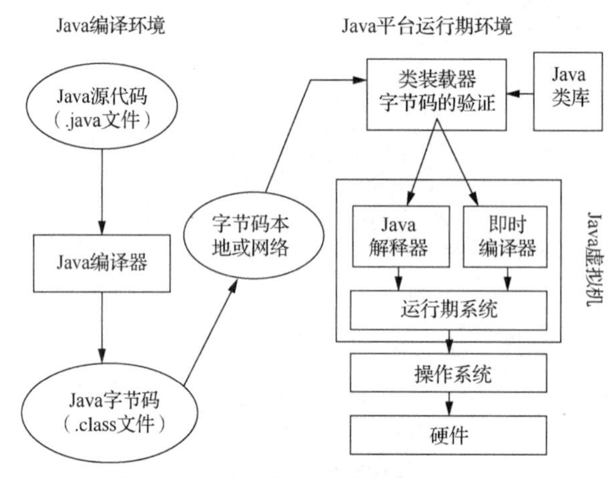

图 1-10　Java 程序的编译和运行过程

任务实施

在文本编辑器（Windows 系统的“记事本”）中编辑源文件 HelloWorld.java，并将其保存到指定目录下，如 D:\javaStudy。

【例 1-1】

```
/*
* 这是我的第一个 Java 应用程序
*/
public class HelloWorld {
/**
* @param args 入口主方法 main()的字符串数组参数
*/
public static void main(String args[]) {
    //通过控制台输出信息
    System.out.println("世界真美好!!! ");
    }
}
```

注意：

（1）Java 源程序名必须和主类名相同，并加“.java”扩展名。

（2）Java 严格区分大小写。

（3）在用记事本编辑和保存 Java 源文件时，保存类型必须为“所有文件”，这样才能保证保存的文件是 Java 源文件。

在文件保存成功后，可以看到在 D:\javaStudy 目录下有一个 Java 源文件，即 HelloWorld.java，如图 1-11 所示。

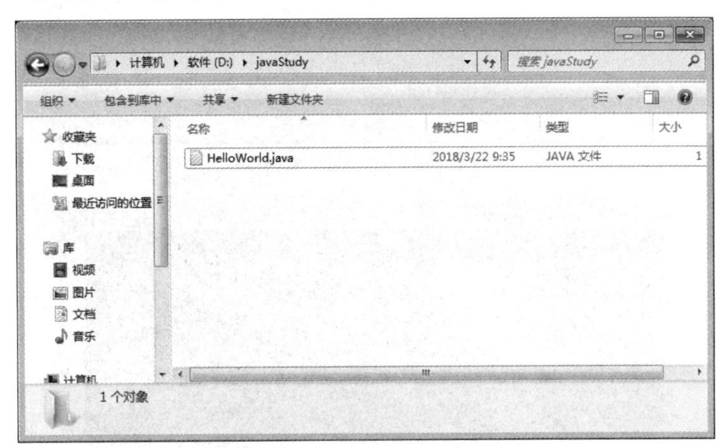

图 1-11　Java 源文件

在命令提示符窗口中，通过命令行进入 Java 源文件保存目录，即当前目录 D:\javaStudy。执行编译命令“javac HelloWorld.java”，进行编译，若没有报错，则表明编译正常结束，如图 1-12 所示。

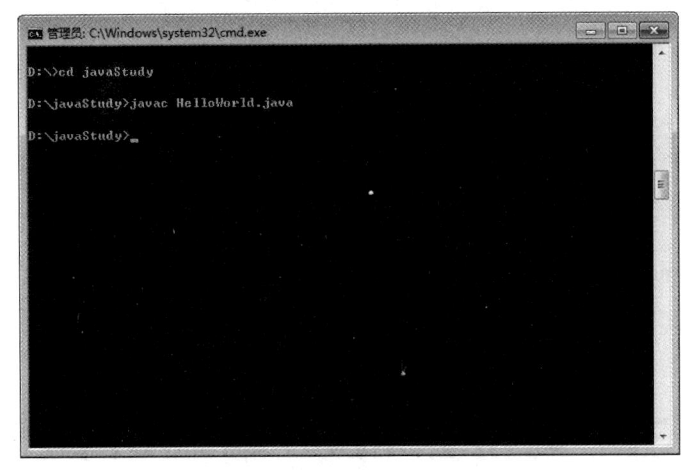

图 1-12　编译 Java 源文件

这时 D:\javaStudy 目录下会出现一个 Java 字节码文件，即 HelloWorld.class，如图 1-13 所示，Java 具有平台无关性均是因为这个字节码文件的存在。这个字节码文件可以在任何操作系统环境下运行，只要该操作系统上有 Java 运行环境。

返回命令提示符窗口，开始运行 Java 程序。在当前目录下输入命令“java HelloWorld”，程序运行结果如图 1-14 所示。

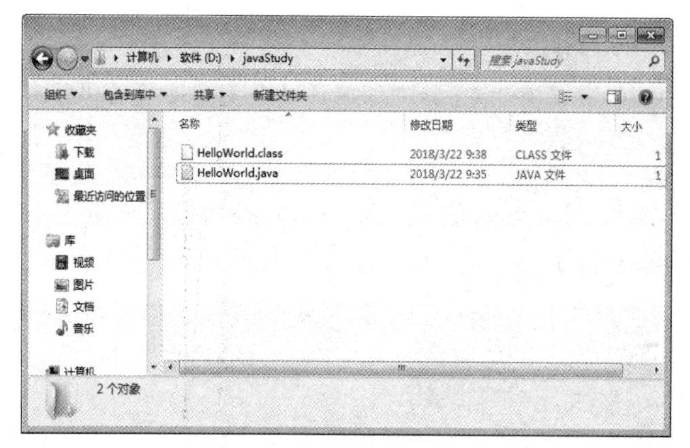

图 1-13　Java 字节码文件

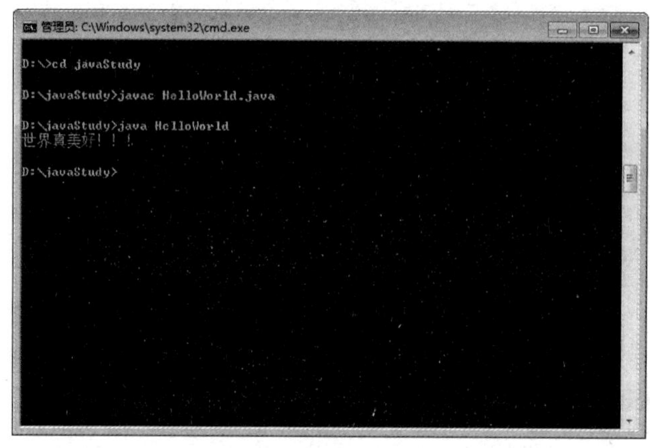

图 1-14　程序运行结果

注意：

（1）编译命令为 javac，运行命令为 java。

（2）在编译时，需要带有文件扩展名“.java”；在运行时，不需要带有文件扩展名。

任务小结

本任务通过 main()方法的使用引导学生树立核心意识和统筹意识；通过代码的编写培养学生严谨、细致的工作态度，并在学习过程中认识到知识积累的重要性。

任务三　利用 Eclipse 编写 Java 程序

任务描述

我们在利用记事本编写 Java 源文件时没有提示信息，在命令提示符窗口中编译和运行 Java 程序时也比较烦琐。而 Eclipse 集成开发环境可以自动完成 Java 程序的编译和运行。本任务主要利用 Eclipse 编写 Java 程序，输出社会主义核心价值观。

知识储备

1.6　Eclipse 简介

Eclipse 由 IBM 公司于 2001 年推出，旨在为 Java 程序的开发提供一个开放、可扩展、跨平台的 IDE（Integrated Development Environment，集成开发环境）。它最初只是一个 Java 集成开发环境，随着时间的推移，逐渐演变成一个基于插件体系结构的通用 IDE，支持多种编程语言和平台，如 C、C++、PHP、Python 等。Eclipse 主界面如图 1-15 所示。

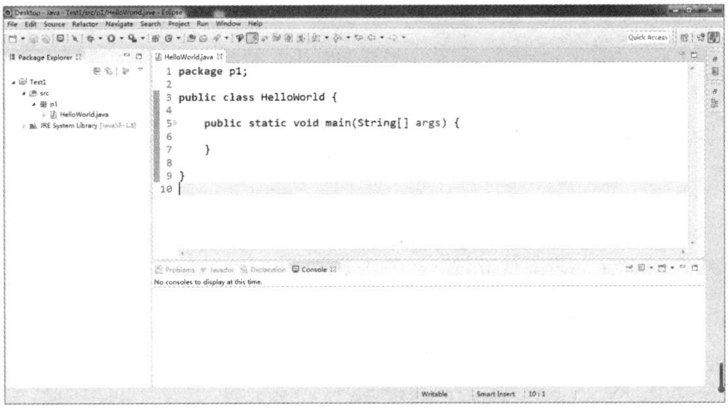

图 1-15　Eclipse 主界面（1）

思政小贴士

子曰："工欲善其事，必先利其器。"这句话的意思是，一个人要想把工作做好，首先要把工具准备好。只有有了合适的工具，才能让工作达到事半功倍的效果。所以，我们在准备完成某项工作时，首先要准备好合适的工具。

任务实施

启动 Eclipse，进入工作空间选择界面，选择自己的工作目录，如图 1-16 所示。在选定工作目录后，我们在 Eclipse 中所做的操作都将保存在这个目录下。

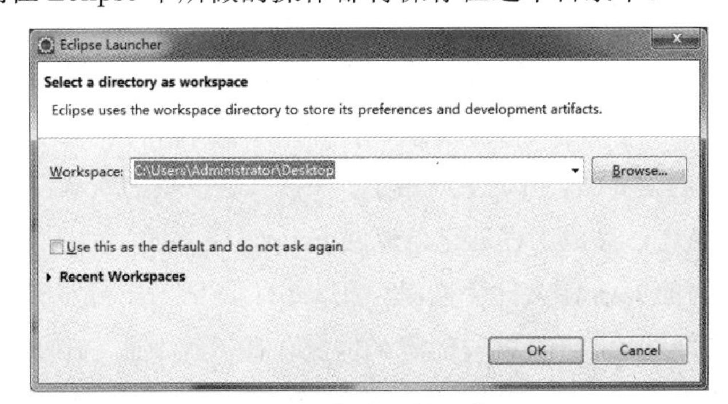

图 1-16　选择自己的工作目录

单击“OK”按钮，进入 Eclipse 主界面，如图 1-17 所示。

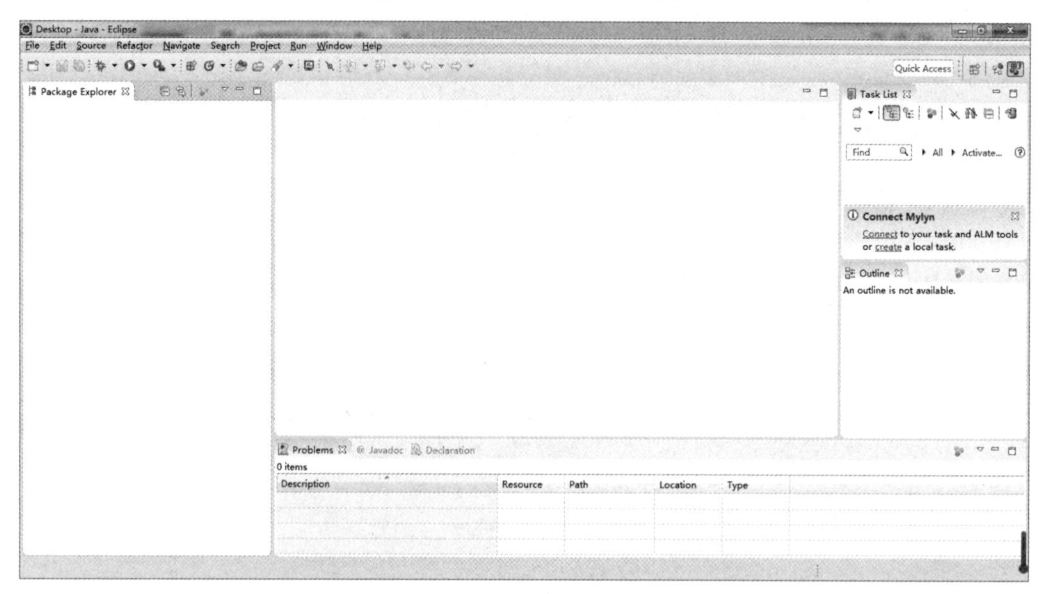

图 1-17　Eclipse 主界面（2）

要想编译并运行程序，必须先创建一个工程。选择“File”→“New”→“Java Project”命令，创建一个 Java 工程，如图 1-18 所示。

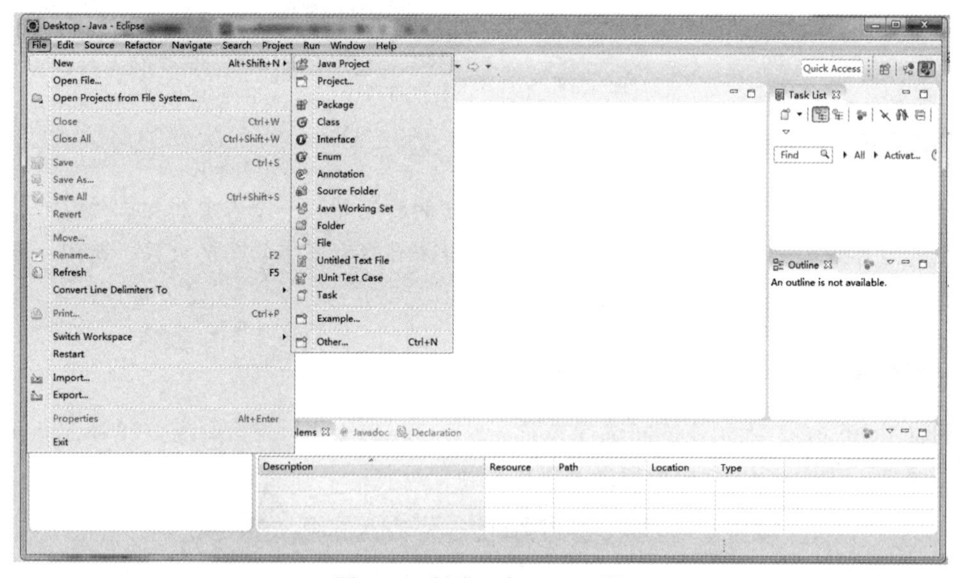

图 1-18　创建一个 Java 工程

接下来进入工程创建界面，指定工程名字，保持其他参数的默认设置，如图 1-19 所示。单击“Finish”按钮，完成工程创建，返回 Eclipse 主界面，如图 1-20 所示。

在 Eclipse 中编写的 Java 源文件会被保存在 src 目录下。在一般情况下，还需要创建一个包，相当于一个文件目录，并将编写的源文件保存在该包下面。在 src 目录上右击，并在弹出的快捷菜单中选择“New”→“Package”命令，创建一个包，如图 1-21 所示。

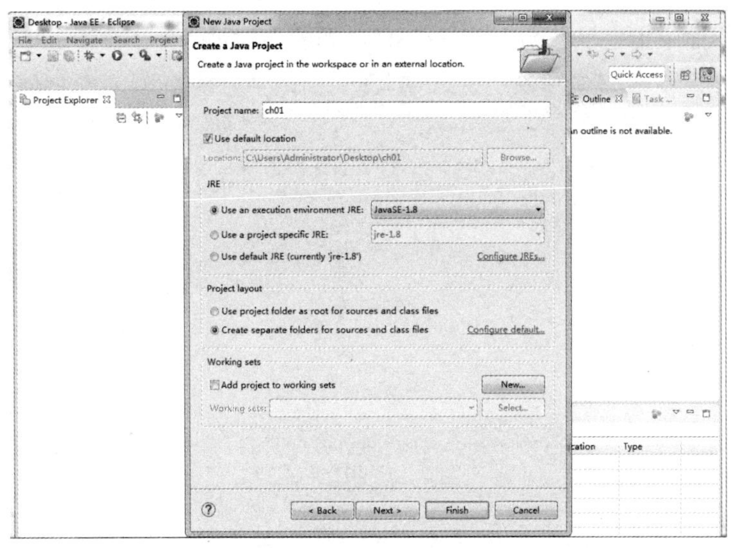

图 1-19　指定工程名字

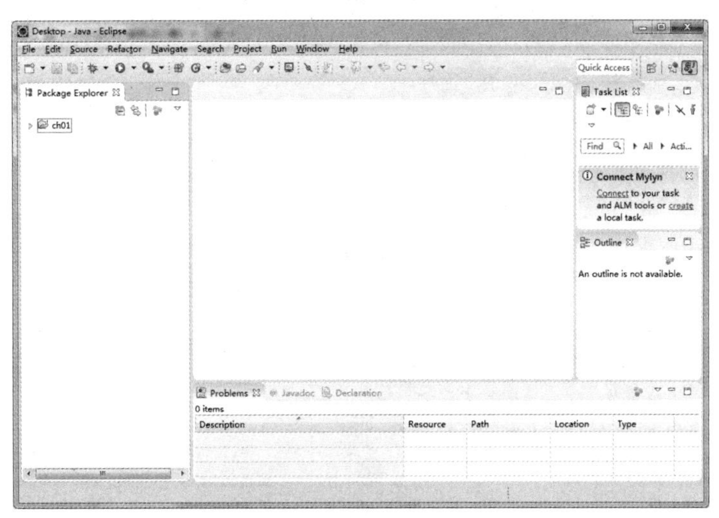

图 1-20　完成工程创建

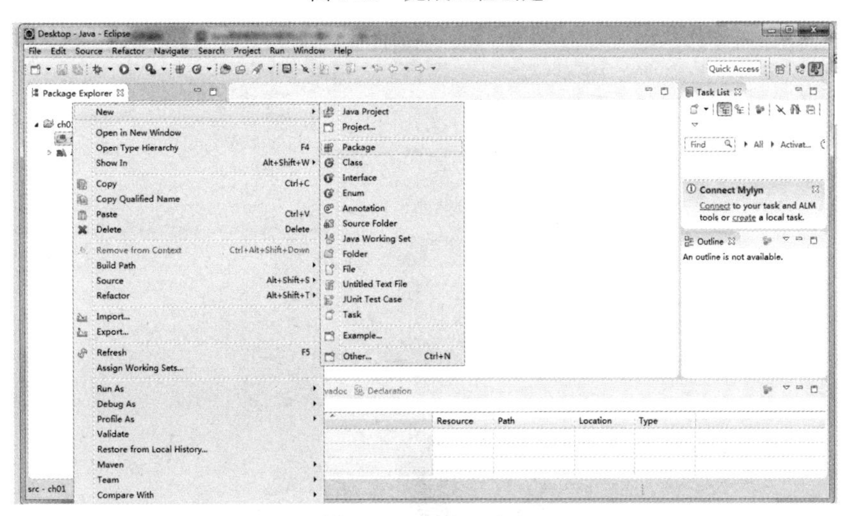

图 1-21　创建一个包

在弹出的界面中指定包名为“chapter01”，如图 1-22 所示。

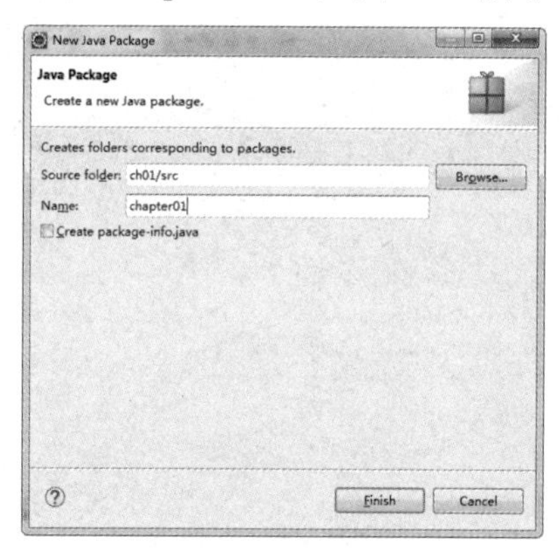

图 1-22　指定包名

单击“Finish”按钮，返回 Eclipse 主界面。在 chapter01 包上右击，并在弹出的快捷菜单中选择“New”→“Class”命令，创建一个类，如图 1-23 所示。

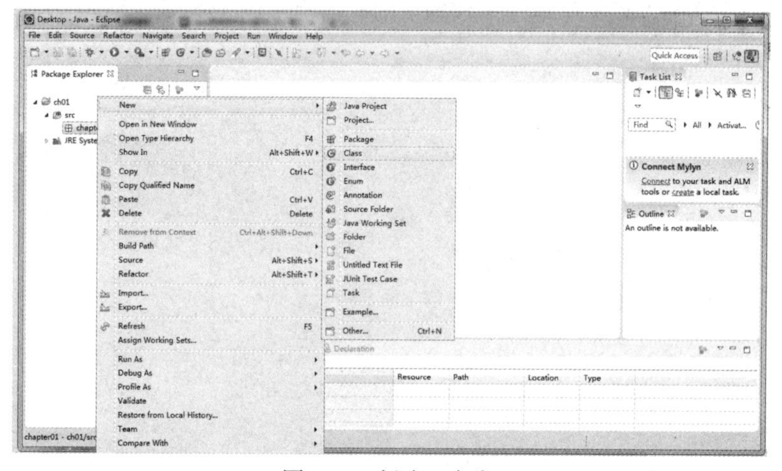

图 1-23　创建一个类

在弹出的界面中指定类名为“PrintTest”，如图 1-24 所示。

图 1-24　指定类名

单击“Finish”按钮，返回 Eclipse 主界面，即可进行程序录入了。在程序录入界面中，系统已经创建好了类的框架，如图 1-25 所示。

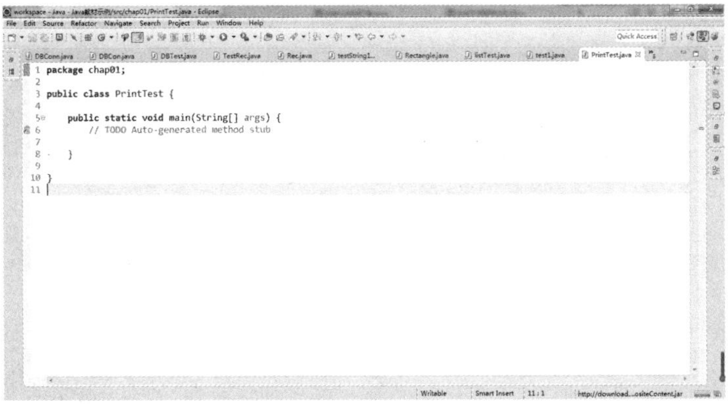

```
1  package chap01;
2
3  public class PrintTest {
4
5      public static void main(String[] args) {
6          // TODO Auto-generated method stub
7
8      }
9
10 }
11
```

图 1-25 程序录入界面

录入 PrintTest.java 源程序，如图 1-26 所示。

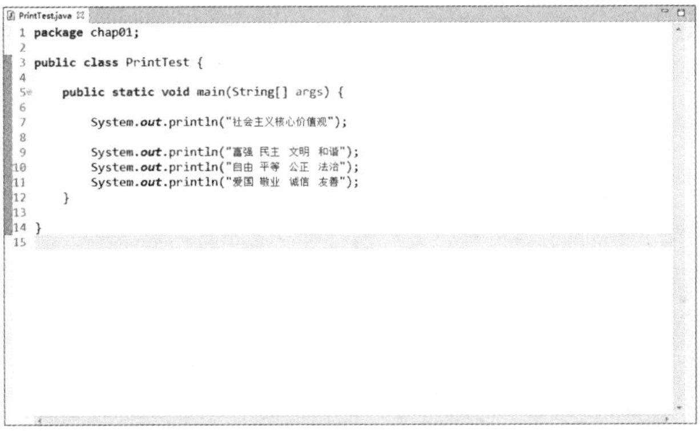

```
1  package chap01;
2
3  public class PrintTest {
4
5      public static void main(String[] args) {
6
7          System.out.println("社会主义核心价值观");
8
9          System.out.println("富强 民主 文明 和谐");
10         System.out.println("自由 平等 公正 法治");
11         System.out.println("爱国 敬业 诚信 友善");
12     }
13
14 }
15
```

图 1-26 录入程序

在完成程序录入后，Eclipse 会对其进行语法校验，若有错误，则该程序中会有红色波浪线提示；若没有错误，则可以运行该程序了。在 PrintTest 上右击，并在弹出的快捷菜单中选择“Run As”→“1 Java Application”命令，即可运行 Java 程序，如图 1-27 所示。

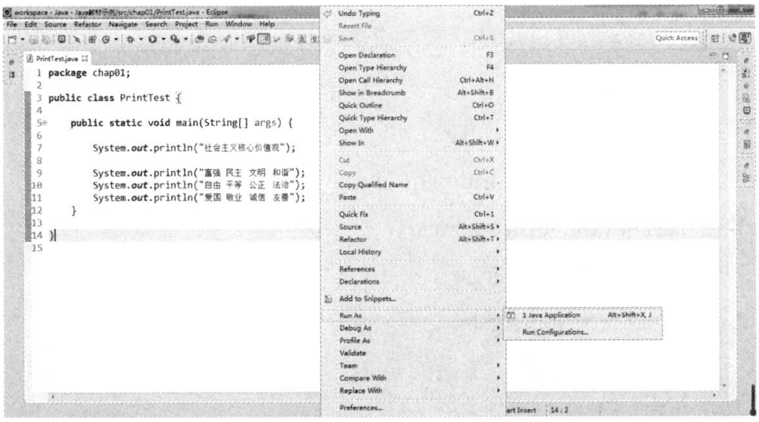

```
1  package chap01;
2
3  public class PrintTest {
4
5      public static void main(String[] args) {
6
7          System.out.println("社会主义核心价值观");
8
9          System.out.println("富强 民主 文明 和谐");
10         System.out.println("自由 平等 公正 法治");
11         System.out.println("爱国 敬业 诚信 友善");
12     }
13
14 }
15
```

Undo Typing Ctrl+Z
Revert File
Save Ctrl+S
Open Declaration F3
Open Type Hierarchy F4
Open Call Hierarchy Ctrl+Alt+H
Show in Breadcrumb Alt+Shift+B
Quick Outline Ctrl+O
Quick Type Hierarchy Ctrl+T
Open With
Show In Alt+Shift+W
Cut Ctrl+X
Copy Ctrl+C
Copy Qualified Name
Paste Ctrl+V
Quick Fix Ctrl+1
Source Alt+Shift+S
Refactor Alt+Shift+T
Local History
References
Declarations
Add to Snippets...
Run As
Debug As
Profile As
Validate
Team
Compare With
Replace With
Preferences...
1 Java Application Alt+Shift+X, J
Run Configurations...

图 1-27 运行 Java 程序

在下方控制台中，会输出程序运行结果，如图 1-28 所示。

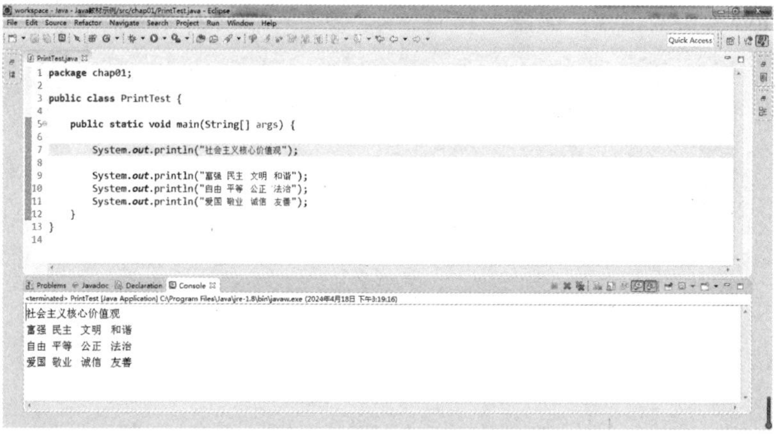

图 1-28 程序运行结果

任务小结

本任务通过开发环境的选择培养学生在面对人生遇到的各种问题时能够选择最适合自己的方法，让学生在编程的过程中潜移默化地树立社会主义核心价值观，遵守编码规范，提高职业素养。

习题一

一、选择题

1．Java 源文件编译后，输出文件的后缀是（ ）。

A．.exe B．.java C．.class D．.obj

2．Java 源文件的后缀是（ ）。

A．.exe B．.java C．.class D．.obj

3．在一个合法的 Java 源文件中定义了 3 个类，其中属性为 public 的类可能有（ ）个。

A．0 B．1 C．2 D．3

4．作为 Java 程序入口的 main()方法，其声明格式可以是（ ）。

A．public static void main(String args[])

B．public static int main(String args[])

C．public void main(String args[])

D．public int main(String args[])

5．下面关于 Java 程序的描述，错误的是（ ）。【“1+X”大数据应用开发（Java）职业技能等级证书（初级）考试】

A．Java 程序的入口是 main()方法，它有固定的书写格式

B．Java 严格区分大小写

C．Java 程序由一条条语句构成，每条语句以分号结束

D．一个程序可以有多个 main()方法，程序会自动选择运行入口

6．下面关于 Java 程序的描述，错误的是（　　）。【“1+X”大数据应用开发（Java）职业技能等级证书（初级）考试】

A．Java 程序必须编译后才能运行

B．Java 程序具有可移植性

C．Java 程序的运行可以没有 JVM

D．Java 程序的 main()方法必须用 public 修饰

二、简答题

1．用自己的语言叙述 Java 有哪些主要特点。

2．简述利用 Eclipse 编写 Java 程序的步骤。

3．尝试修改 HelloWorld 程序，在控制台中输出“这是***写的第一个 Java 程序”，其中，“***”表示读者的名字。

单元二

Java 语法基础

Java 和自然语言一样，也有一些自己的语法结构。本单元主要介绍 Java 中的标识符和关键字、变量和基本数据类型、运算符和流程控制语句等。这些知识点对接了国信蓝桥"1+X"《大数据应用开发（Java）职业技能等级标准》中的初级技能要求。

学习目标

- 理解 Java 中的标识符和关键字。
- 熟练掌握 Java 中变量的定义和使用方法。
- 运用 Java 数据类型和运算符完成简单运算（★）。
- 熟练运用选择语句、循环语句等流程控制语句完成较复杂的程序设计（★）。

素养目标

- 以软件公司编码规范为主题进行职业规范教育，培养学生良好的编码习惯。
- 培养学生厚植家国情怀，增强专业报国的意识。
- 通过分析、归纳等手段，培养学生的逻辑思维能力和编程能力。
- 培养学生独立完成任务、勇于探索问题的职业素养和精益求精的工匠精神。

任务一　计算工资

任务描述

按照《中华人民共和国劳动法》第五十一条的规定，劳动者在法定休假日和婚丧假期间以及依法参加社会活动期间，用人单位应当依法支付工资。也就是说，在折算日工资、小时工资时，不应剔除国家规定的 11 天法定休假日。因此，日工资、小时工资的折算方法为：日工资=月工资收入÷月平均计薪天数；月平均计薪天数＝（365 天−104 天）÷12＝

21.75 天；工资=月薪÷21.75×月计薪天数×（出勤天数比例）。已知某员工月薪为 6525 元，7 月有 23 个工作日，该员工缺勤 3 天，出勤 20 天，那么，该员工本月工资为多少元？

知识储备

2.1 Java 中的标识符和关键字

2.1.1 标识符

Java 中的变量名、方法名、类名和对象名都是标识符，在编写程序的过程中需要标识与引用变量、方法、类和对象时，都需要使用标识符来唯一确定。在 Java 中，标识符可由任意顺序的大小写字母、数字、下画线“_”和美元符号“$”组成，但标识符不能以数字开头，不能是 Java 中的保留关键字。标识符没有长度限制，但是对大小写很敏感，如 HelloWorld 和 helloWorld 就是两个不同的标识符。

下面是合法的标识符：

hello　　username　　user_name　　_userName　　$username

下面是非法的标识符：

class（关键字不能作为标识符使用）

14myVar（标识符不能以数字开头）

Hello#World（标识符中包含非法字符“#”）

在定义一些变量名、方法名或类名时，为了提高程序的可读性、可维护性，以及方便调试程序，除遵从标识符命名规范外，命名最好“见名知义”，正确地使用大小写，并遵循下面的一些规则。

（1）包名：用小写英文单词表示，如 java.applet。

（2）类名和接口名：通常是名词，用一个或几个英文单词表示，且第一个字母和名字中的其他单词的第一个字母均大写，如 String、Graphics、Color、FileInputStream 等。

（3）方法名：通常是动词，用一个或几个英文单词表示，且第一个字母小写，名字中的其他单词的第一个字母大写，如 main()、println()、drawString()、setColor()、parseInt()等。

（4）变量名和类的对象名：与方法名的大小写规则一样。

（5）常量名（用 final 关键字修饰的变量）：声明为“public static final”，所有字母采用大写形式，单词与单词之间用下画线分隔，如 PI、MAX_VALUE、MIN_VALUE 等。

思政小贴士

十三届全国人大三次会议表决通过了《中华人民共和国民法典》。《中华人民共和国民法典》是我国新时代社会主义法治建设的重大成果，它完善了中国特色社会主义法律体系，将对依法维护人民群众权益、推进国家治理体系和治理能力现代化产生重要作用。很多大型的软件公司也有自己的 Java 编码规范，主要用于明确软件开发过程中要遵循的规则与规定。我们要培养良好的规范编码习惯，提高职业素养。

2.1.2 关键字

与其他编程语言一样，Java 中也有许多保留关键字，如 public、break 等。这些保留关键字在 Java 中有特殊用途，不能被当作标识符使用。读者无须死记硬背这些保留关键字，一旦不小心把某个关键字用作标识符了，编译器就会给出错误提示。表 2-1 所示为 Java 的关键字列表。

表 2-1 Java 的关键字列表

abstract	boolean	break	byte	case	catch
char	class	continue	default	do	double
else	extend	false	final	finally	float
for	if	implement	import	instanceof	int
interface	long	native	new	null	package
private	protected	public	return	short	static
super	switch	synchronized	this	throw	throws
transient	true	try	void	volatile	while
goto	const				

注意：Java 中已经不再使用 goto、const 等关键字，但仍然不能用 goto、const 作为变量名。

2.2 变量和基本数据类型（★）

2.2.1 基本数据类型

在 Java 中，针对数据类型归类出了 8 种基本数据类型和 3 种引用数据类型，如图 2-1 所示。其中，引用数据类型会在后面的章节中详细讲解，这里只讲解基本数据类型。

8 种基本数据类型包括字节型（byte）、短整型（short）、整型（int）、长整型（long）、字符型（char）、单精度浮点型（float）、双精度浮点型（double）、布尔型（boolean）。这些数据类型可以分为 3 组，即数值型、字符型和布尔型。其中，数值型又可以分为整数类型和浮点类型。

- 整数类型：包括字节型（byte）、短整型（short）、整型（int）、长整型（long）。整数类型的数据都是有符号整数。

• 浮点类型：包括单精度浮点型（float）、双精度浮点型（double）。浮点类型的数据都是有小数精度要求的。
• 字符型：包括字符型（char）。字符型的数据表示字符集的符号，如数字和字母。
• 布尔型：包括含布尔型（boolean）。布尔型是一种特殊类型，其数据表示真/假。

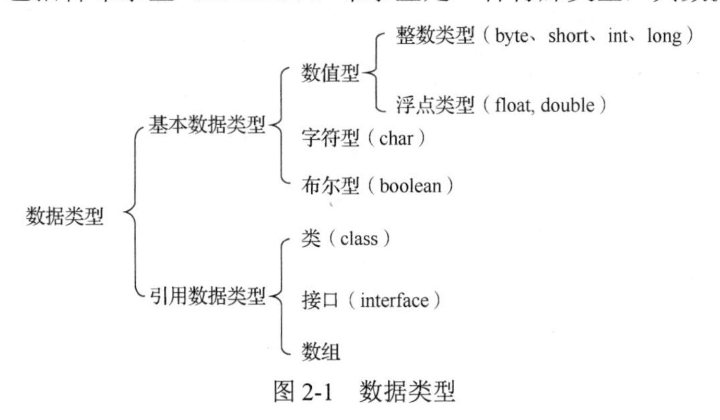

图 2-1　数据类型

与其他编程语言不同的是，Java 的基本数据类型在任何操作系统中都具有相同的大小和数据取值范围。例如，在不同的操作系统中，C 语言变量的取值范围不同，而在所有操作系统中，Java 变量的取值范围都是相同的，这也是 Java 跨平台的一个特性。

1. 整数类型

整数类型有 4 种数据类型用来存储整数，且这 4 种数据类型的数据具有不同的取值范围，如表 2-2 所示。

表 2-2　整数类型数据的取值范围

类型名	大小/位	数据取值范围
byte	8	-128～127
short	16	-32 768～32 767
int	32	-2 147 483 648～2 147 483 647
long	64	-9 223 372 036 854 775 808～9 223 372 036 854 775 807

这些数据都是有符号的，所有整数类型的变量都无法可靠地存储其取值范围以外的数据，因此在定义数据类型时一定要谨慎。

分析例 2-1 的程序，学习整数类型的应用。

【例 2-1】

```
public class DataType01 {
    public static void main(String[] args) {
            //byte 类型数据的取值范围为-128~127
            byte a = 100;
            short b = 100;
            //int 类型的应用最多
            int c = 100;
```

```
            //在对 long 类型的变量赋值时，可以在数值后加 L
            long d = 100;   // 或 long d=100L;
            int x=012;  //八进制
            int y=0X12; //十六进制
            System.out.println("变量 a 的值为:" + a);
            System.out.println("变量 b 的值为:" + b);
            System.out.println("变量 c 的值为:" + c);
            System.out.println("变量 d 的值为:" + d);
            System.out.println("变量 x 的值为:" + x);
            System.out.println("变量 y 的值为:" + y);
    }
}
```

程序运行结果如图 2-2 所示。

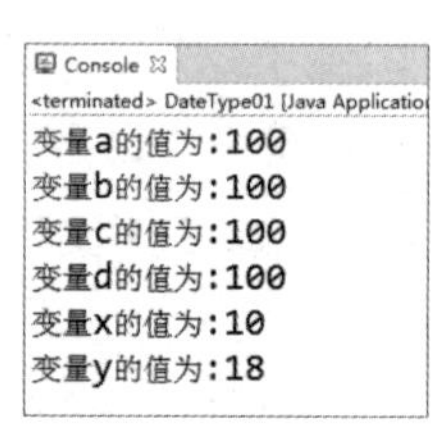

图 2-2　程序运行结果

2. 浮点类型

浮点类型有两种数据类型用来存储浮点数，它们是单精度浮点型（float）和双精度浮点型（double）。浮点数在计算机内存中的表示方式比较复杂，这里不对其进行详细分析。单精度浮点型和双精度浮点型数据的取值范围如表 2-3 所示。

表 2-3　单精度浮点型和双精度浮点型数据的取值范围

类型名	大小/位	描述	数据取值范围
float	32	单精度型	3.4E−038～3.4E+038
double	64	双精度型	1.7E−308～1.7E+308

分析例 2-2 的程序，学习浮点类型的应用。

【例 2-2】

```
public class DataType02 {

    public static void main(String[] args) {
        //在使用 float 类型定义变量时，后面要加 f 或 F
        float a=3.5F;
        //在使用 double 类型定义变量时，后面可以加 d 或 D，也可以不加
```

```
        double b=-10.8;
        //或 double b=-10.8D;
        System.out.println("变量 a 的值为:"+a);
        System.out.println("变量 b 的值为:"+b);
    }
}
```

程序运行结果如图 2-3 所示。

```
Console
<terminated> DateType02 [Java Application
变量a的值为:3.5
变量b的值为:-10.8
```

图 2-3 程序运行结果

3. 字符型

字符型（char）用来存储类似字母、数字、标点符号及其他符号的单一字符。Java 中的所有字符均使用 Unicode 编码表示。Unicode 编码采用 16 位编码方式，可以对 65 536 种字符进行编码，它所能编码的字符量远超 8 位的 ASCII 编码，能够容纳目前世界上已知的字符集。Unicode 编码通常用十六进制表示，每个字符都有一个唯一的十六进制编码值，如“\u0049”表示“I”，“\u”表示 Unicode 编码，也被称为转义字符。

字符型只能表示单个字符，字符型的值需要在字符两端加上单引号，如 'g'。注意，'g' 和"g"是不同的，前者是一个字符，属于基本数据类型；后者是一个字符串，属于引用数据类型，只是该字符串只有一个字符而已。

字符型数据的取值范围为 0～65 535 或者说\u0000～\uFFFF，\u0000 为默认值。

```
char c1;              \\ 默认值为 0
char c2 = '0';        \\ 赋初值为字符'0'
char c3 = 32;         \\ 用整数赋初值为空格
```

Java 中的字符采用 Unicode 编码，字符型变量的取值范围是 0～65 535。字符型常量有以下几种表示方法。

（1）放在两个单引号中的单个字符，如'a' '1' 等。

（2）以反斜杠开始的转义序列，表示一些特殊的字符。常用转义字符如表 2-4 所示。

（3）使用 Unicode 编码表示的字符“\uxxxx”中的“xxxx”是 4 位十六进制的数。例如，'\u0022' 和 '\"' 都可以表示双引号。

表 2-4 Java 中的常用转义字符

转义字符	含义
\n	换行，将光标移至下一行的开始处
\t	水平制表（Tab 键），将光标移至下一个制表符的位置

续表

转义字符	含义
\b	光标退一格，相当于 Backspace 键
\r	回车，将光标移至当前行的开始处，不移到下一行
\\	反斜杠 “\”
\'	单引号 “'”
\"	双引号 “"”

4．布尔型

布尔型（boolean）用来存储布尔值。在 Java 中，布尔值只有两个，即 true 和 false。

Java 中的 8 种基本数据类型的名称都是小写的。在 Java 中，还有一些与基本数据类型同名但大小写不同的类，如 Boolean 等，它们在 Java 中具有不同的功能，不能互换使用。

【例 2-3】

```
public class DataType03 {

    public static void main(String[] args) {
        //在使用 char 类型定义变量时，也可以使用 ASCII 编码
        char a='A';
        //或 char a=65;
        String s="abc";  //字符串
        //boolean 类型的值只有 true 和 false 两种
        boolean b=true;
        System.out.println("变量 a 的值为:"+a);
        System.out.println("变量 s 的值为:"+s);
        System.out.println("变量 b 的值为:"+b);
    }

}
```

程序运行结果如图 2-4 所示。

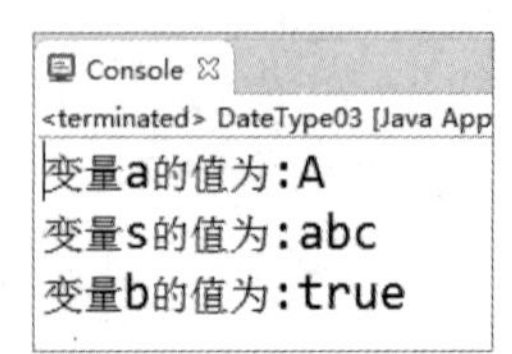

图 2-4　程序运行结果

5．变量的有效取值范围

系统为不同类型的变量分配了不同的空间大小，如 double 类型的变量在内存中占 8 字节，float 类型的变量占 4 字节，byte 类型的变量占 1 字节等。

```
byte a=129; //编译报错，因为129超出了byte类型数据的取值范围
float b=3.5; //编译报错，因为浮点数3.5的默认类型为double。double类型的变量在内存中占
8字节，而Java只为float类型的变量分配4字节的空间，要将8字节的内容装入4字节的容器，显
然有问题。这里将其改为“float  b=3.5f”，编译就可以通过了，因为3.5f是一个float类型的常
量，在内存中只占4字节
```

2.2.2 常量

常量就是程序中持续不变的值，它是不可改变的数据。Java 中的常量包含整型常量、浮点数常量、布尔型常量等。在 Java 中，可以用 final 关键字来定义常量，其通用格式为“final type name=value”，其中，type 为 Java 中任意合法的数据类型，如 int、double 等。因为常量和变量有很多相似之处，以下重点说明几种常量。

1. 整型常量

整型常量是整数类型的数据，有二进制、八进制、十进制和十六进制 4 种表示形式。

二进制：由数字 0 和 1 组成的数字序列。

注意：当整型常量以十进制形式表示时，必须以 0b 或 0B 开头，如 0b01101100、0B10110101。

八进制：由 0～7（包括 0 和 7）的整数组成的数字序列。

注意：当整型常量以八进制形式表示时，必须以 0 开头，如 045、098、046。

十进制：由 0～9（包括 0 和 9）的整数组成的数字序列。

注意：当整型常量以十进制形式表示时，第一位不能是 0（数字 0 除外）。

十六进制：由 0～9、A～F（包括 0 和 9、A 和 F）组成的序列。

注意：当整型常量以十六进制形式表示时，必须以 0x 或 0X 开头，如 0x8a、0Xff、0X9A、0x12。

2. 浮点数常量

浮点数常量有 float（32 位）和 double（64 位）两种类型，分别叫作单精度浮点数和双精度浮点数。在表示浮点数时，要在其后面加上 f（F）或 d（D），也可以用指数形式表示。注意，由于浮点数常量的默认类型为 double，所以 float 类型的浮点数常量后面一定要加 f（F），用以区分。例如，2e3f、3.6d、0.4f、0f、3.84d、5.022e+23f 都是合法的。

3. 字符串常量

字符串常量和字符型常量的区别是，前者是用双引号引起来的，用于表示一串字符；而后者是用单引号引起来的，用于表示单个字符。例如，"Hello World""123""Welcome\nXXX"都是字符串常量。

使用操作符“+”可以把两个字符串连接起来，形成新的字符串，例如：

```
String str1 = "abc" + "xyz";
```

还可以使用“+”把字符串和其他数据类型的值连接起来，其他数据类型的值先被转换为字符串，再进行字符串之间的连接运算。例如：

```
System.out.println( "x的值为" +x);
```

注意：① 字符串所用的双引号和字符所用的单引号，都是英文形式的，不要误写成中文形式的引号。② 有些时候，我们无法直接向程序中写入一些特殊的按键和字符，比如我们需要打印一句带引号的字符串，或者判断用户的输入是不是一个回车键等。这些特殊的字符，需要以反斜杠“\”后跟一个普通字符来表示，反斜杠“\”在这里就成了一个转义字符。

4．null 常量

null 常量只有一个值，即 null，用于表示对象的引用为空。

2.2.3 变量的概念

变量是 Java 程序中的一个基本存储单元。变量是一个标识符、类型及可选初值的组合定义。所有的变量都有一个作用域，用于定义变量的有效范围，表示变量在某一个区域内有效。

在 Java 中，所有的变量都必须先声明再使用，基本的变量声明方法如下：

```
type identifier [=value];
```

type 代表 Java 的数据类型之一。identifier（标识符）是变量的名称，用于指定一个符号的值为初始化表达式的值。这里需要注意的是，初始化表达式必须产生与指定变量类型相同（或兼容）的值。在声明指定类型的多个变量时，需要使用逗号分隔变量。

以下是几个声明变量的例子。

```
int a=5;
byte b=12;
char x='x';
int c=3,d=5,e;
```

此外，Java 还支持动态初始化。动态初始化是指 Java 允许在声明变量时使用任何有效的表达式来动态地初始化变量。例如：

```
double y=12.0;
double x=y*3;
```

2.2.4 变量的初始化和作用域

1．变量的初始化

用户可以在声明变量的同时对其进行初始化，也可以在声明变量后，通过赋值语句对其进行初始化。初始化后的变量仍然可以通过赋值语句赋新的值。

```
float salary;            //声明变量
salary=2000.8f;          //初始化赋值
…
salary=2400.9f;          //重新赋值，但不是初始化
double height=175.5;     //在声明变量的同时对其进行初始化
```

2．变量的作用域

作用域（Scope）决定了变量的使用范围，比如全局变量（Global Variables）可以在整个类中被访问；局部变量（Local Variables）只能在定义其的代码段中被访问。

作用域规则：在一个代码段中定义的变量只能在该代码段或者该代码段的子代码段中可见。使用局部变量比使用全局变量更安全。

【例 2-4】

```
class Scoping {
    int x = 0;
    void method1() {
    int y;
    // x 为类变量，在最外层的{}内，可以在 method1()方法中使用
    y = x;
    }
    void method2() {
    int z = 1;
    z = y;  // y 在 method1()方法中定义，在 method2()方法中已失效
    }
}
```

2.2.5 变量的自动类型转换和强制类型转换

在编写程序的过程中经常会遇到的一种情况，就是需要将一种数据类型的值赋给另一种数据类型的变量。由于数据类型有差异，因此在赋值时需要进行数据类型转换，这里就涉及两个关于数据类型转换的概念：自动类型转换和强制类型转换。

1．自动类型转换（也叫隐式类型转换）

多种互相兼容的数据类型在同一个表达式中进行运算时，会自动地向数据取值范围大的数据类型转换。要实现自动类型转换，需要同时满足两个条件：一是两种类型彼此兼容；二是目标类型的数据取值范围大于源类型的数据取值范围。例如，当 byte 类型向 int 类型

转换时，byte 类型会自动转换为 int 类型。所有的数值型，包括整数类型和浮点类型，都可以进行这样的转换。例如：

```
byte b=3;
int x=b; //没有问题，程序把 b 的结果自动转换成了 int 类型
```

在多种数据类型的数据进行混合运算的过程中，不同类型的数据先转换为同一类型，再进行运算，转换顺序从低级到高级为 byte/short/char→int→long→float→double。自动类型转换的转换规则如表 2-5 所示。

表 2-5 自动类型转换的转换规则

操作数 1 的数据类型	操作数 2 的数据类型	转换后的数据类型
byte、short、char	int	int
byte、short、char、int	long	long
byte、short、char、int、long	float	float
byte、short、char、int、long、float	double	double

2. 强制类型转换（也叫显式类型转换）

当两种数据类型彼此不兼容，或者目标类型的数据取值范围小于源类型的数据取值范围时，自动类型转换就无法进行，这时需要进行强制类型转换。强制类型转换的通用格式如下：

```
目标类型 变量= (目标类型) 值
```

例如：

```
byte a;
int b;
a =(byte)b;
```

这段代码的含义就是先将 int 类型变量 b 的值强制转换成 byte 类型，再将该值赋给变量 a，注意，变量 b 本身的数据类型并没有改变。由于在这类转换中，源类型的值可能大于目标类型的值，因此强制类型转换可能会造成数值不准确。

【例 2-5】

```
public class Conversion {
    public static void main (String[] args){
    byte a ;
    int b=128 ;
    a=(byte)b;
    System.out.println("int 类型变量 b 的值为"+b);
System.out.println("将 int 类型变量 b 的值强制转换成 byte 类型的结果为"+""+a);
```

```
}
}
```

程序运行结果如图 2-5 所示。

```
Console ☒
<terminated> Conversion1 [Java Application] C:\Users\Adminis
int类型变量b的值为 128
将int类型变量b的值强制转换成byte类型的结果为-128
```

图 2-5　程序运行结果

在例 2-5 中，变量 b 的值为 128，而 128 超过了 byte 类型数据的取值范围，所以在被强制转换成 byte 类型后，其高 8 位被去掉，造成数据的失真。

0	0	0	0	0	0	0	0	1	0	0	0	0	0	0	0

变量 b 的值在被强制转换成 byte 类型后，其高 8 位被去掉，留下的最高位 1 成了符号位。

0	0	0	0	0	0	0	0	1	0	0	0	0	0	0	0

强制类型转换只能在互相兼容的数据类型之间进行，例如，int 和 byte 类型、int 和 double 类型、int 和 char 类型之间可以进行强制类型转换，但是 int 和 boolean 类型之间就不可以进行强制类型转换。

2.3　运算符（★）

运算符是一种特殊符号，用于表示数据的运算、赋值和比较。运算符主要包括算术运算符、赋值运算符、关系运算符、逻辑运算符、位运算符和条件运算符。

2.3.1　算术运算符

算术运算符的功能是进行各种算术运算，其操作数可以是字符型、整数类型或浮点类型的数据。Java 中的算术运算符又可以分为两种：单目运算符和双目运算符。单目运算符的操作数只有一个，只对唯一的操作数进行处理。双目运算符的操作数有两个，需要对两个操作数进行处理。Java 中的算术运算符如表 2-6 所示。

表 2-6　算术运算符

运算符	运算	范例	结果	类型
+	正号	+3	3	单目运算符
-	负号	b=4;-b	-4	单目运算符
+	加法	5+5	10	双目运算符
-	减法	6-4	2	双目运算符

续表

运算符	运算	范例	结果	类型
*	乘法	3*4	12	双目运算符
/	除法	5/5	1	双目运算符
%	取模	5%3	2	双目运算符
++	自增（前）	a=2;b=++a;	a=3;b=3	单目运算符
++	自增（后）	a=2;b=a++	a=3; b=2	单目运算符
--	自减（前）	a=2;b=--a	a=1; b=1	单目运算符
--	自减（后）	a=2;b=a--	a=1; b=2	单目运算符
+	字符串相加	"He" + "110"	"Hello"	双目运算符

算术运算符“+”用于进行加法运算，如果操作数中有字符型的数据，则将其转换成整数类型后再进行运算；如果操作数中有 String 类型的数据，则结果为字符串。在使用算术运算符“/”进行运算时，如果操作数都是整数类型的，则结果也是整数类型的；如果操作数中有浮点类型的数据，则结果也是浮点类型的。

【例 2-6】

```
public class OperatorTest1 {
    public static void main(String[] args) {
        int a = 3, b = 4;
        char c = 'a'; //ASCII 编码 97
        float d = 4.0f;
        String s = "12";
        System.out.println(a + b);
        System.out.println(a + c);
        System.out.println(b / a);
        System.out.println(d / a);
        System.out.println(b % a);
        System.out.println(d % a);
        System.out.println(s + a);
    }
}
```

程序运行结果如图 2-6 所示。

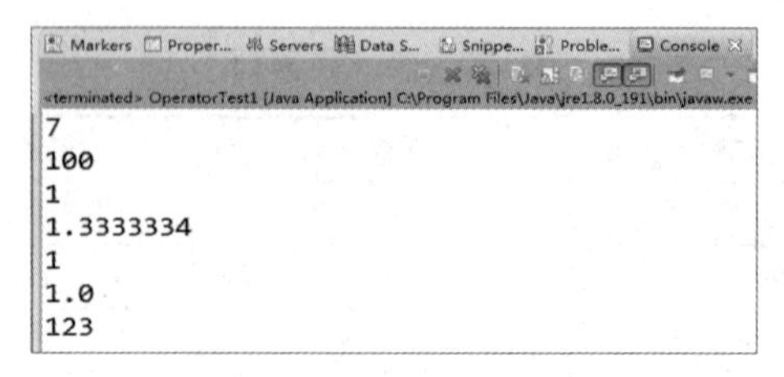

图 2-6 程序运行结果

自增/自减运算符分为前缀++、前缀--、后缀++、后缀--这 4 种。前缀++和前缀--先将操作数分别加 1 和减 1，再把结果存入操作数变量中。后缀++和后缀--先获得操作数的值，再执行自增和自减运算。

例如，若定义“int a=8, b;”，则会有以下结果。

（1）“a++; ”、“++a; ”和“a=a+1;”的效果是一样的，都是把变量 a 的值加 1。

（2）“b=++a;”表示先把变量 a 的值加 1，再将结果赋给变量 b，所以变量 b 的值为 9，变量 a 的值为 9。

（3）“b=a++;”表示先把变量 a 的值赋给变量 b，再把变量 a 的值加 1，所以变量 b 的值为 8，a 的值为 9。

2.3.2 赋值运算符

赋值运算符的作用是将一个值赋给一个变量，最常用的赋值运算符是“=”，且赋值运算符的左边必须是一个变量，而不能是一个值。赋值表达式的结果是一个值，这个值就是赋值运算符左边的变量被赋值完成后的值。在 Java 中，可以把赋值语句连在一起，如“x=y=z=20;”，在这个语句中，所有的 3 个变量都得到了同样的值，即 20。

由赋值运算符“=”和其他运算符组合产生了一些新的扩展赋值运算符，如“+=”“*=”等。表 2-7 所示为常用的赋值运算符。“+=”表示将变量的值与所赋的值相加后的结果再赋给变量，如“x+=3”等价于“x=x+3”。所有的扩展赋值运算符都可以此类推。

表 2-7 赋值运算符

运算符	运算	范例	结果
=	赋值	a=3; b=2;	a=3; b=2;
+=	加等于	a=3; b=2; a+=b;	a=5; b=2;
−=	减等于	a=3; b=2; a−=b;	a=1; b=2;
*=	乘等于	a=3; b=2; a*=b;	a=6; b=2
/=	除等于	a=3; b=2; a/=b	a=1; b=2;
%=	模等于	a=3; b=2; a%=b	a=1; b=2;

2.3.3 关系运算符

关系运算符用于比较两个值的大小，是双目运算符。运算结果为 boolean 类型的，当关系表达式成立时，运算结果为 true；否则运算结果为 false。关系运算符常用于 if 语句中的条件判断和循环语句中的终止条件等，如表 2-8 所示。

表 2-8 关系运算符

运算符	运算	范例	结果
==	相等于	4==3	false

续表

运算符	运算	范例	结果
!=	不等于	4!=3	true
<	小于	4<3	false
>	大于	4>3	true
<=	小于或等于	4<=3	false
>=	大于或等于	4>=6	false

注意：关系运算符“==”不能被误写为“=”，如果我们少写了一个“=”，这个语句就不是用于比较值的大小了，而是变成了赋值语句。

2.3.4 逻辑运算符

逻辑运算符用于对返回 boolean 类型结果的表达式进行运算，结果都是 boolean 类型的，如表 2-9 所示。

表 2-9 逻辑运算符

<table>
<tr><th>运算符</th><th>运算</th><th>范例</th><th>结果</th></tr>
<tr><td>&</td><td>AND（与）</td><td>false&true</td><td>false</td></tr>
<tr><td>|</td><td>OR（或）</td><td>false|true</td><td>true</td></tr>
<tr><td>^</td><td>XOR（异或）</td><td>true^false</td><td>true</td></tr>
<tr><td>!</td><td>NOT（非）</td><td>!true</td><td>false</td></tr>
<tr><td>&&</td><td>AND（简捷与）</td><td>false&&true</td><td>false</td></tr>
<tr><td>||</td><td>OR（简捷或）</td><td>false||true</td><td>true</td></tr>
</table>

注意：

① “&&”的逻辑功能和“&”一样，但是如果根据“&&”左边表达式的结果（为 false 时）能确定与的结果时，则右边的表达式将不被执行。

② “||”的逻辑功能和“|”一样，但是如果根据“||”左边表达式的结果（为 true 时）能确定或的结果时，则右边的表达式将不被执行。

“&”和“&&”的区别在于，如果使用前者连接，则无论任何情况，“&”两边的表达式都会参与运算。如果使用后者连接，则当“&&”左边表达式的结果为 false 时，将不会计算其右边的表达式，因为不管右边表达式的结果是 true 还是 false，整个表达式的结果都是 false。“|”和“||”同理。

【例 2-7】

```
public class OperatorTest2 {
    public static void main(String[] args) {
        int x = 7;
        System.out.println(false && (++x == 8));
```

```
        System.out.println("x=" + x);
        System.out.println(true || (x++ == 8));
        System.out.println("x=" + x);
    }
}
```

程序运行结果如图 2-7 所示。在执行“false&&（++x==8）”时，若“&&”左边表达式的结果为 false，则能确定整个表达式的结果为 false，所以“（++x==8）”没有参与运算，变量 x 的值没有改变。

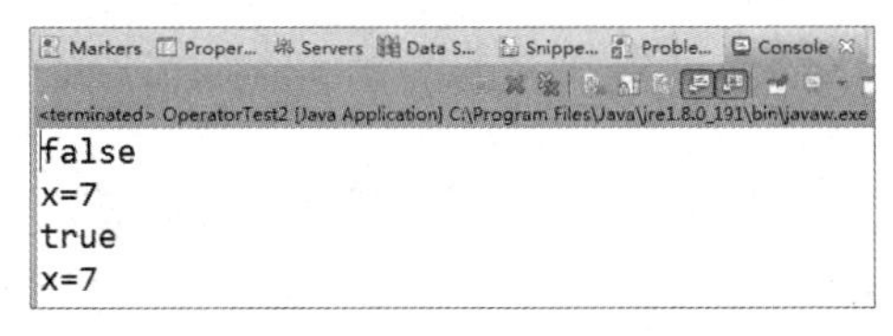

图 2-7　程序运行结果

2.3.5　位运算符

在计算机内部，数据是以二进制编码存储的，Java 允许人们对这些二进制编码进行位运算。“&”“|”“^”“!”既可以作为逻辑运算符，也可以作为位运算符。位运算符如表 2-10 所示。

表 2-10　位运算符

运算符	运算	范例	功能描述
&	AND（与）	x&y	x 和 y 按位进行与运算
|	OR（或）	x|y	x 和 y 按位进行或运算
^	XOR（异或）	x^y	x 和 y 按位进行异或运算
!	NOT（非）	!x	x 按位进行非运算
<<	左移	x<<y	将 x 的二进制编码左移 y 位，低位补 0
>>	右移	x>>y	将 x 的二进制编码右移 y 位，前面的位由符号位填充
>>>	无符号右移	x>>>y	将 x 的二进制编码右移 y 位，前面的位由 0 填充

例如：

```
  12&7    // 结果的二进制编码为 0100，值为 4
  12|7    // 结果的二进制编码为 1111，值为 15
  12^7    // 结果的二进制编码为 1011，值为 11
  1100        1100        1100
& 0111      | 0111      ^ 0111
  0100        1111        1011
```

1. 左移

左移很简单，就是将左边操作数的二进制编码左移右边操作数指定的位数，并将右边移空的部分补 0，如图 2-8 所示。

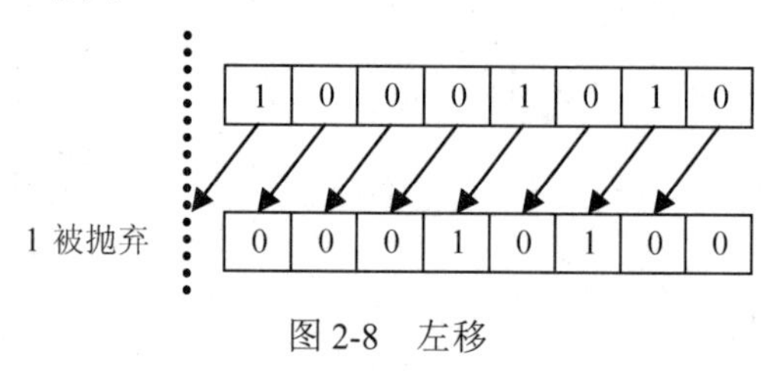

图 2-8　左移

2. 右移

对 Java 来说，在使用“>>”进行右移运算时，如果左边操作数的二进制编码最高位是 0，右移后左边空出的高位就填入 0；如果左边操作数的二进制编码最高位是 1，右移后左边空出的高位就填入 1，如图 2-9 所示。

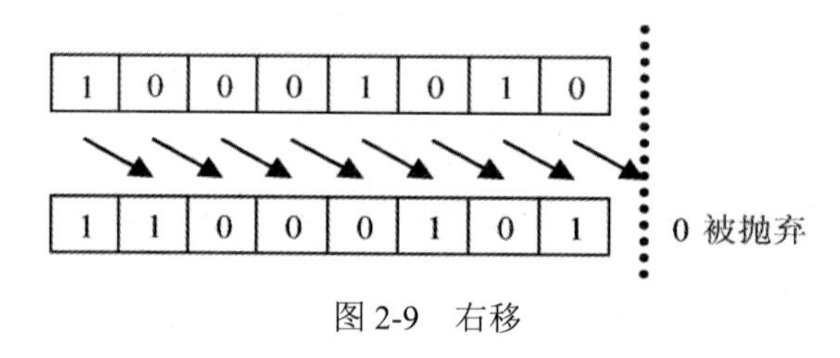

图 2-9　右移

3. 无符号右移

Java 还提供了一个新的位运算符“>>>”，不管通过“>>>”移位的整数的二进制编码最高位是 0 还是 1，左边移空的高位都填入 0，也称为无符号右移。

位运算符也可以与赋值运算符“=”组合，产生一些新的赋值运算符，如“>>>=”“<<=”“>>=”“&=”“^=”“|=”等。

移位能实现整数除以或乘以 2 的 *n* 次方的效果，如“x>>1”的结果和“x/2”的结果是一样的，“x<<2”和“x*4”的结果也是一样的。总之，一个数左移 *n* 位，就等同于这个数乘以 2 的 *n* 次方，一个数右移 *n* 位，就等同于这个数除以 2 的 *n* 次方。

【例 2-8】

```
public class OperatorTest3 {
    public static void main(String[] args) {
        byte a = 64;  // 0100 0000
        byte b;
        int i;
        i = a << 2;  // 01 0000 0000   256
        b = (byte) (a << 2);  //  0000 0000
        System.out.println("The value of a is:" + a);
        System.out.println("The value of i is:" + i);
```

```
        System.out.println("The value of b is:" + b);
    }
}
```

程序运行结果如图 2-10 所示。变量 a 左移 2 位，最低 2 位补 0，变量 i 的值为 256。变量 a 左移 2 位后的结果强制转换为 byte 类型时，最高 2 位溢出，所以变量 b 的值为 0。

```
The value of a is:64
The value of i is:256
The value of b is:0
```

图 2-10 程序运行结果

2.3.6 条件运算符

条件运算符是三目运算符，一般形式如下。

```
<逻辑表达式 1> ? <表达式 2> : <表达式 3>
```

如果“逻辑表达式 1”的结果为真，则整个表达式的结果为“表达式 2”的结果，反之如果“逻辑表达式 1”的结果为假，则整个表达式的结果为“表达式 3”的结果。

【例 2-9】

```
public class OperatorTest4 {
    public static void main(String[] args) {
        int a, b, c;
        a = 1; b = 2;
        c = (a + b>3 ? a++ : b++);
        System.out.println("a 的值为: "+a);
        System.out.println("b 的值为: "+b);
        System.out.println("c 的值为: "+c);
    }
}
```

程序运行结果如图 2-11 所示。

```
a的值为: 1
b的值为: 3
c的值为: 2
```

图 2-11 程序运行结果

2.3.7 运算符的优先级

前面介绍的运算符都有不同的优先级。所谓优先级，就是在表达式中的运算顺序。

表 2-11 列出了包括分隔符在内的运算符优先级。

表 2-11　运算符优先级

<table>
<tr><th>运算符</th><th>优先级</th></tr>
<tr><td>()、[]、.</td><td rowspan="14">高
↑
低</td></tr>
<tr><td>++、--、~、!</td></tr>
<tr><td>*、/、%</td></tr>
<tr><td>+、-</td></tr>
<tr><td>>>、>>>、<<</td></tr>
<tr><td>>、>=、<、<=</td></tr>
<tr><td>==、!=</td></tr>
<tr><td>&</td></tr>
<tr><td>^</td></tr>
<tr><td>|</td></tr>
<tr><td>&&</td></tr>
<tr><td>||</td></tr>
<tr><td>?:</td></tr>
<tr><td>=、+=、-=、*=、/=、&=、|=、^=、<<=、>>=、>>>=</td></tr>
</table>

任务实施

要计算员工 7 月的工资，可以使用工资计算公式“工资=月薪÷21.75×月计薪天数×（出勤天数比例）”。其中，月计薪天数=（月出勤天数+法定节假日天数），出勤天数比例=21.75÷（当月工作日天数+法定节假日天数）。而 7 月没有法定节假日。该程序的代码清单如下：

```
public class CalSalary {
    public static void main(String[] args) {
        final  double SALARYDAYS=21.75;    //月平均计薪天数
        final  float WEEKDAYS=23;          //7 月的工作日天数
        float salary=6525;                 //月薪

        float days=0;                      //月出勤天数
        System.out.println("请输入 7 月出勤天数");
        Scanner sc=new Scanner(System.in);
        days=sc.nextFloat();

        double payment=salary/SALARYDAYS*days*(SALARYDAYS/WEEKDAYS);
        System.out.printf("7 月实际工资为"+"%.2f",payment);
    }
}
```

程序运行结果如下：

```
请输入 7 月出勤天数
20
7 月实际工资为 5673.91
```

任务小结

本任务通过讲解数据类型和运算符引导学生分析并解决实际问题，帮助其养成良好的编码习惯，遵守行业规则，提高综合职业素养，同时提高自主学习能力和团队协作意识，养成认真、严谨的工作态度。

任务二　判断闰年

任务描述

地球绕太阳旋转一圈大约需要 365 天，取 365 天为一年，4 年将多出大约一天，所以每 4 年设一个闰日（2 月 29 日），并将这年称为闰年。本任务要求用户输入一个年份，并判断输入的年份是否为闰年。

思政小贴士

最早在《虞书尧典》中出现了有关闰年的记载。祖冲之在此基础上研究并创作了《大明历》。《大明历》打破了“十九个年头中，要有七个年头是十三个月”的说法，提出了“三百九十一年之内，有一百四十四闰”的新闰法，前所未有地应用“岁差”，以求出历法中通常被称为“交点月”的日数。

知识储备

2.4　选择语句（★）

在 Java 程序中，选择语句是指在满足特定条件时，执行相应语句的流程语句。选择语句主要包括 if 语句和 switch 语句。

2.4.1　if 语句

if 语句是使用最为普遍的条件语句。每种编程语言都有一种或多种形式的 if 语句，在编程过程中总是无法避免地要使用它。if 语句有多种应用形式。

第一种应用形式为：

```
if(条件语句){
    执行语句块
}
```

其中，条件语句可以是任何计算结果为 boolean 类型的变量或表达式（可以是关系表达式，也可以是逻辑表达式）。如果条件语句的返回结果为 true，则先执行后面花括号“{ }”中的执行语句块，再顺序执行后面的其他程序代码，否则程序会跳过条件语句后面花括号“{ }”中的执行语句块，直接执行后面的其他程序代码。花括号“{ }”的作用就是将多条语句组合成一条复合语句，并将其当作一个整体来处理，如果花括号“{}”中只有一条语句，则可以省略花括号“{ }”，例如：

```
int x=0;
if(x==1)
    System.out.print( "x=1" );
```

上述 if 语句先判断 x 的值是否等于 1，如果条件成立，则打印“x=1”，否则什么也不做。由于 x 的值等于 0，因此打印“x=1”的语句不会执行。上述程序的执行流程如图 2-12 所示。

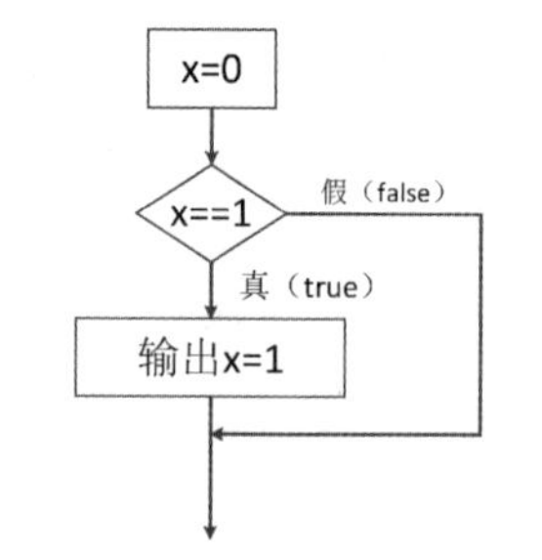

图 2-12　程序的执行流程（1）

第二种应用形式为：

```
if(条件语句){
    执行语句块 1
}
else {
    执行语句块 2
}
```

这种应用形式在 if 语句的后面添加了一个 else 语句，在第一种应用形式的单一 if 语句基础上，当条件语句的返回结果为 false 时，执行 else 后面的语句，例如：

```
int x=0;
if(x==1)
    System.out.println("x=1");
else
```

```
    System.out.println("x!=1");
```

如果 x 的值等于 1，则打印“x=1”，否则打印“x!=1”。上述程序的执行流程如图 2-13 所示。

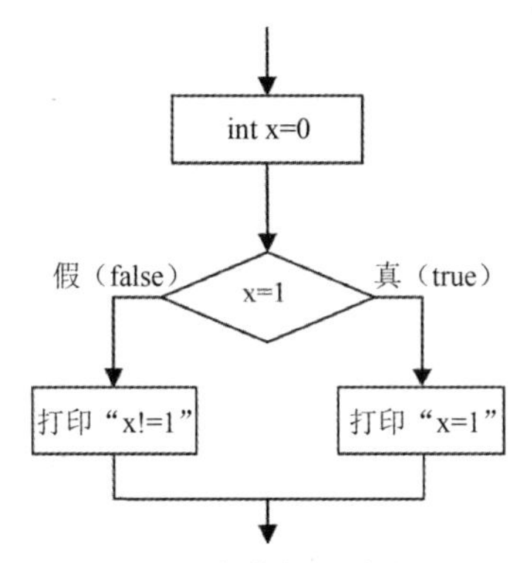

图 2-13　程序的执行流程（2）

【例 2-10】　在控制台中输入一个成绩，如果该成绩大于 60 分，则输出“及格”，否则输出“不及格”。

```
public class ScoreLevel1 {
    public static void main(String[] args) {
        //1.在控制台中输入一个成绩，存入变量 score 中
        Scanner sc=new Scanner(System.in);
        double score=sc.nextDouble();
        //2.判断输出
        if (score >= 60){
            System.out.println("及格");
        }
        else{
            System.out.println("不及格");
        }
    }
}
```

程序运行结果如图 2-14 所示。

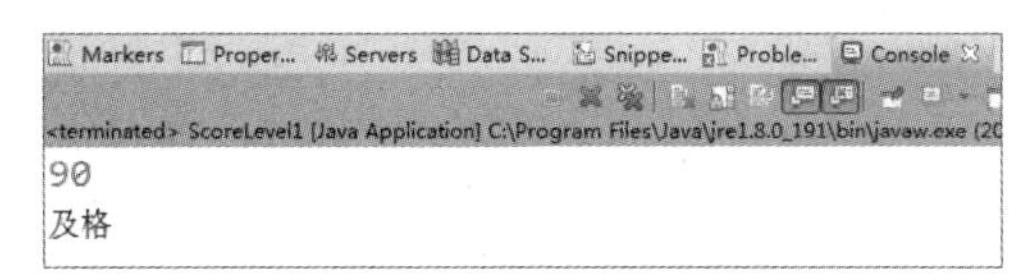

图 2-14　程序运行结果

第三种应用形式为：

```
if (条件语句 1){
    执行语句块 1
```

```
}
else if(条件语句 2){
    执行语句块 2
}
…
else if(条件语句 n)
{
    执行语句块 n
}
else
{    执行语句块 n+1}
```

这种应用形式使用 else if 进行更多的条件判断，且不同的条件对应不同的执行语句块，例如：

```
if (x==1)
    System.out.println("x=1");
else if (x==2)
    System.out.println("x=2");
else if (x==3)
    System.out.println("x=3");
else
    System.out.println("other");
```

上述程序首先判断 x 的值是否等于 1，如果是，则打印“x=1”；如果不是，则程序将继续判断 x 的值是否等于 2。如果 x 的值等于 2，则打印“x=2”；如果 x 的值不等于 2，则程序将继续判断 x 的值是否等于 3。如果 x 的值等于 3，则打印“x=3”；如果 x 的值不等于 3，则执行 else 后面的语句。当然，也可以省略最后的 else 语句，这时如果以上的条件都不满足，则什么也不做。

第四种应用形式为 if 语句的嵌套。

对于嵌套使用 if 语句的情况，在没有花括号“{}”约束的情况下，if 和 else 会就近配对，例如：

```
if(x==1)
    if(y==1)
        System.out.println("x=1,y=1");
    else
        System.out.println("x=1,y!=1");
else
    if (y==1)
```

```
        System.out.println("x!=1,y=1");
    else
        System.out.println("x!=1,y!=1");
```

【例 2-11】将学生的百分制成绩转换为五级制，程序运行结果为“优”。

```
public class Grade {
    public static void main(String[] args) {
        int grade=98;
        if(grade>100||grade<0)
            System.out.println("成绩数据错");
        else if(grade>=90)
            System.out.println("优");
        else if(grade>=80)
            System.out.println("良");
        else if(grade>=70)
            System.out.println("中");
        else if(grade>=60)
            System.out.println("及");
        else
            System.out.println("不及");
        }
}
```

2.4.2 switch 语句

switch 语句用于将一个表达式的值与许多其他值进行比较，并按照比较结果选择接下来该执行的语句。switch 语句的使用格式如下：

```
switch (表达式){
    case  取值 1:
        执行语句块 1
        break;
        …
    case 取值 n:
        执行语句块 n
        break;
    default:
        执行语句块 n+1
```

```
        break;
    }
```

例如，要将 2 对应的星期几的英文单词打印出来，程序代码如下。运行结果为 Tuesday。

```
int x=2;
switch(x){
    case 1:
        System.out.println("Monday");
        break;
    case 2:
        System.out.println("Tuesday");
        break;
    case 3:
        System.out.println("Wednesday");
        break;
    default:
        System.out.println("Sorry,I don’t Know");
    }
```

在上述代码中，default 语句是可选的，它接收除上面语句接收值以外的其他值，通俗来讲，就是未被上面语句接收的值都归它。需要特别注意的是，switch 语句的判断条件可以接收 int、byte、char、short、String 类型的值，不可以接收其他类型的值。

注意，case 语句只是相当于定义了一个标签位置，一旦 switch 语句实现第一次 case 条件匹配，程序就会跳转到这个标签位置，开始顺序执行以后所有的程序代码，直到遇到 break 语句为止。所以，如果不写 break 语句，比如删除“System.out.println("Tuesday")”后面的 break 语句，则程序运行结果将是：

```
Tuesday
Wednesday
```

如非刻意，一定要记住在每个 case 语句后面使用 break 语句退出 switch 语句，但是最后的条件匹配语句后面有没有 break 语句，效果都是一样的，比如上面的 default 语句后面就省略了 break 语句。case 后面可以跟多条语句，这些语句可以不用花括号“{}”括起来，当然，如果用户喜欢，也可以将多条语句用花括号“{}”括起来。

下面思考一个问题：要用同一段语句来处理多个 case 条件，应该如何编写程序？示例代码如下：

```
case 1:
case 2:
case 3:
```

```
    System.out.println("You are very bad");
    System.out.println("You must make great efforts");
    break;
case 4:
case 5:
    System.out.println("You are good");
```

【例 2-12】使用 switch 语句实现学生成绩的转换。

```
public class Grade1 {
    public static void main(String[] args) {
        int grade=98;
        if(grade>100||grade<0)
            System.out.println("成绩数据错");
        else{
        switch(grade/10){
            case 10:
            case 9:{
                System.out.println("优");
                break;//注意，一定要有 break;
            }
            case 8:{
                System.out.println("良");   break;
            }
            case 7:{
                System.out.println("中");   break;
            }
            case 6:{
                System.out.println("及");   break;
            }
            default:{
                System.out.println("不及");
            }
        }
    }
    }
}
```

思政小贴士

历史上著名的“孟母三迁”的故事告诉我们，选择不同的环境会有不同的结果。每个人在成长的过程中都会面临不同的选择，我们要以史为鉴，选择正确的人生道路。

任务实施

判断闰年的条件是，某个年份能被 4 整除且不能被 100 整除，或者这个年份能被 400 整除。实现闰年判断的程序的代码清单如下：

```
public class IsLeapYear {
        public static void main(String[] args) {
        //在控制台中输入一个年份
        Scanner scan=new Scanner(System.in);
        System.out.println("请输入一个年份：");

        Long year=scan.nextLong();
        //判断
        if(year%4==0&&year%100!=0||year%400==0)
            System.out.print(year+"年是闰年！");
        else
            System.out.print(year+"年不是闰年！");
    }
}
```

程序运行结果如图 2-15 所示。

图 2-15　程序运行结果

任务小结

本任务通过讲解选择语句引导学生在成长过程中遇到各种问题时学会正确判断并做出选择，培养学生以集体利益、国家利益为重的素养，并潜移默化地培养学生践行社会主义核心价值观，帮助其养成良好的职业道德。

任务三　计算存款本息

任务描述

理财产品在进行利息计算时，有单利和复利两种计息方式。单利是指一笔资金无论存期多久，都只有本金在计取利息的计息方式；复利是指一笔资金在某一计息周期内是以本金加上先前周期所累积的利息总额来计取利息的计息方式，也就是通常所说的“利滚利”。

本任务使用循环语句计算：用户将一笔资金（50 万元）存入银行，银行年利率是 20%，如果分别采用单利和复利计息，则五年后其账户金额为多少万元？如果按日计息，则五年后其账户金额为多少万元？

 **知识储备**

2.5　循环语句（★）

循环语句是指在一定条件下反复执行某程序的流程语句，被反复执行的程序被称为循环体。

思政小贴士

人们经常说“只要功夫深，铁杵磨成针”，这句话说明只要我们持之以恒，就一定会成功。我们要坚持循环学习，日积月累，锲而不舍地追求目标。

2.5.1　while 语句

while 语句是循环语句，其语法格式如下：

```
while(条件表达式)
{
    执行语句块
}
```

当条件表达式的返回值为 true 时，执行花括号“{ }”中的执行语句块，在执行完花括号“{ }”中的执行语句块后，检测条件表达式的返回值，直到返回值为 false 时终止循环。示例代码如下：

```
int x=1;
while(x<3){
    System.out.println("x=" +x);
    x++;
}
```

程序运行结果如下：

```
x=1
x=2
```

上述程序的执行流程如图 2-16 所示。

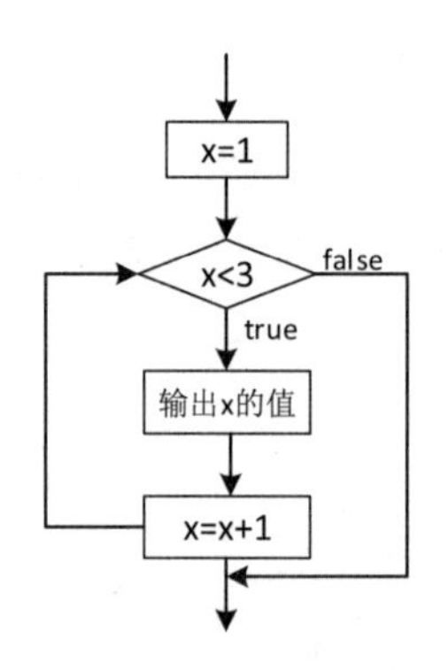

图 2-16 程序的执行流程

2.5.2 do-while 语句

do-while 语句的功能和 while 语句的功能类似，只不过它会在执行完第一次循环之后检测条件表达式的值，这意味着包含在花括号“{}”中的执行语句块至少要被执行一次。do-while 语句的语法格式如下：

```
do{
    执行语句块
}while(条件表达式);
```

do-while 语句的示例代码如下：

```
int x=1;
do{
  System.out.println("x=" +x);
  x++;
  }while(x==3);
```

程序运行结果如下：

```
x=1
```

上述程序的执行流程如图 2-17 所示。

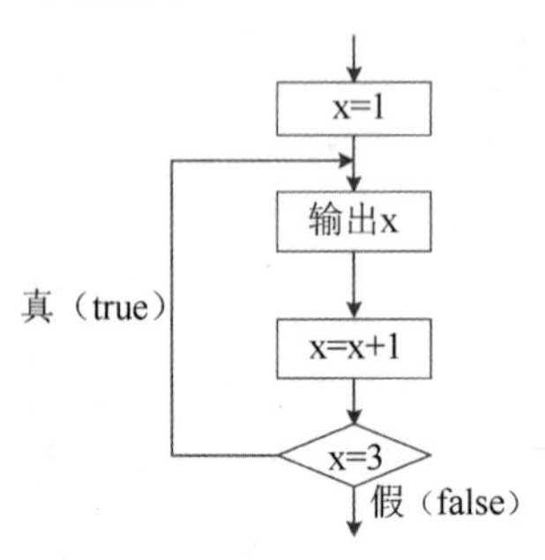

图 2-17 程序的执行流程

与 while 语句的一个明显区别是，do-while 语句的结尾处多了一个分号 “;”。下面的程序展示了 while 语句与 do-while 语句在执行流程上的区别，尽管条件不成立，do-while 语句中的循环体还是执行了一次。

【例 2-13】 while 语句和 do-while 语句之间的区别。

```
public class TestDo {
    public static void main(String[] args) {
        int x = 3;
        while (x == 0) {//条件不成立，不执行循环体
            System.out.println("ok1");
            x++;
        }
        int y = 3;
        do {
            System.out.println("ok2");
            y++;
        } while (y == 0);//条件不成立，至少执行一次循环体
    }
}
```

程序运行结果如下：

```
ok2
```

2.5.3　for 语句

for 语句也是循环语句，其语法格式如下：

```
for(初始化表达式;循环条件表达式;循环后的操作表达式){
    执行语句
}
```

示例代码如下：

```
int sum=0;
for(int i=1;i<=10;i++){
    sum+=i;
}
System.out.println("1~10 的和为: "+sum);
```

程序运行结果如下：

```
1~10 的和为：55
```

这里介绍一下 for 后面的圆括号“()”中的内容。这部分内容被“;”隔离为 3 部分，其中，第一部分“int i=1”表示给变量 i 赋一个初值，只在刚进入 for 循环时执行一次；第二部分“i<=10”是一个条件语句，只要满足就进入 for 循环，并在执行一次循环后再次执行这个条件语句，直到条件不成立为止；第三部分“i++”是对变量 i 的操作，在每次循环的末尾执行，读者可以把“i++”分别替换为“i+=2”和“i-=2”来试验每次加 2 和每次减 2 的情景。

如上所述，上面的代码可以改写为：

```
int sum=0,i=1;
for(;i<=10;)
{
    Sum+=i;
    i++;
}
System.out.println("1~10 的和为："+sum);
```

通过这样改写，读者应该能够更好地理解 for 后面的圆括号“()”中的 3 部分语句的各自作用了。

for 语句还可以采用下面的特殊语法格式：

```
for(;;)
{
    ……
}
```

具有同样意义的还有 while(true)，它们都是无限死循环，需要使用 break 语句跳出循环。

【例 2-14】使用 for 语句输出 100～999 的所有水仙花数，循环变量为 i。水仙花数是指个位数、十位数和百位数 3 个数的立方和等于这个三位数本身的数。

```
public class Narcissus {
    public static void main(String[] args) {
        int i, j, k;
        //根据水仙花数的定义，对 100~999 的数进行验证
        for (int num = 100; num <= 999; num++) {
            //用求余数方法%，依次求出某数每个数位上的数
            i = num % 10; // 个位数
            j = num / 10 % 10; // 十位数
            k = num / 100; // 百位数
            //个位数、十位数、百位数的立方和是否等于该数本身，如果是，则输出该数
```

```
            if (i * i * i + j * j * j + k * k * k == num)
                System.out.println(num);
        }
    }
}
```

程序运行结果如图 2-18 所示。

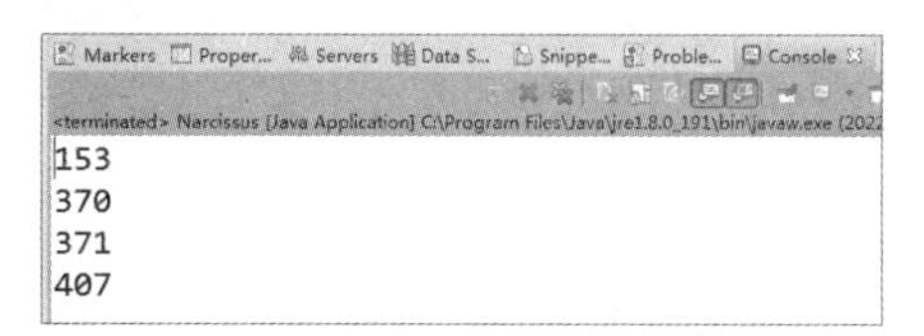

图 2-18　程序运行结果

任务实施

采用单利计息，银行账户的金额是本金与五年利息的和；采用复利计息，每一年的本金和利息之和都会被用作下一年的本金进行计算。该程序的代码清单如下：

```
public static void main(String[] args) {
        int i;
        double money = 50;
        double rate= 0.2;
        double year=5;

        money+=money*rate*year;
        System.out.printf("采用单利计息，五年后账户金额为%.2f 万元\n", money);

        money = 50;
        for (i = 1; i <=year; i++)
            money *= (1 + rate);
        System.out.printf("采用复利计息，按年计息五年后账户金额为%.2f 万元\n",
                            money);

        money = 50;
        double r=rate/365; //日利率
        for (i = 1; i <=year*365; i++)
            money *= (1 + r);
        System.out.printf("采用复利计息，按日计息五年后账户金额为%.2f 万元\n",
                            money);
    }
```

程序运行结果如图 2-19 所示。

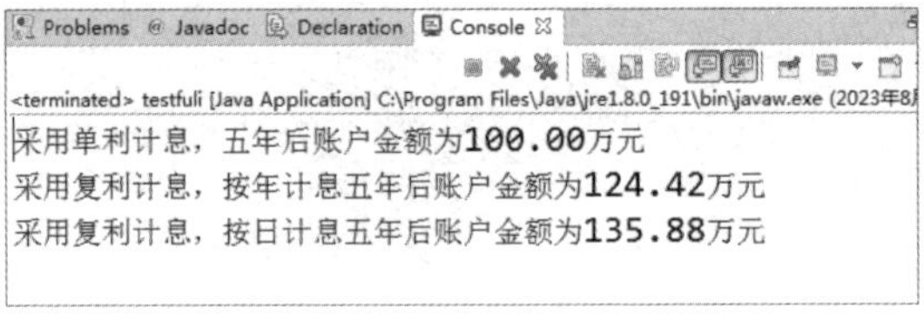

```
Problems  Javadoc  Declaration  Console
<terminated> testfuli [Java Application] C:\Program Files\Java\jre1.8.0_191\bin\javaw.exe (2023年8
采用单利计息，五年后账户金额为100.00万元
采用复利计息，按年计息五年后账户金额为124.42万元
采用复利计息，按日计息五年后账户金额为135.88万元
```

图 2-19　程序运行结果

思政小贴士

通过程序运行结果可以看出，在采用复利计息时，利息比采用单利计息多。如果按日复利计息，则利息涨得更快。我们在进行个人理财规划时，要选择正规的理财产品，确保理财收益；更要合理消费，远离“校园贷”“高利贷”等陷阱。

任务小结

本任务通过讲解循环语句引导学生注意积少成多，具备持之以恒、不断打磨专业能力的品质，养成精益求精、追求卓越的工匠精神。

任务四　猜数字游戏

任务描述

猜数字游戏：游戏在运行时会产生一个 0～1000 的随机整数，要求用户通过控制台输入一个数字，若输入的数字比产生的数字小，则输出“太小了，再大一点！”；若输入的数字比产生的数字大，则输出“太大了，再小一点！”；若输入的数字和产生的数字相同，则输出“恭喜你猜对了！”并退出程序；若用户猜了 10 次还未猜对，则输出“你失败了，下次再来吧！”并退出程序。那么，我们怎么实现这个游戏的功能呢？

知识储备

2.6　跳转语句(★)

在使用循环语句时，只有循环条件表达式的值为 false 时才能结束循环。有时，用户想提前中断循环，若要实现这一点，则需要在循环语句中添加 break 语句，或者在循环语句中添加 continue 语句，跳过本次循环要执行的剩余语句，开始执行下一次循环。

2.6.1　break 语句

break 语句可以终止循环体中的执行语句块和 switch 语句的执行，把控制权转交给当前（最内）循环的下一条语句。

break 语句的语法格式如下：

```
break;
```

例 2-15 演示了 break 语句的使用方法。

【例 2-15】计算 1~n 的和，当和大于 1000 时，不再计算，并输出这个 n。

```
public class BreakTest {
    public static void main(String[] args) {
        int i;
        int sum=0;
        for(i=1;i<1000;i++){
            sum=sum+i;
            if(sum>1000) break;
        }
        System.out.println(i);
    }
}
```

程序运行结果为 45。

2.6.2　continue 语句

continue 语句只能出现在循环语句（while、do-while、for）的子语句块中，continue 语句的作用是跳过当前循环的剩余语句，开始执行下一次循环。

continue 语句的语法格式如下：

```
continue;
```

【例 2-16】　利用 continue 语句输出 1～50 范围内能被 5 整除的数。

```
public class ContinueTest {
    public static void main(String[] args) {
        for(int i=1;i<=50;i++){
            if(i%5!=0)
                continue;
            System.out.println(i);
```

```
        }
    }
}
```

程序运行结果如图 2-20 所示。

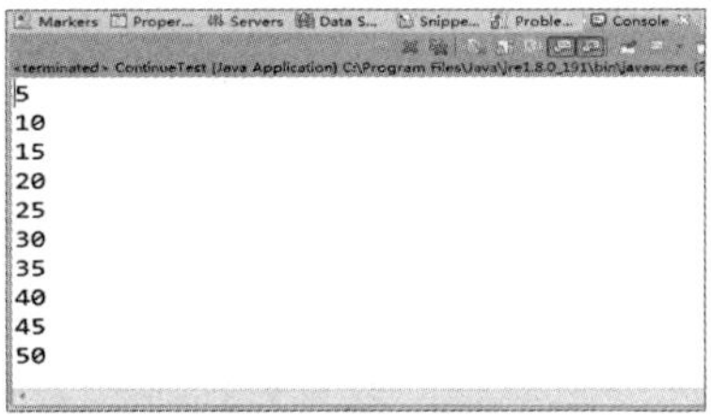

```
<terminated> ContinueTest [Java Application] C:\Program Files\Java\jre1.8.0_191\bin\javaw.exe
5
10
15
20
25
30
35
40
45
50
```

图 2-20　程序运行结果

任务实施

在进行猜数字游戏时，先使用 Random 类的 nextInt()方法产生一个随机整数，然后使用 while 循环语句控制用户猜数字的次数，同时要求用户在每次进行游戏时，通过键盘输入一个整数，将它与随机数进行大小比较，并给出相应的提示。在到达预先设置的次数时，使用 break 语句退出循环。程序运行结果如图 2-21 所示。

```
<terminated> numGame [Java Application] C:\Users\Administrator\AppData\Local\
请输入一个0~1000的数字：
600
太大了，再小一点！请输入一个0~1000的数字：
400
太大了，再小一点！请输入一个0~1000的数字：
200
太小了，再大一点！请输入一个0~1000的数字：
300
太小了，再大一点！请输入一个0~1000的数字：
350
太小了，再大一点！请输入一个0~1000的数字：
380
太大了，再小一点！请输入一个0~1000的数字：
365
太小了，再大一点！请输入一个0~1000的数字：
380
太大了，再小一点！请输入一个0~1000的数字：
375
太大了，再小一点！请输入一个0~1000的数字：
370
太小了，再大一点！你失败了，下次再来吧！
```

图 2-21　程序运行结果

程序的代码清单如下：

```
public class NumGame {
    public static void main(String[] args) {
        // 产生一个随机整数
        Random ran = new Random();
        int random = ran.nextInt(1000);

        int i = 0;//统计次数
        while (true) {
            //每次计数加 1，第 11 次的时候退出
            i++;
```

```
            if (i == 11) {
                System.out.print("你失败了，下次再来吧！");
                break;
            }
            // 输入数字
            System.out.println("请输入一个 0~1000 的数字：");
            Scanner scan = new Scanner(System.in);
            int num = scan.nextInt();

            // 判断
            if (num < random)
                System.out.print("太小了，再大一点！");
            else if (num > random)
                System.out.print("太大了，再小一点！");
            else {
                System.out.print("恭喜你猜对了！");
                System.exit(0);
            }
        }
    }
}
```

任务小结

本任务通过讲解跳转语句引导学生勇于跳出某个思维定势，从多个角度分析和思考问题，培养学生全面分析问题的职业素养。

习题二

一、选择题

1. 以下字符组合不能作为 Java 标识符的是（　　）。

A．Aa12　　B．大 x　　C．y 小　　D．5x

2. 以下代码的运行结果是（　　）。

```
int x=53;
System. out. println(1.0+x/2);
```

A．27.0　　B．27.5　　C．1.026　　D．1.026.5

3. 假设各选项所涉及的变量都存在且定义正确，那么在以下表达式中，（　　）不可

以作为循环条件。【“1+X”大数据应用开发（Java）职业技能等级证书（初级）考试】

A．x == 10　　　　B．y >=80

C．inputPass == truePass　　　　D．i++

4．现在有如下程序：

```
public class test{
   public static void main(String[]  args) {
      int i=0;
      int j=i++;
      System.out.println(++j) ;
   }
}
```

程序的最终运行结果是（　　）。【“1+X”大数据应用开发（Java）职业技能等级证书（初级）考试】

A．0　　B．1　　C．2　　D．程序出错

5．已知 for 语句的语法格式如下：

```
for(表达式 1;表达式 2;表达式 3){      循环代码块  }
```

以下说法正确的是（　　）。【“1+X”大数据应用开发（Java）职业技能等级证书（初级）考试】

A．表达式 1 可能不会执行　　　　B．表达式 2 可能不会执行

C．表达式 3 一定会执行　　　　D．循环代码块可能不会执行

6．以下代码的运行结果是（　　）。

```
int x=5, y=7, u=9, v=6;
System.out.println(x>y ? x+2: u>v ? u-3: v+2);
```

A．8　　B．6　　C．7　　D．true

7．执行以下语句序列后，变量 i 的值是（　　）。

```
int s=1,i=1;
while( i<=4 )  {s*=i;i++;}
```

A．6　　B．4　　C．24　　D．5

8．执行以下语句序列后，变量 k 的值是（　　）。

```
int  i=10, j=18, k=30;
switch( j - i ) {
   case  8 :  k++;
   case  9 :  k+=2;
   case  10:  k+=3;
```

```
    default  :  k/=j;
}
```

A．31　　B．32　　C．2　　D．33

9．假设 a 是 int 类型的变量，且其初值为 1，则（　　）是合法的条件语句。

A．if(a){}　　B．if(a+=3){}　　C．if(a=2){}　　D．if(true){}

10．假设 int 类型的变量 a、b，float 类型的变量 x、y，char 类型的变量 ch 均已被正确定义并赋值，则正确的 switch 语句是（　　）。

A．switch (x + y)　{ ...... }　　B．switch (ch + 1)　{ ...... }

C．switch　ch　{ ...... }　　D．switch (a + b);　{ ...... }

11．执行以下语句序列后，变量 i 的值是（　　）。

```
for( int i=0, j=1;j < 5; j+=3 ) i=i+j;
```

A．4　　B．5　　C．6　　D．7

二、编程题

1．通过键盘输入一个数，判断它是奇数还是偶数，并输出。

2．输入一个职工的全年应纳税所得额，输出他当年应缴纳的个人所得税税额。个人所得税计算公式为：应缴纳个人所得税税额=全年应纳税所得额×适用税率−速算扣除数。个人所得税税率表如下。

级数	全年应纳税所得额	税率（%）	速算扣除数
1	不超过 36000 元的	3	0
2	超过 36000 元至 144000 元的部分	10	2520
3	超过 144000 元至 300000 元的部分	20	16920
4	超过 300000 元至 420000 元的部分	25	31920
5	超过 420000 元至 660000 元的部分	30	52920
6	超过 660000 元至 960000 元的部分	35	85920
7	超过 960000 元的部分	45	181920

3．打印 100～1000 范围内的水仙花数。水仙花数是指一个三位数，其各数位上的数的立方和等于该数本身。例如，153 是一个水仙花数，因为 153=1×1×1+5×5×5+3×3×3。

4．打印输出九九乘法表。

5．小蓝给学生们组织了一场考试，卷面总分为 100 分，每个学生的得分都是一个 0～100 的整数。如果得分不小于 60 分，则称为及格；如果得分不小于 85 分，则称为优秀。请计算这场考试的及格率和优秀率，用百分数表示，百分号前面的部分通过四舍五入保留整数。【“蓝桥杯”软件大赛 Java 组试题】

6．小蓝需要为一条街上的住户制作门牌。这条街上一共有 2020 位住户，门牌的编号为 1～2020。小蓝制作门牌的方法是先制作 0 到 9 这几个数字字符，再根据需要将字符粘贴到门牌上，例如，1017 号门牌需要依次粘贴字符 1、0、1、7，即需要一个字符 0、两个字符 1、一个字符 7。请问要制作所有的 1～2020 号门牌，一共需要多少个字符？【“蓝桥杯”软件大赛 Java 组试题】

单元三

面向对象程序设计

面向对象编程思想是指从现实世界中客观存在的事物出发来构造软件系统，并在构造软件系统的过程中尽可能地运用人类的思维方式。Java 是一种纯面向对象的语言，本单元从类和对象入手，详细介绍面向对象程序设计的基本思想和方法，主要包括类、对象、方法、封装、继承、多态、接口等。这些知识点对接了国信蓝桥“1+X”《大数据应用开发（Java）职业技能等级标准》中的初级技能要求。

学习目标

- 理解面向对象编程思想。
- 理解类和对象，熟练运用类的语法封装对象的行为和状态（★）。
- 运用 Java 的包和访问控制机制提升代码的安全性（★）。
- 运用继承和多态机制编写复用度高的 Java 代码（★）。
- 运用接口机制设计灵活的 Java 程序（★）。
- 运用 Java 8 的新特性完成函数式编程，提升编程效率（★★）。

素养目标

- 引导学生自主探索、动手实践，培养学生的诚信品格。
- 通过类的讲解引导学生在生活中做好分类计划，合理规划时间。
- 通过中华优秀传统文化的讲解引导学生继承和弘扬中华优秀传统文化。
- 培养学生的爱国精神和民族自豪感。
- 引导学生进行有效沟通，培养学生的团队协作意识。

任务一　创建用户类

任务描述

在一个学生成绩管理系统中，教师可以通过该系统管理自己所授课程的学生的成绩信息；学生可以通过该系统在线查询自己的成绩。同时，教务部的管理人员可以通过该系统创建本学期的开课目录，并在开课目录中添加本学期所有的课程信息，且在开学之前可以随时修改这些课程信息。之后，管理人员可以为每门课程指定授课教师和选修该课程的所有学生。在开学后，教师可以通过该系统查看自己所授课程的学生名单。在课程考核结束后，教师可以为名单中的所有学生录入该课程的成绩。在考试成绩发布之前，授课教师可以随时修改该课程的成绩。在考试成绩发布之后，学生可以随时查看自己所有课程的成绩。

上面这样的系统中包含了学生、教师、管理员 3 种用户，他们都是系统用户，具有一些相同的属性和行为，如何使用面向对象的思想来进行封装呢？

知识储备

3.1 类和对象（★）

3.1.1 对象的概念

对象（Object）是现实世界中实际存在的某个具体事物。例如，一名教师、一位学生、一本书、一张桌子等。人类在对事物进行描述时大多是从两个方面，即静态（特性、特征）和动态（用途、行为）展开的。所以，对象包含静态的特征和动态的行为。

在 Java 中对对象进行描述时，其静态的特征称为属性，动态的行为称为方法。

3.1.2 类的概念

人类在认识客观世界时，习惯把众多的事物进行归纳和分类，把具有相同特征及行为的一组对象称为一类对象。在面向对象思想中，类是同种对象的集合与抽象。例如，教师和学生都是人，并且他们之间有一些相同点，也有一些不同点。为了方便地了解和描述这些实际存在的对象，面向对象思想中引入了类的概念，用于对所有对象提供统一的抽象描述，其内部包括属性和方法两部分。

思政小贴士

我们可以通过时间分类来更好地管理时间，通过事先规划实现对时间的灵活和有效运用，从而实现个人或组织的既定目标。我们在生活中也要学会整理、归类，并根据事情的轻重缓急对其进行安排和处理，有效地提高工作效率。

3.1.3 类和对象的关系

对象是实际存在的一个个具体事物，而类是这些具体事物（对象）的抽象，是对这些具体事物（对象）的一般性特征的描述。类和对象的关系如同模具和铸件的关系，类是创建对象的模具，而对象则是由类这个模具制作出来的铸件。类和对象的关系如图 3-1 所示。

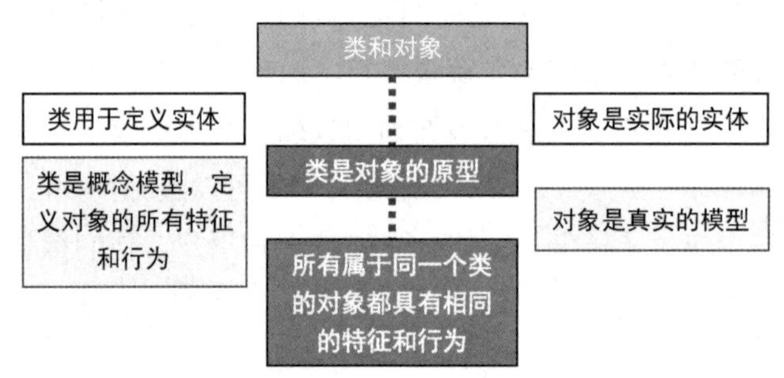

图 3-1 类和对象的关系

3.2 定义类和创建对象（★）

在 Java 中，如何表述现实世界中的具体事物（对象）及这些事物的一般特征（类）呢？在 Java 中，类是面向对象程序设计的基本单位。类定义了某类对象共有的属性和方法（即一般特征）：类的属性是现实对象的特征或状态的数值表示；类的方法是对现实对象进行的某种操作或其对外表现出的某种行为。通过类可以创建一个个具体的对象，对象是由一组相关的属性和方法共同组成的一个实际的实体。

3.2.1 定义类

在 Java 中，定义类的语法格式如下：

```
[类的修饰符] class 类名称 [extends 父类名称][implements 接口名称列表]
    {
        变量定义及初始化;
        方法定义及方法体;
    }
```

其中，类的修饰符可以为[public] [abstract | final]。

- public：类的访问控制修饰符。Java 类具有两种访问控制修饰符：public 和 default。public 允许类具有完全开放的可见性，这时所有其他类都可以访问该类。若省略 public，则默认可见性为 default，即只允许位于同一个包中的类访问该类。
- abstract：指明该类为一个抽象类，即该类是一个定义不完全的类，需要被继承，才能实例化对象。
- final：指明该类为最终类，不能被继承。

class 是创建类所使用的关键字。

extends 是继承类所使用的关键字。如果在定义类时没有指定继承关系，则该类会自己从 Object 类派生。

implements 是实现接口所使用的关键字，一个类可以实现一个或多个接口。

对于上述的一些内容，读者可能一时不理解，不过没有关系，这里先对其有一个印象，在后续章节中会陆续学到。

3.2.2 类的成员

类的成员包括成员变量和成员方法，它们的定义格式如下。

1. 成员变量定义格式

```
[变量修饰符] 变量数据类型 变量名1,变量名2[=变量初值]…;
```

其中，变量修饰符可以为[public | protected | private] [static] [final] [transient] [volatile]。

成员变量的数据类型可以是 Java 中的任意数据类型，包括基本数据类型、类、接口、数组。在一个类中，成员变量应该是唯一的。

2. 成员方法定义格式

```
[方法修饰符] 返回类型  方法名称(参数1,参数2,…) [throws exceptionList]
{
    语句;      //方法体：方法的内容
}
```

其中，方法修饰符可以为[public | protected | private] [static] [final | abstract] [native] [synchronized]。

返回类型可以是 Java 中的任意数据类型，当一个方法不需要返回值时，返回类型为 void。

参数的类型可以是基本数据类型，也可以是引用数据类型。

方法体是对方法的实现。它包括局部变量的声明及所有合法的 Java 指令。局部变量的作用域为该方法内部。

注意，Java 定义了 4 种访问级别：public、protected、default 和 private。访问级别用来控制其他类对当前类的成员的访问。public 权限表示在任何其他类中都可以使用；protected 权限表示在同一个类、同一个包及不同包的子类中可以使用；default 权限表示在同一个类或同一个包的类中可以使用；private 权限表示仅在同一个类中可以使用。

另外，static 声明的成员属于静态成员，该成员属于类本身，不需要实例化就可以访问。final 声明的变量为常量，final 声明的方法在继承类时不允许子类覆盖。

transient 表示类成员变量不应该被序列化。序列化是指把对象按字节流的形式进行存储。

volatile 表示通知编译器被 volatile 修饰的变量可以被程序的其他部分改变。

native 声明的方法就是一个 Java 调用非 Java 代码的接口，该方法由非 Java 语言实现，比如 C 语言。

synchronized 表示这个方法加锁，以保证线程安全。

在例 3-1 中，创建一个立方体类 Box，在其中定义 3 个变量，分别表示立方体的长、宽和高；定义一个方法，求立方体的体积；定义一个方法，求立方体的表面积。

【例 3-1】

```
public class Box {
    double length;
    double width;
    double height;
    public double getV(){
        return length*width*height;
    }
    public double getArea(){
        return 2*(length*width+length*height+width*height);
    }
}
```

3.2.3 创建对象

例 3-1 的程序定义了一个 Box 类，该类只是对 Box 这一类事物的抽象描述，需要通过它来产生一个有具体的长、宽、高大小的 Box。

要创建新的对象，需要使用 new 关键字和想要创建的对象的对象名，例如：

```
Box box1=new Box();
```

在上述代码中，等号左边以类名 Box 作为变量类型定义了一个变量 box1，用来指向等号右边通过 new 关键字创建的一个 Box 类的实例对象，变量 box1 就是对象的引用。注意，在 new 语句的类名后面一定要跟着一对圆括号“()”，默认调用 Box 类的构造方法。

对象中的属性和方法可以使用圆点“.”来访问，对象在圆点左边，而属性或方法在圆点右边，如“box1.length = 100; box1.getV();”。

修改例 3-1，利用 Box 类创建对象 box1、box2，同时为了测试运行结果，在 main()方法中创建对象。

【例 3-2】

```
public class Box {
    double length;
```

```
    double width;
    double height;
    public double getV(){
        return length*width*height;
    }
    public double getArea(){
        return 2*(length*width+length*height+width*height);
    }
    public static void main(String args[]){
        Box box1=new Box();
        box1.length=200;
        box1.width=200;
        box1.height=200;
        System.out.println("第1个箱子的体积为:"+box1.getV()+",
            表面积为:"+box1.getArea());
        Box box2=new Box();
        box2.length=100;
        box2.width=100;
        box2.height=100;
        System.out.println("第2个箱子的体积为:"+box2.getV()+",
            表面积为:"+box2.getArea());
    }
}
```

程序运行结果如图 3-2 所示。

图 3-2　程序运行结果

3.2.4　构造方法

在例 3-2 中，使用“Box box1=new Box();”语句创建了一个对象。new 可以被理解为创建一个对象的关键字，使用 new 关键字可以为对象分配内存，初始化实例变量，并调用构造方法。那么，Box()是什么意思呢？它在形式上与调用方法的形式相同。这个 Box()就是一个特殊的方法，叫作构造方法。然而，为什么在程序中没有看到这个方法的定义呢？这是因为在没有定义构造方法时，系统会自己创建一个默认的构造方法。

为了加深对构造方法的理解，我们来看下面的例子，在上面的 Box()方法中添加一个方法：

```
public Box(){
    System.out.println("来到构造方法");
}
```

程序运行结果如图 3-3 所示。

图 3-3 程序运行结果

通过程序运行结果可以发现，在 main()方法中并没有调用 Box()方法，该方法却被自动调用了，而且每创建一个 Box 对象，该方法都会被自动调用一次，这就是“构造方法”。这个 Box()方法有一些不同于一般方法的特征。

（1）它具有与类相同的名称。

（2）它不包含返回值。

（3）它不能在方法体中使用 return 语句返回一个值。

在一个类中，具有上述特征的方法就是构造方法。构造方法在程序设计中非常有用，它可以对类成员变量进行初始化。当一个类的实例对象刚产生时，这个类的构造方法会被自动调用，用户可以在这个方法中加入完成初始化的代码，比如为其中的变量赋初值。

构造方法不包含返回值的概念是不同于 void 的。对于“public void Person()”这样的写法，Person()就不再是构造方法了，而变成了普通方法。很多人都会犯这样的错误，在定义构造方法时添加了 void，结果这个方法不再被自动调用了。

构造方法可以分为两类。一类是当程序没有定义构造方法时，系统自己生成的默认构造方法。这个默认构造方法没有参数，其方法体中也没有任何代码，即什么也不做，但是会对类成员变量进行默认的初始化。

类成员变量默认的初值如表 3-1 所示。

表 3-1 类成员变量默认的初值

成员变量类型	初值
byte、short、int、long	0
float	0．0F
double	0．0D
char	'\u0000'（表示空）
boolean	false
all reference type	null

对于例 3-2，如果在 main()方法中不对 box1 和 box2 中的变量赋值，则这些变量会被构造方法赋为 0.0，如例 3-3 所示。

【例 3-3】

```
public class Box1 {
    double length;
    double width;
    double height;
    public double getV(){
        return length*width*height;
    }
    public double getArea(){
        return 2*(length*width+length*height+width*height);
    }
    public static void main(String args[]){
        Box1 box1=new Box1();
        System.out.println("长:"+box1.length+",宽:"+box1.width+"高:"+box1.height);
    }
}
```

程序运行结果如图 3-4 所示。

图 3-4 程序运行结果

另一类是程序自己定义的构造方法，它可以根据自己的要求对类成员变量进行初始化，该方法也叫参数化构造方法。注意，一旦程序自己定义了一个构造方法，系统就不再自己产生默认构造方法了。

下面来看例 3-4。首先创建一个 Box3 类，在其中定义 3 个变量，分别表示立方体的长、宽和高；定义一个构造方法，对这 3 个变量进行初始化；定义一个方法，求立方体的体积；定义一个方法，求立方体的表面积。然后在主程序中创建一个立方体的对象，输出给定尺寸的立方体的体积和表面积。

【例 3-4】

```
public class Box3 {
    double length;
    double width;
    double height;
    //定义带参数的构造方法
    public Box3(double length,double width,double height){
        this.length=length;
```

```
        this.width=width;
        this.height=height;
    }
    public double getV(){
        return length*width*height;
    }
    public double getArea(){
        return 2*(length*width+length*height+width*height);
    }
    public static void main(String args[]){
        Box3 box1 = new Box3(200,200,200);
        System.out.println("第 1 个箱子的体积为:"+box1.getV()+",
            表面积为:"+box1.getArea());
        Box3 box2 = new Box3(100,100,100);
        System.out.println("第 2 个箱子的体积为:"+box2.getV()+",
            表面积为:"+box2.getArea());
    }
}
```

3.2.5 this 关键字

如果一个类中的成员方法可以直接调用同一个类中的其他成员，则这时可以采用 this 关键字来特指当前类。如果可以在例 3-4 的 Box3()方法中添加一个输出打印的方法，则可以在其中直接调用当前类的方法和属性。

```
public void output(){
    System.out.println("表面积为"+this.getArea()+"体积为"+this.getV());
    //System.out.println("表面积为"+getArea()+"体积为"+getV());效果一样
}
```

说明：在成员方法中，对访问的同一个类中的成员前面加不加 this 关键字，效果都是一样的。这就好比同一个公司的职员在提及和自己公司有关的事情时不必说出公司名，当然，为了强调，可以加上“咱们公司……”这样的前缀。在程序中，同样可以如此，而 this 就相当于“我所属于的那个对象”。在每个成员方法中，都有一个 this 引用变量，用于指向调用这个方法的对象。

但是，有时不加 this 关键字容易引起混淆，例如：

```
public class A{
    String name;
    public void setName(String name){
        this.name=name;
```

```
    }
}
```

在这个例子中，如果直接写“name=name”，则读者肯定会对“name =name；”这样的赋值语句感到莫名其妙，分不出哪个是成员变量，哪个是方法的变量，而有了 this 就不会混淆两个 name 各自代表的意义了。this 关键字的用法总结如下。

（1）访问当前对象的数据成员，其使用形式如下：

```
this.数据成员
```

（2）访问当前对象的成员方法，其使用形式如下：

```
this.成员方法()
```

（3）当有方法重载的构造方法时，该方法用于引用同一个类的其他构造方法，其使用形式如下：

```
this([参数])
```

注意：this([参数])必须写在方法体的第一行，否则会出现编译错误。

3.2.6 对象的生命周期

在定义类之后，只是生成了对事物的描述，并没有生成事物的实例。因此，必须对一个类进行实例化，来生成客观事物的内存映像，这就是对象的创建。对象在被创建之后，必定会显示一些特征和表现一些行为，这就是对象的使用。任何事物都有它的生命周期，因此当对象不再被使用时（即没有任何的引用变量指向它时），对象就变成了“垃圾”，这时就需要进行垃圾回收，也就是对象的销毁。

1. 垃圾回收的概念

当程序的某个部件（如对象）完成自己的使命后，程序员往往都会将它弃置不顾，这是很危险的，因为这些垃圾会占据系统资源，一直到系统资源（尤其是内存）被耗尽，所以处理垃圾是一项非常重要的工作。Java 提供了一种叫作垃圾回收的机制来避免程序员忽略垃圾的处理，Java 会自动完成垃圾回收的工作，无须程序员再考虑。在 Java 程序的运行过程中，垃圾回收器会不定时地被唤起以检查是否有不再被使用的对象，并释放它们占用的内存空间。但是，垃圾回收器的启用不由程序员控制，也无规律可循，并不会一产生垃圾，它就被唤起，甚至可能直到程序终止，它都没有被启用。

当垃圾回收器释放无用对象的内存时，会先调用该对象的 finalize()方法。finalize()方法是在对象被当作垃圾从内存中释放前被调用的，而不是在对象变成垃圾前被调用的。由于垃圾回收器无法保证每个对象的 finalize()方法最终都会被调用，因此只要了解一下 finalize()方法的作用就行了。

finalize()方法的通用语法格式如下：

```
protected void finalize() throws Throwable{
    //方法体
    ……
}
```

finalize()方法是在 java.lang.Object 中实现的，在读者自定义的类中，它可以被覆盖，但一般需要在最后调用父类的 finalize()方法来清除对象使用的所有资源。

```
protected void finalize() throws Throwable{
    …… //释放本类中使用的资源
    super.finalize();
}
```

2．System.gc 方法的作用

Java 垃圾回收器执行的偶然性有时会给程序带来麻烦。例如，一个对象在成为垃圾时需要马上释放其占用的内存空间，或者程序在某段时间内产生了大量的垃圾，这时通常希望能有一个可人工干预垃圾回收的方法。Java 提供了一个 System.gc 方法，使用这个方法可以强制启动垃圾回收器来回收垃圾。

3.3 方法（★）

前面介绍了方法的功能和定义的语法格式，接下来深入介绍 Java 方法的一些特性。

3.3.1 方法间的参数传递

在定义方法时使用的参数，称为形式参数。直到方法被调用时，形式参数才会被变量或其他数据取代，而这些具体的变量或数据，称为实际参数。要调用一个方法，必须提供实际参数，并且这些实际参数的类型和顺序必须与形式参数的类型和顺序相对应。

Java 在为被调用方法的参数赋值时，只需采用传值的方式。当参数为基本数据类型时传递的是数据的值本身；当参数为引用数据类型（如某一个类的对象）时传递的是变量的值本身，即对象的引用，而非对象本身，此时通过方法调用可以改变对象的内容，但是对象的引用是不能被改变的。

1．基本数据类型的参数传递

【例 3-5】

```
public class PassValue {
```

```
    public static void main(String[] args) {
        PassValue p=new PassValue();
        int x = 8;
        p.change(x);
        System.out.println(x);
    }
    public  void change(int x) {
        x = 10;
    }
}
```

程序运行结果为 8。

方法的形式参数相当于方法中定义的局部变量，在方法调用结束时就被释放了，不会影响主程序中同名的局部变量。在本例中，change()方法的参数 int x 为局部变量，作用域为 change(int x)方法内部。在 change()方法调用结束时，局部变量 x 就会被回收。所以 change()方法中的局部变量 x 的值不会影响到 main()方法中的变量 x 的值。

2. 引用数据类型的参数传递

对象的引用变量并不是对象本身，它们只是对象的引用（名称）。就好比一个人有多个名字（中文名、英文名），一个对象可以有多个引用。通过方法的参数传递，我们可以将对一个对象的引用（我们可以理解为存放对象的地址）赋给另一个变量，从而通过另一个变量也可以对同一个对象进行引用。

【例 3-6】

```
public class PassRef{
    int x;
    public static void main(String args[]){
        PassRef obj=new PassRef();
        obj.x=8;
        obj.change(obj);
        System.out.println(obj.x);
        }
    public void change(PassRef obj){
        obj.x=10;
        }
    }
```

程序运行结果为 10。

当程序运行到 main()方法中的“obj.x=8”时，参数传递如图 3-5 所示。首先通过“PassRef

obj=new PassRef();”创建 PassRef 类对象，并为其分配内存空间，同时将 obj 定义为其引用变量，即这个对象的名称，然后通过 obj 可以找到对象，可以认为 obj 的值为对象在内存中的首地址。

当程序运行到“obj.change(obj);”时，调用 change(obj)方法，将 main()方法中的实际参数 obj 传递给 change()方法中的变量，即将对象在内存中的首地址传递过来。注意，此时对象仍然只有一个，但该对象有了两个引用变量，都可以对其进行访问和操作，如图 3-6 所示。

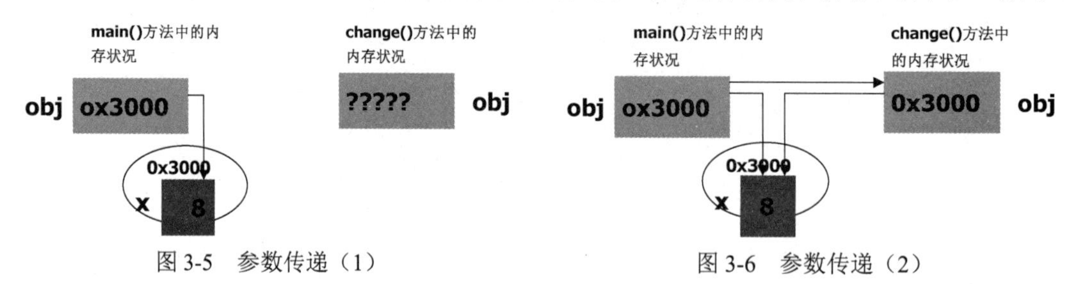

图 3-5 参数传递（1） 图 3-6 参数传递（2）

在 change()方法中，通过引用变量将对象中变量 x 的值重新赋为 10，如图 3-7 所示。

在 change()方法调用结束后，返回 main()方法，change()方法中的变量 obj 被释放，但对象仍然被 main()方法中的实际参数 obj 引用，可以看到，在 main()方法中的实际参数 obj 所引用的对象的内容被改变，如图 3-8 所示。

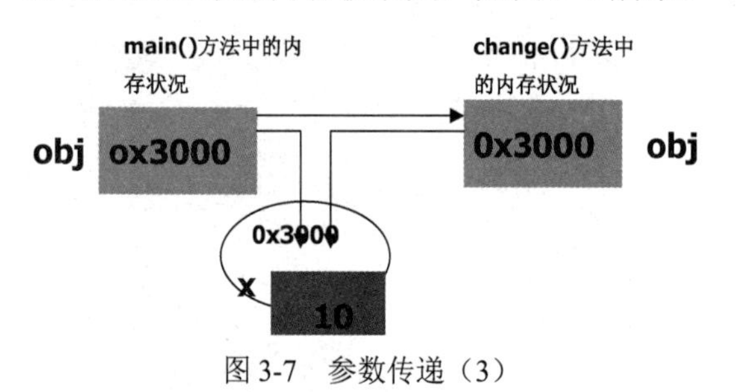

图 3-7 参数传递（3）

main()方法中的内存状况

obj ox3000

0x3000

x 10

图 3-8 参数传递（4）

3.3.2 方法的重载

Java 允许在一个类中定义几个同名的方法，只要这些方法具有不同的参数列表即可，比如方法的参数类型不同，或者方法的参数个数不同，或者方法的参数顺序不同。这种做法称为方法的重载。

当调用类中重载的方法时，Java 能够根据方法参数的不同选择正确的方法来调用。方法的重载包括以下几种。

1. 成员方法的重载

调用语句的自变量列表必须能够判断要调用的是哪个方法。重载的方法的参数列表必须不同。参数列表不同主要表现为参数的类型、个数和顺序不同。

在例 3-7 中，设计一个类，并在其中定义多个同名但参数列表不同的方法，分别用于计算不同参数的和并输出。在 main()方法中，创建的对象可以调用参数列表不同的求和方法。

【例 3-7】

```
public class Overload {
    public void sum(int a, int b) {
        System.out.println("两个 int 类型数相加和=" + (a + b));
    }
    public void sum(int a, int b, int c) {
        System.out.println("三个 int 类型数相加和=" + (a + b + c));
    }
    public void sum(double a, double b) {
        System.out.println("两个 double 类型数相加和=" + (a + b));
    }
    public void sum(String s1, String s2) {
        System.out.println("两个 String 类型数相连接=" + (s1 + s2));
    }
    public static void main(String args[]) {
        Overload c = new Overload();
        c.sum(3, 5);
        c.sum(10, 20, 30);      c.sum(14.5, 34.4);
        c.sum("我是中国人,", "我爱中国!");
    }
}
```

在 Overload 类中，分别定义了 4 个同名的方法 sum()，但是它们要么参数类型不同，要么参数个数不同。在调用这些方法时，虽然方法名相同，但是系统仍然会根据调用的参数类型而自动调用相应的方法。

2. 构造方法的重载

当一个类因构造方法的重载而存在多个构造方法时，创建该类对象的语句会根据给出的实际参数的个数、类型和顺序自动调用相应的构造方法来完成新对象的初始化。

当一个类有多个重载的构造方法时，这些构造方法可以相互调用。这种调用可以通过 this 关键字实现，同时 this 调用语句必须是构造方法中的第一条可执行语句。

在例 3-8 中，修改之前的 Box3 类，分别写带一个参数、带两个参数和带三个参数的构造方法并调用，以查看效果。

【例 3-8】

```
public class Box2 {
    double length;
    double width;
```

```
    double height;
    //定义带一个参数的构造方法，仅对 length 进行初始化
    public Box2(double length) {
        this.length = length;
        System.out.println("调用了带一个参数的构造方法");
    }
    //定义带两个参数的构造方法，仅对 length、width 进行初始化
    public Box2(double length,double width) {
        this(length);//调用带一个参数的构造方法
        this.width=width;
        System.out.println("调用了带两个参数的构造方法");
    }
    // 定义带三个参数的构造方法
    public Box2(double length,double width,double height) {
        this(length,width);//调用带两个参数的构造方法
        this.height=height;
        System.out.println("调用了带三个参数的构造方法");
    }
    public double getV() {
        return length * width * height;
    }
    public double getArea() {
        return 2 * (length * width + length * height + width * height);
    }
    public static void main(String args[]) {
        //仅对 length 赋了初值，另外两个值需要通过手动赋值
        Box2 box1=new Box2(100);
        box1.width=100;
        box1.height=100;
        System.out.println("表面积为"+box1.getArea()+",体积为"+box1.getV());
        //直接调用带三个参数的构造方法
        Box2 box2 = new Box2(200, 200, 200);
        System.out.println("表面积为"+box2.getArea()+",体积为"+box2.getV());
    }
}
```

语句“Box2 box1=new Box2(100);”在创建对象时，会自动调用仅带一个参数的构造方法并给 length 赋值。另外两个值需要通过手动赋值。

语句“Box2 box2 = new Box2(200, 200, 200);”在创建对象时，会调用带三个参数的构

造方法 Box2(double length,double width,double height)，并在其中通过 this 关键字调用带两个参数的构造方法 Box2(double length,double width)。

程序运行结果如图 3-9 所示。

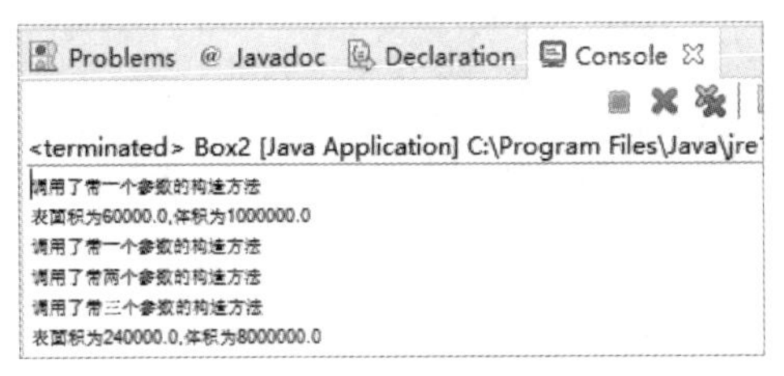

图 3-9 程序运行结果

3. 注意事项

1）关于参数顺序

因参数顺序不同而构建的重载方法，一定要建立在类型不同的基础上，如果参数本身类型和个数都相同，则不存在顺序问题。

例如，int sum(int x,int y)和 int sum(int y,int x)就不能成为重载的方法；而 double sum(int x,double y)和 double sum(double x,int y)就可以成为重载的方法。

2）关于返回值

重载的方法的返回值类型可以相同，也可以不同。但是如果重载的方法仅仅是返回值类型不同，而方法名和形式参数列表都相同，则是非法的。

3.4 静态变量和静态方法（★）

在处理问题时，有时需要两个类在同一个内存区域内共享数据。在类中使用 static 关键字修饰的成员变量和成员方法分别称为静态变量和静态方法，也称为类变量和类方法，而不使用 static 关键字修饰的成员变量和成员方法分别称为对象变量和对象方法。

3.4.1 静态变量

静态变量的特点是它不是属于某个对象的，而是属于整个类的，它在载入类时被创建，只要类存在，静态变量就存在。因此，静态变量不保存在某个对象的存储单元中，而保存在类的公共内存单元中，任何一个类的对象都可以访问它，修改它。静态变量一旦被某个对象修改，就会保存修改后的值，直到下次被修改为止。也可以说，静态变量对于类的所有对象来说，是一个公用变量。

定义静态变量的语法格式如下：

```
static 类型 变量名;
```

【例 3-9】

```
public class Chinese {
    static String country = "中国";
    String name;
    int age;
    void singOurCountry() {
        System.out.println("啊! 亲爱的" + country);
    }
    public static void main(String args[]) {
        //直接通过“类名.变量名”的方式访问静态变量
        System.out.println("我们的国家叫" + Chinese.country);
        //也可以通过“对象名.变量名”的方式访问静态变量
        Chinese ch1 = new Chinese();
        System.out.println("我们的国家叫" + ch1.country);
        ch1.singOurCountry();
    }
}
```

对于静态变量，可以通过“类名.变量名”的方式直接访问，也可以先创建一个对象，再通过“对象名.变量名”的方式访问。

由于静态变量能被所有对象共享，因此它可以用来实现一些特殊的效果。如果想要统计程序在运行过程中一共产生了多少个实例对象，则可以使用下面的方法：

```
public class CustTest {
    static int count=0;
    String name;

    public CustTest(String name) {
        this.name = name;
        count++;
    }
    public static void main(String[] args) {
        CustTest c1=new CustTest("张三");
        System.out.println("我是第"+c1.count+"名顾客，我叫："+c1.name);
        CustTest c2=new CustTest("李四");
        System.out.println("我是第"+c2.count+"名顾客，我叫："+c2.name);
        CustTest c3=new CustTest("王五");
        System.out.println("我是第"+c3.count+"名顾客，我叫："+c3.name);
    }
```

```
}
```

程序运行结果如图 3-10 所示。

```
<terminated> CustTest [Java Application] C:\Program Files\Java\jre1.8.0_191\bin\javaw.exe (2022年
我是第1名顾客，我叫：张三
我是第2名顾客，我叫：李四
我是第3名顾客，我叫：王五
```

图 3-10　程序运行结果

从程序运行结果可以看出，因为变量 count 是用 static 关键字修饰的，对于所有顾客来说是一个公用变量，每创建一个顾客，变量 count 的值都会加 1，所以最后统计出来的变量 count 的值就是顾客的总人数。

3.4.2　静态方法

静态方法和静态变量一样是属于整个类的，而不是属于某个对象的。对于静态方法，可以通过“类名.方法名”的方式直接访问，也可以先创建一个对象，再通过“对象名.方法名”的方式访问。

在使用静态方法的过程中，需要注意如下几点。

（1）在创建对象时，非静态方法是属于对象的，因此在对象占用的内存中有该方法的代码；而静态方法是属于整个类的，因此在对象占用的内存中没有该方法的代码。静态方法在内存中的代码是随着类的定义而被分配的，它不被某个对象专有。

（2）在静态方法中，只能直接访问类中的其他静态成员（包括方法和变量），而不能直接访问类中的非静态成员。这是因为非静态的方法和变量，需要先创建一个类的实例对象后才可以使用，而静态方法在使用前不用创建任何实例对象。

（3）静态方法不能以任何方式使用 this 和 super 关键字，原因和上面一样，即静态方法在使用前不用创建任何实例对象。当静态方法被调用时，this 关键字所引用的对象根本没有产生。

（4）main()方法是静态的，因此 Java 虚拟机在执行 main()方法时不创建 main()方法所在的类的实例对象，因此在 main()方法中不能直接访问该类的非静态成员，必须创建该类的一个实例对象后，才能通过这个对象访问该类的非静态成员。

（5）可以使用类名直接调用静态方法，也可以使用某个对象名调用静态方法。

3.5　封装（★）

3.5.1　包

Java 要求源程序文件名与主类的类名相同，因此如果要将多个类放在一起（即保存在同一个目录中），就要保证类名不能重复。但是在工程实践中，一个软件系统中可能包含成百上千个类，如果这些类都被保存在一个目录中，则类名冲突的可能性会很大。另外，一个软件系统中一般都包含不同的模块，而具有不同模块功能的类堆积在一起，不方便管理。

为了更好地管理这些类，Java 引入了包（Package）的概念。就像目录把各种文件组织在一起，使硬盘更清晰、更有条理一样，Java 中的包把各种类组织在一起，使得程序功能清楚、结构分明。

1. 包的概念

包是 Java 提供的一种区别于类的机制，是类的组织方法。在进行物理存储时，包就对应一个目录，包中还可以包含包，形成包的层次结构。同一个包中的类名不能相同，不同包中的类名可以相同。在引用某一个包中的某一个类时，不但要指定类名，而且要指定包名，并通过“.”来表示包的层次，如日期类 java.util.Date。在编写 Java 源程序时，可以声明类所在的包，就像在保存文件时要说明将文件保存在哪个目录中一样。

2. 创建包

要创建一个包，只需要以 package 语句作为源文件的第一条语句，声明该文件中定义的类所在的包即可，语法格式如下：

```
package 包名1[.包名2[.包名3]…];
```

经过 package 语句的声明之后，该文件中的所有类或接口都会被纳入相同的包。在硬盘中对源程序和字节码文件进行物理存储时，应当按照相应的目录结构进行存储。例如：

```
package com;
```

表示在当前目录下创建一个子目录 com，对应 com 包，用于存放 com 包中包含的所有.class 文件。

```
package com.jsei.cs;
```

其中，“.”代表目录分隔符，表示该语句创建了 3 个目录。第一个是当前目录下的子目录 com，第二个是 com 目录下的子目录 jsei，第三个是 jsei 目录下的子目录 cs，com.jsei.cs 包中的所有类就存放在这个 cs 目录中。

3. 引用包

如果要在当前类中引用不同包中的类（该类可能是系统类，也可能是自己定义的类），则必须先将该类引用过来，否则无法通过编译。也就是说，如果要引用其他包中的类，则必须在源程序中使用 import 语句导入所需要的类。import 语句的语法格式如下：

```
import 包名1[.包名2[.包名3…]].类名|*;
```

其中，“import”是关键字，“包名 1[.包名 2[.包名 3…]].类名|*;”表示包的层次关系，

与 package 语句相同，它对应于目录结构。类名是要导入的类的名称，如果要从一个类库中导入所有的类，则使用“*”表示包中所有的类。多个包名及类名之间用“.”分隔。例如：

```
import java.util.List;
import java.util.ArrayList;
```

Java 编译器为所有程序自动、隐含地导入 java.lang 包，因此读者无须使用 import 语句导入它所包含的所有类，就可以使用其中的类（如 String 类）。但是若要使用其他包中的类，则必须使用 import 语句导入。

3.5.2　访问权限控制

在一个应用系统中，会有一个或多个甚至很多个模块，也会有成百上千个类。应用系统要完成指定的功能，那么不同的模块之间、不同的类之间、不同的方法之间就会互相调用和进行参数传递，它们之间有着千丝万缕的联系。然而，在类、类中的方法和属性被别人访问时，会对属性造成影响。这种影响有时是人们希望有的，有时又是人们不希望有的，也就是说，需要进行适当的控制，既要与外界保持必要的联系，又要保证自己的固定属性不能被别人随意修改。这就涉及访问权限的问题，当一个类可以被访问时，对类中的成员变量和成员方法而言，其应用范围可以通过一定的访问权限来控制。就好比世界上的各个国家组成了一个国际化的世界，各个国家之间需要进行交流，但这种交流又需要受到各个国家的控制和监督，以保证其国家利益和安全。对于访问权限控制，Java 中有 4 个修饰符，如表 3-2 所示。

表 3-2　访问权限控制

修饰符	同一个类	同一个包中的类	不同包中的子类	不同包中的非子类（任意类）
private	★			
default（没有修饰符）	★	★		
protected	★	★	★	
public	★	★	★	★

- private：不允许任何其他类存取和调用。
- default（没有修饰符）：同一个包中的类才可以直接使用该类的数据和方法。如果父类中有方法或属性为 friendly 类型（即没有权限修饰符），则不同包中的子类将不能继承该方法。
- protected：允许同一个类、同一个包中的类使用。不同包中的类如果要使用，则必须是该类的子类。
- public：任何其他类、对象只要可以看到这个类，就可以存取变量的数据，或者使用方法。

对于这 4 个修饰符，private 和 public 很好理解，也很好区分，而 default（没有修饰符）

和 protected 比较容易混淆。简单来说，就好比父亲和子女属于不同的国籍，但是有血缘关系，那么在默认情况下，因为他们属于不同的国家，所以他们为各自国家的利益奋斗，是不能来往的，这就是默认情况（default）。然而，他们之间毕竟有血缘关系，出于家族的利益，在儿子的生活出现困难时，父亲往往会出手帮助，这就是受保护情况（protected）。

在例 3-10 中，比较 default 和 protected 的特点。在 ch3.test 包中定义 SuperTest 类，并在其中定义 out()方法，在 ch3.test 包中定义 SonTest 类继承 SuperTest 类，当 out()方法用 protected 修饰时，编译顺利通过；当 out()方法省略 protected，采用默认权限修饰符时，编译出现错误。

【例 3-10】

```
//父类
package ch3.test;
public class SuperTest {
    String str1="adsfsad";
    protected void out(){
        System.out.print(str1);
    }
}
//子类
package ch3;
import ch3.test.*;
public class SonTest extends SuperTest{
    public static void main(String args[]){
        SonTest t1=new SonTest();
        t1.out();
    }
}
```

当 out()方法省略 protected，采用默认权限修饰符时，程序运行结果如图 3-11 所示。

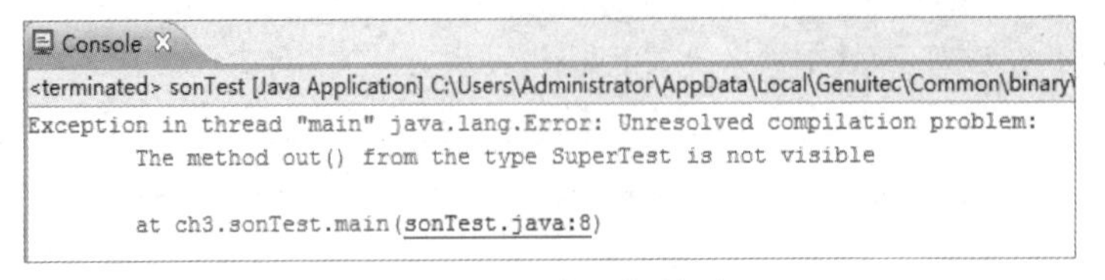

图 3-11 程序运行结果

3.5.3 封装

在进行应用程序的设计时，应尽量避免一个模块直接修改或操作另一个模块的数据，因为模块设计追求强内聚（许多功能尽量在类的内部独立完成，不让外界干预）、弱耦合（给外界提供专门的调用接口，而且要尽量少）。这就是面向对象程序设计的特点——封装。

封装就是将抽象得到的数据和行为（或功能）相结合，形成一个有机的整体，也就是将数据与操作数据的源代码进行有机的结合，形成“类”，其中的数据和函数都是类的成员。封装的目的是增强安全性和简化编程，用户不必了解具体的实现细节，只需通过外部接口和某一特定的访问权限来使用类的成员即可。Java 是通过包、类和访问权限修饰符等来实现封装的。封装的大致原则如下。

（1）把尽可能多的内容隐藏，对外提供简捷的接口。

（2）把所有的属性隐藏，不让外界直接对属性进行操作，如图 3-12 所示。

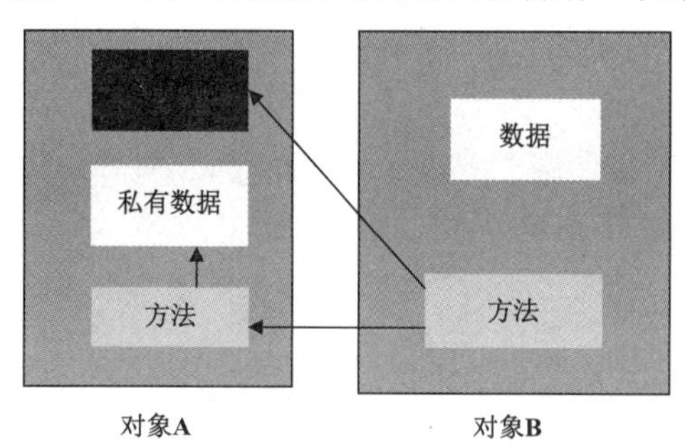

图 3-12　封装

在例 3-11 中，Person 类有一个年龄属性 age，如果外界能对其直接进行操作，则可以给 age 赋值“-100”，也可以给 age 赋值“3000”，但是这样明显不合理。所以，我们可以将 age 用 private 关键字进行修饰，使外界不能对其进行操作。但是为了允许外界对其进行访问，可以提供两个公有方法：一个用于读取 age 的值；一个用于实现给 age 赋值，并在赋值中加上自己的判断，这样就保证了数据的合理性。

【例 3-11】

```
class Person{
    private int age;
    public void setAge(int i){
        if(i<0||i>150) return;//如果参数不合理，则直接返回
        age=i;
}
public int getAge(){    return age; }
}
public class TestPerson {
     public static void main(String args[]){
        Person p1=new Person ();
        p1.setAge(30);//通过 setAge()方法给 p1 赋值
        System.out.println(p1.getAge());//通过 getAge()方法得到 p1 的值
    }
}
```

在数据库编程实践中，我们经常会将数据库中的每个表对应到一个类，且数据库表中的字段对应类的属性，那么这些属性都会被 private 修饰，同时会为每个属性分别设计 setter 和 getter 方法，从而实现对数据库表的封装。这样的类也称为实体类，或者称为 JavaBean。

可以看到，我们通过封装使一部分成员充当类与外部的接口并将其他成员隐藏，这样可以实现对成员访问权限的合理控制，使不同类之间的相互影响降低到最低限度，从而增强数据的安全性并简化程序的编写工作。

任务实施

在学生成绩管理系统中，有学生、教师、管理员这 3 种用户。对这 3 种用户进行抽象，可以分析出用户类包含用户编号、用户姓名、用户密码和用户类型这 4 个属性，以及验证密码这 1 个行为。同时，可以使用 private 进行属性的私有化，提供外部访问接口，定义构造方法，进行属性的初始化。该程序的代码清单如下：

```java
public class User {
    private String userNo; //用户编号（系统内唯一）
    private String name;    //用户姓名
    private String userPw; //用户密码
    private int userType;   //用户类型，0 表示 admin；1 表示 teacher；2 表示 student
    public final static int USER_TYPE_ADMIN = 0;
    public final static int USER_TYPE_TEACHER = 1;
    public final static int USER_TYPE_STUDENT = 2;
    public User(String userNo,String name,String userPw,int userType){
        this.userNo = userNo;       this.name = name;
        this.userPw = userPw;       this.userType = userType;
    }
    public User(String userNo,String name,int userType){
        this(userNo,name,"11",userType);
    }
    public User(String userNo,String name){
        this(userNo,name,User.USER_TYPE_ADMIN);
    }
    public String getUserNo() {         return userNo;  }
    public void setUserNo(String userNo) {      this.userNo = userNo;   }
    public String getUserPw() {         return userPw;  }
    public void setUserPw(String userPw) {      this.userPw = userPw;   }
    public int getUserType() {      return userType;    }
    public void setUserType(int userType) {         this.userType = userType;
```

```
    }
    public String getName() {        return name;    }
    public void setName(String name) {      this.name = name;   }
    public int verifyPassword(String userNo,String userPw){
        if(this.userNo.equals(userNo)&&this.userPw.equals(userPw)){
            return this.userType;
        }else{       return -1;       }
    }
}
```

任务小结

本任务通过讲解类、对象、方法和封装等知识引导学生注意编码规范，注意代码安全，树立科技强国的决心，增强科技强国、自立自强的意识。

任务二　创建教师类、学生类和管理员类

任务描述

在学生成绩管理系统中，虽然教师、学生、管理员都是系统用户，但是他们之间也是有一些区别的。如何用继承的思想来描述呢？

知识储备

3.6　继承（★）

在面向对象程序设计中，继承是指子类继承父类的所有属性和方法，并且可以有自己的属性和方法。继承可以通过某种机制（使用 extends 关键字指定两个类之间的继承关系），使得当前定义的类能够使用现有类的所有可继承的功能（属性和方法）而不用重新编写原来的类，从而简化类的定义，实现代码的复用。通过继承创建的新类称为“子类”或“派生类”，被继承的类称为“基类”、“父类”或“超类”。所以，继承也可以这样表述：子类可以继承父类的属性和方法，以实现代码的复用。继承是面向对象技术贴近自然、贴近人的思维习惯的又一例证。

Java 只支持单继承，不支持多继承，即一个类只能有一个父类；但 Java 允许多层继承，即一个类可以继承某个类的子类，如 B 类继承了 A 类，C 类又可以继承 B 类，那么 C 类也

间接继承了 A 类。Object 类是 Java 类层中的最高层类，是所有类的超类。继承通过在类的定义中加入 extends 子句来声明：

```
public class SubClass extends SuperClass{
   ......
}
```

如果是默认的 extends 子句，则该类为 Object 类的子类，即所有类在没有通过 extends 关键字指定其父类时，会自动默认继承 Object 类。

子类可以继承父类中访问权限为 public、protected、default（父类和子类在同一个包中）的成员变量和成员方法，但是不能继承访问权限为 private 的成员变量和成员方法。

在例 3-12 中，Animal 类具有 type、sex、age 等属性，以及 say()、run()、toString()等方法；Dog 类继承了 Animal 类，并有自己的 name 属性和 watch()方法。

【例 3-12】

```
class Animal {
    String type;
    String sex;
    int age;
    public void say() {
        System.out.print("一般都能发出叫声");
    }
    public void run() {
        System.out.print("一般都能运动");
    }
    public String toString(){
        return "该动物为:"+type+"类,今年"+age+"岁,"+sex;
    }
}

class Dog extends Animal {
    String name;
    public void watch() {
        System.out.print("狗是人类最忠诚的朋友，能帮助主人看家护院");
    }
}
public class TestAnimal {
    public static void main(String args[]){
        Dog d=new Dog();
```

```
        d.type="京巴狗";
        d.age=3;
        d.sex="雄性";
        d.name="琪琪";
        System.out.println(d.toString()+",名叫"+d.name);

    }
}
```

3.6.1　子类对父类构造方法的继承

子类无条件地继承父类中不带参数的构造方法，当通过子类构造方法创建子类对象时，先执行父类中不带参数的构造方法，再执行子类中不带参数的构造方法。

在例 3-12 中，分别在 Animal 类和 Dog 类中不带参数的构造方法内部加上一行输出语句，以检验创建子类对象时，对父类和子类构造方法的调用情况。

```
public  Animal(){
    System.out.print("来到父类 Animal 中不带参数的构造方法");
    }
public Dog(){
    System.out.print("来到子类 Dog 中不带参数的构造方法");
    }
```

程序运行结果如图 3-13 所示。可以看出，在创建子类对象时，先调用了父类的构造方法 Animal()，然后才调用了子类的构造方法 Dog()。

```
Console ⊠
<terminated> TestAnimal (1) [Java Application] C:\Program Files\Java\jre-1.8\
来到父类Animal中不带参数的构造方法
来到子类 Dog中不带参数的构造方法
该动物为:京巴狗类,今年3岁,雄性,名叫琪琪
```

图 3-13　程序运行结果

所以，如果一个类可能会被继承，则在定义了带参数的构造方法后，一定不要忘记定义不带参数的构造方法，因为一旦在类中定义了构造方法，系统就不会自动创建不带参数的构造方法了，而子类只能无条件地继承父类中不带参数的构造方法。

3.6.2　子类对父类构造方法的调用

如果需要在子类中调用父类的构造方法，则可以通过 super 关键字来实现，需要注意的是，super()必须是子类构造方法的第一条语句，如例 3-13 所示。

【例 3-13】

```
class Animal {
    String type;
    String sex;
    int age;
    public Animal(String type,String sex,int age){
        this.type=type;
        this.sex=sex;
        this.age=age;
    }
    public  Animal(){
    }
    public void say() {
        System.out.print("一般都能发出叫声");
    }
    public void run() {
        System.out.print("一般都能运动");
    }
    public String toString(){
        return "该动物为:"+type+"类,今年"+age+"岁,"+sex;
    }
}
class Dog extends Animal {
    String name;
    public void watch() {
    System.out.print("狗是人类最忠诚的朋友，能帮助主人看家护院");
    }
    public Dog(String type,String sex,int age,String name){
        super(type,sex,age);//调用父类的构造方法
        this.name=name;
    }
}
public class TestAnimal1 {
    public static void main(String args[]){
        Dog d=new Dog("京巴狗","雄性",10,"琪琪");
        System.out.println(d.toString()+",名叫"+d.name);
    }
}
```

3.6.3 方法的重写

当一对父子走在一起时，经常听到这样的感叹："看，这爷俩儿长得简直一模一样！"这就是生物学意义上的遗传（继承）。但是，他们可能也会听到这样的话："这孩子的鼻子长得比他爸爸的好看多了！"这就是生物学意义上的变异。在 Java 的面向对象程序设计中，也存在这样的现象，就是方法的重写，即在子类中重新定义父类中已有的方法。

在 Animal 类中有一个用于输出信息的 toString()方法，子类 Dog 的对象也可以使用这个方法输出信息。然而，Dog 类中多了一个 name 属性，虽然 Dog 类继承了 Animal 类的 toString()方法，但是在实现信息输出时无法输出自己的 name 属性。所以，需要在子类中重写这个方法。同时，由于 Animal 类中对动物的声音和运动方法无法具体定义，只能笼统地说明一下"一般都能发出叫声""一般都能运动"，而现在的子类是具体的狗，那么它发出的叫声就是"汪汪"，它运动的方法就是四肢奔跑，因此也需要在子类中重写这两个方法。

【例 3-14】

```
class Animal {
    String type;
    String sex;
    int age;
    public Animal(String type,String sex,int age){
        this.type=type;
        this.sex=sex;
        this.age=age;
    }
    public  Animal(){
        System.out.println("来到父类 Animal 中不带参数的构造方法");
        }
    public void say() {
        System.out.println("一般都能发出叫声");
    }
    public void run() {
        System.out.println("一般都能运动");
    }
    public String toString(){
        return "该动物为:"+type+"类,今年"+age+"岁,"+sex;
    }
}
class Dog extends Animal {
```

```
    String name;
    public void watch() {
        System.out.print("狗是人类最忠诚的朋友，能帮助主人看家护院");
    }
    public Dog(String type,String sex,int age,String name){
        super(type,sex,age);
        this.name=name;
    }
    public void say() {
        System.out.println("狗类发出的叫声是汪汪");
    }
    public void run() {
        System.out.println("狗类运动的方法是四肢奔跑");
    }
    public String toString(){
        return "该动物为:"+type+"类,今年"+age+"岁,"+sex+",名叫"+name;
    }
}
public class TestDog {
    public static void main(String args[]){
        //注意，这里定义的是父类 Animal 的变量
        Animal a=new Dog("京巴狗","雄性",10,"琪琪");
        System.out.println(a.toString());
        a.run();
        a.say();
    }
}
```

程序运行结果如图 3-14 所示。

```
Problems  Javadoc  Declaration  Console
<terminated> TestDog [Java Application] C:\Program Files\Java\jre-1.8\bin\javaw.exe
该动物为:京巴狗类,今年10岁,雄性,名叫琪琪
狗类运动的方法是四肢奔跑
狗类发出的叫声是汪汪
```

图 3-14　程序运行结果

注意，请读者务必理解例 3-14 中的以下几条语句。

```
Animal a=new Dog("京巴狗","雄性",10,"琪琪");
System.out.println(a.toString());
a.run();
```

```
a.say();
```

这里定义的是 Animal 类的变量，但是创建的对象是 Dog 类的对象，因为狗是一种动物，所以 Dog 类的对象可以给 Animal 类的变量赋值，这个容易理解。但是在 a.toString()、a.run()、a.say()方法的执行过程中，调用的是 Animal 类中的方法，还是 Dog 类中的方法呢？

通过上面的程序运行结果可以看出，调用的是 Dog 类中的方法，这种现象叫作动态绑定，即对于重写的方法，Java 运行时系统会根据调用该方法的实例的类型来决定调用哪个方法。读者一定要理解这一点，因为后面所要讲解的多态，也是基于这一点的。

同样地，子类也可以重写或覆盖父类中的属性。

思政小贴士

中华优秀传统文化是中华民族生生不息、发展壮大的丰厚滋养，是中国特色社会主义植根的文化沃土，是我们在世界文化激荡中站稳脚跟的根基。习近平总书记在党的二十大报告中指出："我们创立了新时代中国特色社会主义思想，明确坚持和发展中国特色社会主义的基本方略，提出一系列治国理政新理念新思想新战略，实现了马克思主义中国化时代化新的飞跃，坚持不懈用这一创新理论武装头脑、指导实践、推动工作，为新时代党和国家事业发展提供了根本遵循。"

3.7　final 关键字(★)

3.7.1　修饰变量

在 Java 中，使用 final 关键字修饰的变量称为常量，它只能被赋值一次。也就是说，使用 final 关键字修饰的变量一旦被赋值，其值不能改变。如果再次对该变量赋值，则程序会在编译时报错。

```
public class FinalTest1 {
    public static void main(String[] args) {
        final int num = 2;  //第一次可以成功赋值
        num = 4;            //第二次赋值时会报错
        System.out.println(num);
    }
}
```

在上述代码中，使用 final 关键字修饰的变量 num，第一次可以成功赋值，第二次赋值时会报错。

3.7.2 修饰方法

在使用 final 关键字修饰类中的某个成员方法后，这个类的子类将不能重写该方法。

```
class Animal {
    // 使用 final 关键字修饰 shout() 方法
    public final void shout() { }
}
// 定义 Dog 类，继承 Animal 类
class Dog extends Animal {
    // 重写 Animal 类的 shout() 方法
    public void shout() { }
}
// 定义测试类
public class FinalTest2 {
    public static void main(String[] args) {
        Dog dog = new Dog(); // 创建 Dog 类的实例对象
    }
}
```

在上述代码中，在子类 Dog 中重写父类 Animal 中的 shout()方法时会报错。

3.7.3 修饰类

在 Java 中，使用 final 关键字修饰类后，该类将不可以被继承，即该类不可以派生子类。

3.8 对象的类型转换（★）

子类和父类对象之间的转换包含向上转型和向下转型两种。

3.8.1 向上转型

向上转型是指子类对象可以自动地转换为父类对象，语法格式为“父类 引用 =new 子类();”，实际上就是父类的引用指向子类对象。例如，在例 3-14 中，“Animal a=new Dog("京巴狗","雄性",10,"琪琪");”就是将子类 Dog 的对象转换为父类的引用。这样在使用 a.say()方法时，调用的是 Dog 类中的 say()方法。

需要注意的是，子类对象向上转型后无法调用子类自己的属性和方法。例如，在例 3-14 中，使用 a.watch()方法调用 watch()方法是会报错的。

3.8.2　向下转型

向下转型是指将一个父类对象转换为一个子类对象。向下转型不是自动进行的，需要人为进行强制类型转换，语法格式为“子类类型 子类对象=（子类类型）父类对象;”。但是，在父类对象向子类对象强制转换时，如何保证转换的正确性呢？可以使用 Java 提供的 instanceof 运算符来进行预判断。instanceof 运算符的语法格式为“对象 instanceof 类”，该运算符用于判断一个对象是否属于一个类，返回值为 true 或 false。

在例 3-15 中假设主人还有一个宠物 Cat，Cat 类也继承自 Animal 类，同时有自己的特有方法“抓老鼠”。另外，在测试类中增加一个“主人逗宠物玩”的方法，并根据不同的宠物对象，向主人展现不同的特点。

【例 3-15】

```
class Cat extends Animal {
    String name;
    public void catchmouse() {
        System.out.println("猫也是人类最忠诚的朋友，能帮助主人抓老鼠");
    }
    public Cat(String type,String sex,int age,String name){
        super(type,sex,age);
        this.name=name;
    }
    public void say() { System.out.println("猫类发出的叫声是喵喵");    }
    public void run() { System.out.println("猫类运动的方法是四肢奔跑");    }
    public String toString(){
        return "该动物为:"+type+"类,今年"+age+"岁,"+sex+",名叫"+name;
    }
}
public class TestAnimal3 {
    //由于可能有多个子类对象，此处只能使用父类的类型变量作为方法的形式参数
    public void play(Animal a){
        if(a instanceof Dog){//判断是不是 Dog 类的对象
          Dog d=(Dog)a;//强制将父类对象转换为子类对象
          d.watch();
        }else if(a instanceof Cat){//判断是不是 Cat 类的对象
            Cat c=(Cat)a;//强制将父类对象转换为子类对象
        c.catchmouse();
        }
    }
```

```
    public static void main(String args[]){
        TestAnimal3 t=new TestAnimal3();
        Dog d=new Dog("京巴狗","雄性",10,"琪琪");
        t.play(d);

        Cat c=new Cat("波斯猫","雌性",3,"美美");
        t.play(c);
    }
}
```

通过 instanceof 运算符判断对象 a 属于哪个类，再进行强制类型转换，即可杜绝强制类型转换抛出异常，增强程序的健壮性。

3.9 多态（★）

多态，即同一个事物所表现出来的多种状态，例如，动物一般都可以发出叫声，但是狗发出的叫声是“汪汪”，猫发出的叫声是“喵喵”。多态是面向对象程序设计的一个重要特性。

Java 中多态的表现之一是允许出现重名情况，在同一个类中允许完成不同功能的多个方法使用同一个名称，但其参数列表不同，即方法的重载。这种情况也叫编译时多态，由于前面章节已经讨论过方法的重载，这里不再论述。

另一种多态表现是系统根据运行时的情况来决定执行什么操作，就是前面提到的“动态绑定”，比如在某个方法中调用动物的 say(Animal a)方法，在实际运行过程中根据传递过来的对象发出不同的叫声，若传递的是 Dog 类的对象，则发出“汪汪”的叫声；若传递的是 Cat 类的对象，则发出“喵喵”的叫声。这种多态也叫运行时多态。

例 3-16 将进一步修改例 3-15，实现宠物的主人让他的宠物唱歌，宠物就发出叫声。修改 TestAnimal4 类中的 play()方法，由于宠物对象可能是猫，也可能是狗，因此 play()方法的参数只能采用 Animal 类的变量，以不变应万变。

【例 3-16】

```
public class TestAnimal4 {
    public void play(Animal a){//以基类的变量作为参数，以不变应万变
        a.say();//动态绑定，在运行过程中根据传递过来的参数调用具体的方法
    }
    public static void main(String args[]){
```

```
        TestAnimal4 t=new TestAnimal4();
        Dog d=new Dog("京巴狗","雄性",10,"琪琪");
        t.play(d);
        Cat c=new Cat("波斯猫","雌性",3,"美美");
        t.play(c);
    }
}
```

多态的两个特点如下。

（1）应用程序不必为每个派生类（子类）编写功能调用，只需要对抽象基类进行处理即可。这一招叫作“以不变应万变”，可以大大提高程序的可复用性。例如，在例 3-16 中不需要为每个宠物类创建一个方法调用，只需要在play()方法中接收宠物类共同的父类Animal的变量作为参数，并在方法体中通过父类的变量调用 say()方法，即可在程序运行过程中根据所传递的实际对象参数执行相应对象中的 say()方法。

（2）派生类的功能可以被基类的方法或引用变量调用，称为后兼容。作为主类，不需要考虑将来会产生多少派生类，这样可以提高程序的可扩展性和可维护性。

思政小贴士

随着大数据时代的到来，人工智能的应用越来越广泛。扫码登录、扫码下单、扫码付款、扫码取件等越来越多的“扫一扫”功能正融入大家的日常生活。在扫码取件时，虽然扫描的取件二维码是一样的，但是不同的人所获取的扫描结果是不同的。在日常生活中，不同的人做同一件事往往会有不同的结果，我们要学会正确分析和处理问题。

方法是在程序运行时才动态绑定的，但成员变量（属性）是在程序编译时就完成绑定的。因此，方法和属性在“覆盖”问题上是有区别的。当子类重写了父类的方法时，调用主体（即对象）和方法是运行时绑定的；当子类和父类的属性重名时，调用主体（即对象）和属性是编译时绑定的。

【例 3-17】

```
public class Sup {
    public int i = 50;
    public  void info(){
         System.out.println("sup i"+i);
    }
}
public class Sub extends Sup{
    public int i = 100;              //子类同名属性 i，为其赋值“100”
    public void info(){
```

```
        System.out.println("sub i"+i);
    }
     public static void main(String[] args) {
           Sub sub = new Sub();           //创建子类对象
           System.out.println(sub.i);     //输出子类对象的 i 属性
           Sup sup = new Sub();           //创建父类对象，用子类实现
           System.out.println(sup.i);
        }
}
```

程序运行结果如图 3-15 所示。

```
Console
<terminated> sub (1) [Java Appli
100
50
```

图 3-15　程序运行结果

3.10　抽象类和接口（★）

3.10.1　抽象类

通过 3.6 节中关于 Animal、Dog、Cat 等类之间关系的讲解，读者应当理解了继承和多态。读者可能会发现这样一个问题，就是在设计基类 Animal 时，对于动物发出叫声的方法 say()和动物运动的方法 run()，一般不能很好地描述。因为动物有成千上万种，如猫、狗、蛇、鸟都可以被称为动物，所以动物这一概念只是具体动物的抽象，而具体动物所表现出来的叫声和运动方法是千差万别的。在这种情况下定义其基类时，对于其中的方法，可以不进行具体的方法实现，而使用抽象方法进行描述，那么这个类也就成了抽象类。

在例 3-18 中，对于例 3-17 中多态的案例，可以把基类 Animal 改写成如下形式。

【例 3-18】

```
abstract class  Animal {
    String type;
    String sex;
    int age;
    public Animal(String type,String sex,int age){
        this.type=type;
        this.sex=sex;
```

```
        this.age=age;
    }
    public  Animal(){
        System.out.println("来到父类Animal中不带参数的构造方法");
    }
    public abstract void say() ;
    public abstract void run() ;
    public String toString(){
        return "该动物为:"+type+"类,今年"+age+"岁,"+sex;
    }
}
```

通过以上代码可以发现，抽象类可以拥有没有方法体的抽象成员，抽象成员的具体代码是在其派生类（子类）中实现的。

人们都知道台式计算机的主板上有一个扩展槽，用来安装声卡、网卡、显卡等零件。这些零件都有统一的接口标准，以便插到主板的插槽中，并由主板控制其工作，比如开始、停止等。但是这些零件所表现出来的工作内容很不一样，比如声卡是用来发声的，网卡是用来连接网络的，显卡是用来显示数据的。实际上，这些零件统称为即插件（通用描述，基类或父类）。可以通过抽象类和抽象方法，使用如下代码来描述这些即插件的基类，并定义这些即插件的 start()方法和 stop()方法。

【例 3-19】

```
abstract class Plug {
    public abstract void start();  //抽象方法，不进行具体的方法实现
    public abstract void stop();   //抽象方法，不进行具体的方法实现
}
class SoundCard extends Plug{
    //子类根据实际情况来具体地实现方法
    public  void start(){
        System.out.println("声卡开始工作，将声音信号转换后传送到麦克风中");
    }
    //子类根据实际情况来具体地实现方法
    public  void stop(){
        System.out.println("声卡被禁用");
    }
}
public class TestPlug {
        public static void main(){
```

```
        Plug p=new SoundCard();
        p.start();
        p.stop();
    }
}
```

下面总结一下抽象方法和抽象类。有些超类中的方法不是很具体，不容易进行具体的方法实现，可以将这些方法用 abstract 关键字修饰，从而不进行具体实现，此时类也必须用 abstract 关键字修饰。由于抽象类中的抽象方法没有具体的实现，因此抽象类不能被实例化，也就是不能用 new 关键字来生成对象。抽象类只能作为其他类的超类，这一点与最终类（final 类）正好相反。子类在继承了抽象的父类后，对其抽象方法进行具体的实现。

抽象类和抽象方法的作用，好比先定义一个模板，子类再按照此模板来实现。

抽象类中的方法可以全部是抽象方法，也可以部分是抽象方法。

抽象类的子类可以重写父类中的全部抽象方法，也可以重写父类中的部分抽象方法。当然，如果只是部分重写，则该子类还是抽象类，还是要被继承。

3.10.2 接口

如果一个抽象类中的所有方法都是抽象的，就可以将这个类用另一种方式来定义，这就是接口。Java 把完成特定功能的若干属性和方法组织成相对独立的属性和方法的集合，并把这一集合定义为接口，且接口中的这些属性都是静态的常量值。

接口（Interface）就是方法定义和常量值的集合。从本质上讲，接口是一种特殊的抽象类，这种抽象类只包含常量和方法的定义，没有方法的实现。

1. 接口的定义

```
[public] interface InterfaceName [extends SuperInterfaceList]
{
    ……  //常量定义和方法定义
}
```

接口名要符合 Java 标识符命名规则。接口与一般的类一样，也具有成员变量与成员方法，但一定要对成员变量赋初值，且该值不能修改。若省略其成员变量的修饰符，则系统默认为 public static final。同时，其成员方法必须是抽象方法，即使该方法前省略了修饰符，系统也默认为 public abstract。

例 3-19 描述的声卡继承抽象类的示例，也可以用接口来进行描述，其接口定义代码如下：

```
interface  Plug {
```

```
    public abstract void start();
    public abstract void stop();
}
```

2. 接口的实现

与抽象类相似，接口只能被继承，不能被实例化，但继承一个接口不叫继承，而叫实现。可以通过 implements 关键字表示一个类实现某个接口。一个类在实现某个接口时，该类可以使用接口中定义的常量，但必须实现接口中定义的所有方法。

在例 3-19 中，可以将声卡继承抽象类 Plug 改写成实现接口 Plug，其代码如下。

```
class SoundCard implements Plug{//通过 implements 关键字实现接口
    public  void start(){
        System.out.println("声卡开始工作，将声音信号转换后传送到麦克风中");
    }
    public  void stop(){
        System.out.println("声卡被禁用");
    }
}
```

3. 接口的继承

与类相似，接口也有继承性。在定义一个接口时，可以通过 extends 关键字声明该新接口是某个已存在接口的子接口。子接口将继承父接口的所有变量和方法。但与类的继承不同的是，一个接口可以有一个以上的父接口，这些父接口之间用逗号分隔，形成父接口列表。子接口将继承所有父接口中的变量和方法。如果子接口中定义了与父接口同名的常量或者同名的方法，则父接口中的常量会被隐藏，方法会被重写。

4. 接口的作用

使用接口可以实现多继承，即一个类可以实现多个接口，这些接口在 implements 子句中用逗号分隔。接口的作用与抽象类的作用相似，即只定义原型，不直接定义方法的内容。

3.10.3　抽象类和接口的比较

（1）接口中定义的变量均为公有的、静态的、最终的常量（public static final）。接口中定义的方法（即使没有特别声明）均为公有的、抽象的（public abstract），而抽象类中定义的不是这样的。

（2）在实现接口时，要实现接口中定义的所有方法。而抽象类的子类可以重写所有抽象方法，也可以不重写所有抽象方法，此时子类还是一个抽象类。

3.11 内部类

在类中，可以定义成员变量和成员方法，也可以定义另一个类。如果在 Outer 类中再定义一个 Inner 类，则 Inner 类称为内部类（或称为嵌套类），而 Outer 类称为外部类（或称为宿主类）。

内部类可以分为成员内部类、局部内部类、静态内部类和匿名内部类。内部类的特点如下。

（1）内部类仍然是一个独立的类。在编译之后，内部类会被编译成独立的.class 文件，但是前面会被冠以外部类的类名和“$”符号。

（2）内部类不能用普通的方式访问。内部类是外部类的一个成员，因此内部类可以自由地访问外部类的成员变量，无论它是否为私有的（private）。

（3）如果将内部类声明为静态的，则该内部类不能随便访问外部类的成员变量，只能访问外部类的静态成员变量。

3.11.1 成员内部类

在一个类中，除了可以定义成员变量、成员方法，还可以定义类，这样的类称为成员内部类。在成员内部类中，可以访问外部类的所有成员，包括成员变量和成员方法；在外部类中，同样可以访问成员内部类变量和方法。

【例 3-20】

```
//定义外部类 Outer
class Outer {
    int m = 0;
    void test1() {      System.out.println("外部类成员方法"); }
    //定义成员内部类 Inner
    class Inner {
        int n = 1;
        //定义成员内部类方法，访问外部类成员变量和成员方法
        void show1() {
            System.out.println("外部类成员变量 m=" + m);
            test1();
        }
        void show2() {  System.out.println("成员内部类方法");     }
    }
```

```
    //定义外部类方法，访问成员内部类变量和方法
    void test2() {
        Inner inner = new Inner();
        System.out.println("成员内部类变量 n=" + inner.n);
        inner.show2();
    }
static void test3(){
        Inner inner = new Outer().new Inner(); //在静态方法中创建成员内部类对象
        System.out.println("成员内部类变量 n=" + inner.n);
        inner.show2();
    }
}
public class Test3_20 {
    public static void main(String[] args) {
        Outer outer = new Outer();                    //创建外部类对象
        Outer.Inner inner = outer.new Inner(); //创建成员内部类对象
        inner.show1(); //测试在成员内部类中访问外部类成员变量和成员方法
        outer.test2(); //测试在外部类中访问成员内部类变量和方法
    }
}
```

程序运行结果如图 3-16 所示。需要注意的是，在外部类的静态方法中或者在其他类创建内部类实例时，必须通过外部类的实例创建内部类的实例。

```
Problems  Javadoc  Declaration  Console
<terminated> test3_20 [Java Application] C:\Program Files\Java\jre1.8.0_191\bin\javaw.exe
外部类成员变量m=0
外部类成员方法
成员内部类变量n=1
成员内部类方法
```

图 3-16　程序运行结果

3.11.2　局部内部类

局部内部类，也称为方法内部类，即定义在某个局部范围中的类。它和局部变量一样，都是在方法中定义的，其有效范围只限于方法中。

在局部内部类中，可以访问外部类的所有成员变量和成员方法，而只能在创建该局部内部类的方法中访问局部内部类变量和方法。

【例 3-21】

```
//定义外部类 Outer
class Outer{
```

```
    int m = 0;
    void test1() {      System.out.println("外部类成员方法"); }
    void test2() {
        //定义局部内部类 Inner，在局部内部类中访问外部类成员变量和成员方法
        class Inner {
            int n = 1;
            void show() {
                System.out.println("外部类成员变量 m=" + m);
                test1();
            }
        }
        //在创建局部内部类的方法中访问局部内部类变量和方法
        Inner inner = new Inner();
        System.out.println("局部内部类变量 n=" + inner.n);
        inner.show();
    }
}
public class Test3_21 {
    public static void main(String[] args) {
        Outer outer = new Outer();
        outer.test2(); // 通过外部类对象调用创建局部内部类的方法
    }
}
```

程序运行结果如图 3-17 所示。局部内部类与局部变量一样，不能使用访问控制修饰符（public、private 和 protected）和 static 关键字修饰。局部内部类只在当前方法中有效。

```
Problems  Javadoc  Declaration  Console
<terminated> test3_21 [Java Application] C:\Program Files\Java\jre1.8.0_191\bin\javaw.exe
局部内部类变量n=1
外部类变量m=0
外部类成员方法
```

图 3-17　程序运行结果

3.11.3　静态内部类

静态内部类就是使用 static 关键字修饰的成员内部类。与成员内部类相比，在静态内部类中只能访问外部类的静态成员，并且在通过外部类访问静态内部类成员时，可以跳过外部类，直接通过内部类访问静态内部类成员。创建静态内部类对象的基本语法格式如下：

```
外部类名.静态内部类名 变量名 = new 外部类名.静态内部类名();
```

【例 3-22】

```
//定义外部类 Outer
class Outer {
    static int m = 0; //定义外部类静态变量 m
    static class Inner {
        void show() {
            //静态内部类访问外部类的静态成员
            System.out.println("外部类静态变量 m=" + m);
        }
    }
}
public class Test3_22 {
    public static void main(String[] args) {
        // 静态内部类对象可以直接通过外部类创建
        Outer.Inner inner = new Outer.Inner();
        inner.show();
    }
}
```

程序运行结果如图 3-18 所示。静态内部类可以直接访问外部类的静态成员，如果要访问外部类的实例成员，则需要通过外部类的实例访问。

```
Problems  @ Javadoc  Declaration  Console
<terminated> test3_22 [Java Application] C:\Program Files\Java\jre1.8.0_191\bin
外部类静态变量m=0
```

图 3-18　程序运行结果

3.11.4　匿名内部类

在 Java 中调用某个方法时，如果该方法的参数是一个接口类型，则除了可以传入一个接口实现类参数，还可以使用匿名内部类实现接口作为该方法的参数。匿名内部类其实就是没有名称的内部类，在调用包含接口类型参数的方法时，通常为了简化代码，不会创建一个接口实现类作为方法参数传入，而是直接通过匿名内部类的形式传入一个接口类型参数，在匿名内部类中直接完成方法的实现。

创建匿名内部类的基本语法格式如下：

```
new 父接口(){  // 匿名内部类实现部分}
```

【例 3-23】

```
//定义 Animal 类接口
```

```
interface Animal {
    void shout();
}
public class test3_23 {
    public static void main(String[] args) {
        String name = "小花";
        //定义匿名内部类并将其作为参数传递给 animalShout()方法
        animalShout(new Animal() {
            //实现 shout()方法
            public void shout() {
                //从 JDK 8 开始，匿名内部类可以访问非 final 关键字修饰的局部变量
                System.out.println(name + "喵喵...");
            }
        });
    }
    //定义静态方法 animalShout()，接收接口类型参数
    public static void animalShout(Animal an) {
        an.shout(); //调用传入对象 an 的 shout()方法
    }
}
```

程序运行结果如图 3-19 所示。需要注意的是，在例 3-23 中的匿名内部类中访问了局部变量 name，而局部变量 name 并没有使用 final 关键字修饰，程序也没有报错，这是从 JDK 8 开始具备的新特性，允许在局部内部类、匿名内部类中访问非 final 关键字修饰的局部变量，而在 JDK 8 之前，局部变量前必须加 final 关键字，否则程序编译时会报错。

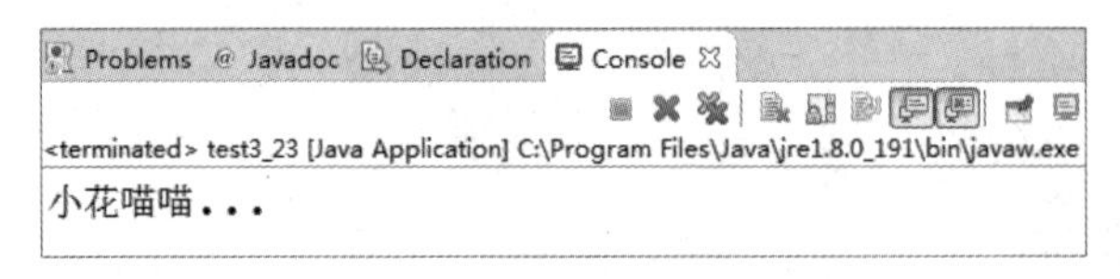

图 3-19　程序运行结果

3.12　JDK 8-Lambda 表达式（★★）

3.12.1　Lambda 表达式

Lambda 表达式（Lambda Expression）是一个匿名函数，是 JDK 8 中新增的一个功能。这种表达式只针对有一个抽象方法的接口实现，以简洁的表达式形式实现接口功能，并将该表达式作为方法的参数。

一个 Lambda 表达式由 3 部分组成，分别为参数列表、“->”和表达式主体，其语法格式如下：

```
([数据类型 参数名,数据类型 参数名,…]) -> {表达式主体}
```

从上述语法格式来看，Lambda 表达式的书写非常简单，各组成部分的具体含义如下。

（1）([数据类型 参数名,数据类型 参数名,…])：向表达式主体传递接口方法需要的参数。多个参数名中间必须用英文逗号“,”分隔。在编写 Lambda 表达式时，可以省略参数的数据类型，后面的表达式主体会自动进行校对和匹配。同时，如果只有一个参数，则可以省略圆括号“()”。

（2）->：表示 Lambda 表达式箭牌，用于指定参数的数据指向，不能省略，且必须用英文横线和大于号书写。

（3）{表达式主体}：由单个表达式或语句块组成的主体，本质就是接口中抽象方法的具体实现。如果表达式主体只有一条语句，则可以省略包含表达式主体的花括号。另外，Lambda 表达式主体允许有返回值，并且当只有一条 return 语句时，也可以省略 return 关键字。

使用 Lambda 表达式修改例 3-23，代码如例 3-24 所示。

【例 3-24】

```
//定义 Animal 类接口
interface Animal{   void shout();} //定义 shout()方法
public class Test3_24 {
    public static void main(String[] args) {
        String name = "小花";
        //将 Lambda 表达式作为参数传递给 animalShout()方法
        animalShout(() -> System.out.println("Lambda 表达式输出: " + name + "喵
喵..."));
    }
    //创建静态方法 animalShout()，接收接口类型参数
    public static void animalShout(Animal an) {    an.shout(); }
}
```

程序运行结果如图 3-20 所示。

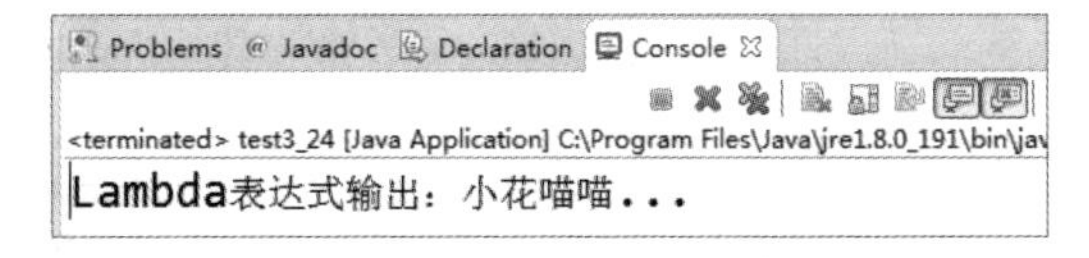

图 3-20　程序运行结果

3.12.2　函数式接口

函数式接口是指有且仅有一个抽象方法的接口，而 Lambda 表达式是 Java 中函数式编

程的体现。只有确保接口中有且仅有一个抽象方法，Lambda 表达式才能顺利地推导出所实现的这个接口中的方法。

JDK 8 专门为函数式接口引入了一个@FunctionalInterface 注解。该注解只是显式地标注了接口是一个函数式接口，并强制编辑器进行更严格的检查，以确保该接口是函数式接口。如果该接口不是函数式接口，则编译器会报错，但对程序运行并没有实质上的影响。

【例 3-25】

```
//定义无参数、无返回值的函数式接口
@FunctionalInterface
interface Animal {  void shout();}
//定义有参数、有返回值的函数式接口
interface Calculate {   int sum(int a, int b);}
public class Test3_25 {
    public static void main(String[] args) {
        //分别对两个函数式接口进行测试
        animalShout(() -> System.out.println("函数式接口调用"));
        showSum(10, 20, (x, y) -> x + y);
    }
    //创建一个动物叫的方法，并传入接口对象 animal 作为参数
    private static void animalShout(Animal animal) {
        animal.shout();
    }
    //创建一个求和的方法，传入两个 int 类型及一个 Calculate 接口类型的参数
    private static void showSum(int x, int y, Calculate calculate) {
        System.out.println(x + "+" + y + "的和为：" + calculate.sum(x, y));
    }
}
```

程序运行结果如图 3-21 所示。如果在有@FunctionalInterface 注解的 Animal 接口中再添加一个方法声明，则接口定义会报错，在调用接口时也会报错；但是如果在 Calculate 接口中再添加一个方法声明，则接口定义不会报错，只在调用接口时报错。

```
Problems  Javadoc  Declaration  Console
<terminated> test3_25 [Java Application] C:\Program Files\Java\jre1.8.0_191
函数式接口调用
10+20的和为：30
```

图 3-21　程序运行结果

3.12.3　方法引用

在 Lambda 表达式主体只有一条语句时，程序不仅可以省略包含表达式主体的花括号，

还可以通过英文双冒号“::”的语法格式来引用方法和构造器（即构造方法）。

【例 3-26】

```
//可计算接口
interface Calculable {  int calculateInt(int a, int b);}
class LambdaDemo {
    //静态方法，进行加法运算
    public static int add(int a, int b) {       return a + b;    }
    //实例方法，进行减法运算
    public int sub(int a, int b) {      return a - b;    }
}
public class test3_26 {
    public static void display(Calculable calc, int n1, int n2) {
        System.out.println(calc.calculateInt(n1, n2));
    }
    public static void main(String[] args) {
        int n1 = 10;         int n2 = 5;
        //类名引用静态方法
        display(LambdaDemo::add, n1, n2);
        LambdaDemo d = new LambdaDemo();
        //对象名引用实例方法
        display(d::sub, n1, n2);
    }
}
```

程序运行结果如图 3-22 所示。

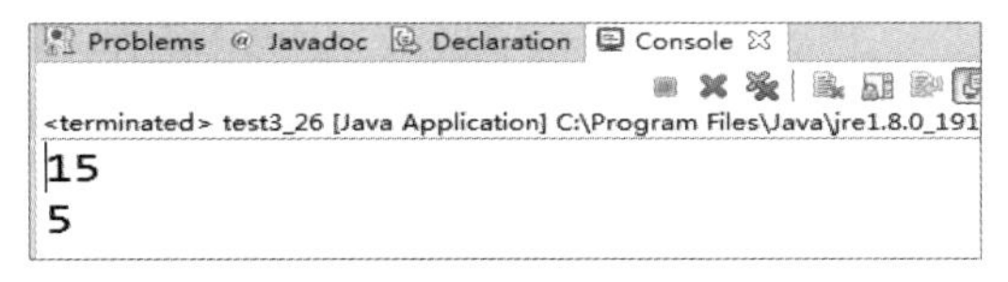

图 3-22　程序运行结果

任务实施

在进行学生信息管理系统的设计时，可以定义一个用户类（User 类）作为父类，归纳教师、学生、管理员共同拥有的一些属性，并定义教师类（Teacher 类）、学生类（Student 类）和管理员类（Admin 类），使 Teacher 类、Student 类和 Admin 类继承 User 类，之后分别为它们定义一些自己特有的属性。例如，Student 类可以有学号、班级、专业信息等属性。下面给出 Teacher 类、Student 类和 Admin 类的定义。

Teacher 类：

```
public class Teacher extends User {

    public Teacher(String userNo,String name){
        super(userNo,name,User.USER_TYPE_TEACHER);
    }
}
```

Student 类：

```
public class Student extends User{
    private String sex;
    private String classID;
    private String department;
    public Student(String studentNo,String name,String sex,String classID,
String department){
        super(studentNo,name,User.USER_TYPE_STUDENT);
        this.sex = sex;
        this.classID = classID;
        this.department = department;
    }
    public Student(String studentNo,String name){
        this(studentNo,name,"男","310221","计算机系");
    }
}
```

Admin 类：

```
public class Admin extends User{
    public Admin(String userNo,String name){
        super(userNo,name,User.USER_TYPE_ADMIN);
    }
}
```

任务小结

本任务通过讲解继承、final 关键字、对象的类型转换等知识引导学生认识和理解学习的价值，在学习和生活过程中善于发现和学习别人的优点，继承和发扬中华优秀传统文化、社会主义核心价值观，培养文化认同感和文化自信。

习题三

一、选择题

1．现有一个 A 类，对其构造方法的声明正确的是（　　）。

A．void A(int x){…}　　B．public A(int x){…}

C．A A(int x){…}　　D．int A(int x){…}

2．下列方法的声明中不合法的是（　　）。

A．area(){…}　　B．void area(){…}

C．float area(){…}　　D．int area(int r){…}

3．以下关于构造方法的说法错误的是（　　）。【“1+X”大数据应用开发（Java）职业技能等级证书（初级）考试】

A．子类可以继承父类的构造方法

B．在构造方法中，可以使用 this 关键字调用本类中其他的构造方法

C．构造方法的方法名必须与类名相同

D．构造方法没有返回类型

4．以下关于构造方法的说法错误的是（　　）。【“1+X”大数据应用开发（Java）职业技能等级证书（初级）考试】

A．构造方法可以使用 private 关键字修饰

B．构造方法的方法名必须与类名相同

C．不带参数的构造方法总是会被默认添加

D．构造方法必须没有显式的返回类型

5．当方法中的局部变量与成员变量同名时，必须使用（　　）关键字指出成员变量。

A．static　　B．super　　C．this　　D．new

6．如果类的方法没有返回值，则该方法的返回类型应当是（　　）。

A．null　　B．void　　C．static　　D．public

7．构造方法在（　　）时被调用。

A．定义类时　　B．使用对象的变量时

C．调用对象方法时　　D．创建对象时

8．下列方法的重载中正确的是（　　）。

A．int fun(int a, float b) { }　　float fun(int a, float b) { }

B．float fun(int a, float b) { }　　float fun(int x, float y) { }

C．float fun(float a) { }　　float fun(float a, float b) { }

D．float fun1(int a, float b) { }　　float fun2(int a, float b) { }

9．现有两个类 A、B，下列描述中表示 B 继承自 A 的是（　　）。

A．class A extends B　　B．class B implements A

C．class A implements B　　D．class B extends A

10．下列选项中用于定义接口的关键字是（　　）。

A．interface　　B．implements　　C．abstract　　D．class

11．下列选项中用于实现接口的关键字是（　　）。

A．interface　　B．implements　　C．abstract　　D．class

12．Java 类间的继承所使用的关键字是（　　）。

A．implements　　B．extends　　C．class　　D．public

13．现有如下方法：

```
public int add(int num1, int num2) {
    return num1 + num2;
}
```

可以转换为等价的 Lambda 表达式，即（　　）。【"1+X"大数据应用开发（Java）职业技能等级证书（中级）考试】

A．(int x, int y) －> x + y;　　B．(int x, int y) => x + y;

C．(int x, int y) －－> x + y;　　D．(x,y) －－>x + y;

二、编程题

1．定义一个 Rectangle 类（矩形类），该类中包含成员变量 length（长）和 width（宽）；定义一个带参数的构造方法，用于变量初始化；定义两个成员方法 getCir()和 getArea()，分别计算矩形的周长和面积；在 main()方法中实例化对象并测试其成员方法。

2．编写一个程序，显示水果的订购行情。定义一个带参数的构造方法，这些参数用于存放产品名、数量和价格。在主程序中输出 3 种不同水果的订购行情。

3．编写一个学生类，封装学生的学号、姓名、成绩等信息；编写一个主类，并在主类中定义一个打印学生信息的方法，该方法接收学生类对象为参数，并依次输出学生信息；在 main()方法中生成学生类对象，并调用打印学生信息的方法输出学生信息。

4．编写一个程序，用于创建一个名为 Employee 的父类和两个名为 Manager、Director 的子类。Employee 类包含三个属性和一个方法，属性名为 name、basic 和 address；方法名为 show，用于显示这些属性值。Manager 类有一个名为 department 的属性，Director 类有一个名为 transport 的附加属性。创建 Manager 类和 Director 类并显示其详细信息。

5．编写一个程序，用于重写父类 Addition 中名为 add 的方法，该方法没有实质性的操作，仅用于输出一条信息。add()方法在 NumberAddition 类中用于将两个整数相加，而在

TextConcatenation 类中则用于连接两个 String 字符串。创建主类并测试两个子类中的 add()方法。

6．定义一个 Shape 接口，该接口中包含用于计算图形面积和周长的方法，即 getArea()和 getCir()；定义 Rectangle 类（矩形类），用于实现 Shape 接口。Rectangle 类中包含成员变量 length（长）和 width（宽）。在 Rectangle 类中实现接口中用于计算图形面积和周长的方法，即 getArea()和 getCir()。之后定义一个主类，在 main()方法中进行测试。

单元四

Java 常用类库

Java 的强大功能主要体现在完备、丰富的应用程序编程接口（Application Programming Interface，API）上。本单元主要介绍字符串、时间/日期类、数组、数学类、集合框架及 Stream 流的使用方法。这些知识点对接了国信蓝桥“1+X”《大数据应用开发（Java）职业技能等级标准》中的初级、中级技能要求。

学习目标

- 熟练运用 Java SE 的 String API 完成字符串的存取和运算（★）。
- 熟练掌握时间/日期的处理。
- 熟练运用数组存取数据（★）。
- 熟练运用 List、Set、Map 等接口及其子类存取复杂数据对象（★★）。
- 运用泛型机制编写更加灵活的 Java 程序（★★）。
- 运用 Java 8 的新特性完成函数式编程（★★）。

素养目标

- 引导学生使用 Java API 进行自主探索、动手实践。
- 通过 API 的使用，渗透共享理念，培养学生的职业素养。
- 引导学生进行有效沟通，培养学生的团队协作意识。
- 引导学生树立信息安全意识，树立正确的技能观。

任务一　使用字符串实现敏感数据保护

任务描述

大数据时代的数据中蕴藏着巨大的商业价值，同时也隐藏着各种安全风险，我们要注意网络信息安全，保护个人隐私数据。例如，手机号、身份证号、银行账号、家庭住址、邮箱地址等都是敏感的个人隐私数据。本任务使用字符串的字符替换实现敏感数据的可靠保护。

思政小贴士

习近平总书记指出："要加强关键信息基础设施安全保护，强化国家关键数据资源保护能力，增强数据安全预警和溯源能力。要加强政策、监管、法律的统筹协调，加快法规制度建设。要制定数据资源确权、开放、流通、交易相关制度，完善数据产权保护制度。要加大对技术专利、数字版权、数字内容产品及个人隐私等的保护力度，维护广大人民群众利益、社会稳定、国家安全。要加强国际数据治理政策储备和治理规则研究，提出中国方案。"

知识储备

4.1 字符串（★）

将多个字符连成一串就构成了字符串，字符串在程序设计中使用广泛。Java 中定义了 String 和 StringBuffer 两个类来处理字符串的各种操作。这两个类位于 java.lang 包中，而该包在默认情况下不需要导入。

4.1.1 String 类

String 类用于表示创建后不会再修改和变动的字符串常量。

1. String 对象的创建

String 类的常用构造方法如下。

- String()：构造一个新的 String 对象，方法是使用指定的字符集解码指定的字节数组。
- String(String original)：根据已有的字符串 original 来创建 String 对象。
- String(char[] value)：分配一个新的 String 对象，表示当前包含在字符数组参数中的字符序列。
- String(char[] value, int offset, int count)：分配一个新的 String 对象，其中包含字符数组参数的子阵列中的字符。

例 4-1 演示了创建 String 对象的几种常用方法。

【例 4-1】

```
public class CreatString {
    public static void main(String[] args){
      String s1=new String("hello");
      String s2=new String("hello");
```

```
        System.out.println(s1==s2);
        System.out.println(s1.equals(s2));

        String s3="hello";
        String s4="hello";
        System.out.println(s3==s4);

        char c[]={'s','u','n',' ','j','a','v','a'};
        String s5=new String(c);
        String s6=new String(c,4,4);
        System.out.println(s5);
        System.out.println(s6);
    }
}
```

程序运行结果如图 4-1 所示。

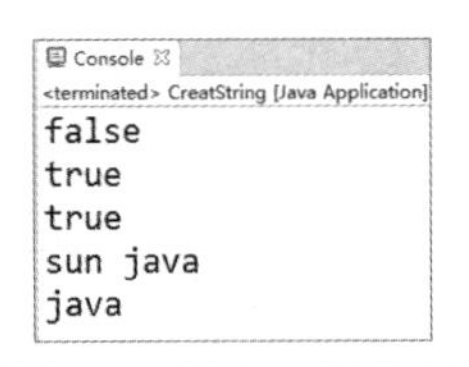

图 4-1　程序运行结果

在 Java 机制中，栈是由 Java 虚拟机分配的区域，用于存储线程执行的动作和数据引用。栈是一个运行的单位，Java 中的一个线程会有一个线程栈与之对应。堆是由 Java 虚拟机分配的区域，用于存储对象等数据。而常量池是从堆中划分出来的一块区域，用于存储显式赋值的 String、Float 和 Integer 对象等。例如，String str = "hello"，"hello"会被存储在常量池中。

在使用 new 关键字创建对象时，每次都会在堆中重新生成一个 String 对象，例如，例 4-1 中的 s1 和 s2 是两个不同的对象；s3 和 s4 是引用自常量池中的 String 对象，s4 在创建时会先在常量池中寻找相同值的 String 对象，如果存在，则直接引用该 String 对象，所以 s3 和 s4 是同一个对象。

从以上的分析中可知，如果想判断两个字符串是否相同，则不应该使用符号"=="，而应该使用 String 类中的 equals()方法。该方法是祖先类 Object 中的成员方法，在 String 类中继承并重写了该方法。用户可以调用此方法来校验两个字符串是否相同。"=="用来判断两个对象的地址是否相同，是否指向同一个引用。

2．String 类的常用成员方法

（1）int length()：返回指定字符串的长度（字符个数）。

```
String str = "abc";
System.out.println(str.length()); //打印“3”
```

（2）char charAt(int index)：返回指定索引处的字符。

```
String str = "abc";
System.out.println(str.charAt(1)); //打印“b”
```

（3）String concat(String str)：连接字符串。

```
String str1 = "abc";
String str2 = str1.concat("efg");
System.out.println(str2);//打印“abcefg”
```

（4）boolean endsWith(String suffix)、boolean startsWith(String prefix)：测试字符串是否以指定字符串开头或结尾，如果是，则返回 true，否则返回 false。

```
String str = "smaString";
System.out.println(str.startsWith("sma")); //打印“true”
System.out.println(str.endsWith("ing")); //打印“true”
```

（5）trim()：返回字符串的一个去除前后空格的副本。

```
String str = " smaString";
System.out.println(str); //打印“ smaString”
System.out.println(str.trim()); //打印“smaString”
```

（6）boolean equals(Object o)：比较此字符串与指定的对象，如果两个字符串相同，则返回 true，否则返回 false。

```
String str1 = "compare";
String str2 = new String("compare");
System.out.println(str1.equals(str2)); //打印“true”
```

（7）bytes[] getBytes(String charsetName)：使用指定的字符集将字符串解码为字节序列，并将结果存储到一个新的字节数组中。

```
String str = "中国"; //以平台默认字符集（Unicode）创建 String 对象
//将 str 以 UTF-8 解码成字节数组，再以该数组生成 String 对象并指定以 UTF-8 解码
String str_utf_8 = new String(str.getBytes( "UTF-8" ), "UTF-8" );
System.out.println(str_utf_8); //打印“中国”
```

（8）int lastIndexOf(String str)：返回此字符串中最右边出现的指定子字符串的索引。

```
String str = "abcde";
System.out.println(str.lastIndexOf("e")); //打印“4”
```

```
System.out.println(str.lastIndexOf("de")); //打印 "3"
```

（9）String replaceAll(String regex, String replacement)：使用给定的 replacement 字符串替换此字符串中的每个 regex 子字符串。

```
String str = "sssString";
String str_replace = str.replaceAll("sss","sma");
System.out.println(str_replace);//打印 smaString
```

（10）char[] split(String regex)：根据给定的字符串 regex（正则表达式）将字符串拆分为字符数组。下面通过 Split _test.java 来演示 split()方法的使用。

```
String str = "2010-06-01-19-56";
String[] str_split = str.split("-");//以"-"为标志将字符串拆分
for(int i=0;i<str_split.length;i++)//循环打印字符数组元素
{            System.out.println(str_split[i]+"");
}//打印输出 "2010 06 01 19 56"
```

（11）String substring(int beginIndex, int endIndex)、String substring(int beginIndex)：返回一个新字符串，它是此字符串的一个子字符串。String substring(int beginIndex, int endIndex) 方法的子串在源串中起始位置为 beginIndex，结束位置为 endIndex-1。下面通过 StringSub_test.java 来演示这两个方法的使用。

```
String str_test = "JavaProgramming";
String sub1 = str_test.substring(4);
String sub2 = str_test.substring(4,7);
System.out.println(sub1);  //打印 Programming
System.out.println(sub2);  //打印 Pro
```

（12）String toLowerCase()、String toUpperCase()：将字符串转换为小写或大写形式。

```
String str = "abcDEfg123";
System.out.println(str.toLowerCase());//打印 "ABCDEFG123"
System.out.println(str.toUpperCase());//打印 "abcdefg123"
```

（13）String valueOf(double d)：返回 double 类型参数的字符串表示形式。

```
double d = 1.23456;
String d_toString = String.valueOf(d);
System.out.println(d_toString);//打印 "1.23456"
```

（14）String valueOf(float f)：返回 float 类型参数的字符串表示形式。

```
float f = 1.23;
```

```
String f_toString = String.valueOf(d);
System.out.println(f_toString);//打印 "1.23456"
```

（15）String valueOf(int i)：返回 int 类型参数的字符串表示形式。

```
int i = 10;
String int_toString = String.valueOf(i);
System.out.println(int_toString);//打印 "10"
```

4.1.2 StringBuffer 类

1．String 类与 StringBuffer 类的比较

String 类与 StringBuffer 类都是用于处理字符串的。StringBuffer 类中也提供了 length()、toString()、charAt()、substring()等方法。它们表示的字符在字符串中的索引位置也是从 0 开始的。

String 类与 StringBuffer 类的使用方法有不少相同点，但是它们的内部实现却有很大差别。String 类是不可变类，而 StringBuffer 类是可变类。在编程中，也许会使用“+”来连接字符串以达到附加字符串的目的，但每次调用“+”都会产生一个新的 String 对象。如果在程序中附加字符串的操作很频繁，则不建议使用“+”来连接字符串，而建议使用 StringBuffer 类。

2．StringBuffer 类的常用构造方法和成员方法

String 类在调用 replace()、toLowerCase()、toUpperCase()等方法时会产生新的 String 对象，而 StringBuffer 类则会改变字符串本身，不会产生新的 String 对象。

StringBuffer 类的常用构造方法如下。

- StringBuffer()：建立一个空的缓存区，默认长度为 16 个字符。
- StringBuffer(int length)：建立一个缓冲区长度为 length 的空缓冲区。
- StringBuffer(String str)：缓冲区初始内容为 str，并提供 16 个字符的空间用于再次分配。

StringBuffer 类的常用成员方法如下。

- StringBuffer append(String str)：将指定字符串添加到此字符序列中。
- StringBuffer insert(int offset,String str)：将字符串 str 插入到此字符序列的指定位置。
- void setCharAt(int pos,char ch)：使用 ch 设置指定位置 pos 处的字符。
- StringBuffer reverse()：反转字符串。
- StringBuffer delete(int start,int end)：删除从 start 到 end-1 位置的字符序列。
- StringBuffer deleteCharAt(int pos)：删除指定位置 pos 处的字符。

下面通过 StringBufferTest.java 来演示 StringBuffer 类的使用方法。

【例 4-2】

```
public class StringBufferTest {
```

```
public static void main(String[] args)  {
    StringBuffer buf = new StringBuffer("hcaet");
    buf.reverse();                          //反转字符串，生成“teach”
    buf.insert(0, "JavaI");                 //插入“JavaI”，生成“JavaIteach”
    buf.insert(10, "booksStudy");
    buf.delete(14, buf.length()+1);//生成“JavaIteachbook”
    buf.insert(10, "");                     //生成“JavaIteach book”
    buf.setCharAt(4, ' ');                  //生成“Java teach book”
    buf.append(" v1.0");
    System.out.println(buf);
    }
}
```

程序运行结果如图 4-2 所示。

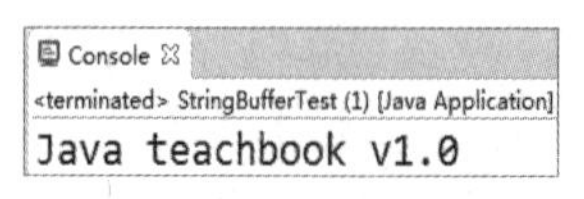

图 4-2 程序运行结果

任务实施

要实现数据保护，可以定义规则，将字符串中的部分内容用特殊符号代替。程序的代码清单如下：

```
public class MaskUtil {
//手机号显示首 3 末 4 位，中间用符号“*”代替，如 188****5593
   public static String maskMobile(String mobile) {
      if(StringUtils.isBlank(mobile) || mobile.length() <= 8) {
         return mobile;       }
      return wordMask(mobile, 3, 4, "*");
   }

//邮箱地址显示前两位和最后一位字符，以及符号“@”后的邮箱域名信息，如 ch****y@163.com
   public static String maskEmail(String email) {
      if(StringUtils.isBlank(email)) {
         return email;       }
      String[] temp = email.split("@");
      return wordMask(temp[0], 2, 1, "*") + "@" + temp[1];
   }

//对字符串进行脱敏处理
```

```
  public static String wordMask(String word,int startLength ,int endLength,
String pad)    {
        if (startLength + endLength > word.length()) {
            return StringUtils.leftPad("", word.length() - 1, pad);
        }
        String startStr = word.substring(0, startLength);
        String endStr = word.substring(word.length() - endLength,
word.length());
        return startStr + StringUtils.leftPad("", word.length() - startLength
- endLength, pad) + endStr;
    }
    public static void main(String[] args) {
        System.out.println(MaskUtil.maskMobile("13712341623"));
        System.out.println(MaskUtil.maskEmail("198956322@qq.com"));
    }
}
```

StringUtils 类的操作对象是 java.lang.String 类型的对象，是 JDK 提供的 String 类操作方法的补充。isBlank()方法用于判断某字符串是否为空，或者是否长度为 0，或者是否由空白符（Whitespace）构成。leftPad()方法左侧需要用指定字符补齐位数。程序运行结果如图 4-3 所示。

图 4-3 程序运行结果

任务小结

本任务通过讲解字符串引导学生学会独立思考、主动探索、高效沟通，树立信息安全意识，培养学生的职业素养和道德规范，渗透共享理念，树立大局意识。

任务二 计算两个给定日期相差的天数

任务描述

使用时间/日期类进行与时间/日期相关的操作。本任务主要实现使用时间/日期类计算两个给定日期相差的天数。

知识储备

4.2 时间/日期类

4.2.1 Date 类和 SimpleDateFormat 类

Date 类表示特定的瞬间，可以精确到毫秒。

常用的获取 Date 对象的方法如下。

- Date()：分配 Date 对象并初始化此对象，表示分配给它的时间。
- Date(long date)：分配 Date 对象并初始化此对象，表示标准基准事件（1970 年 1 月 1 日 00:00:00 GMT）以来的指定毫秒数。

Date 类的常用方法如下。

- long getTime()：返回 1970 年 1 月 1 日 00:00:00 GMT 以来 Date 对象的毫秒数。
- String toString()：把 Date 对象转换为以下形式的字符串"dow mon dd hh:mm:ss zzz yyyy"。其中，dow 是一周中的某一天（Sun、Mon、Tue、Wed、Thu、Fri、Sat）。

Date 类中的方法不容易实现国际化，所以大部分方法都被废弃了。而 SimpleDateFormat 类是一个以与语言环境有关的方式来格式化和解析日期的具体类。它可以格式化 Date 对象（将 Date 对象转换为文本字符串）、解析文本并将其转换为 Date 对象。

SimpleDateFormat 类的常用构造方法如下。

- SimpleDateFormat()：用默认的模式和默认语言环境的日期格式符号构造 SimpleDateFormat 对象。
- SimpleDateFormat(String pattern)：用指定的模式和默认语言环境的日期格式符号构造 SimpleDateFormat 对象。

SimpleDateFormat 类的常用成员方法如下。

- String format(Date date)：将一个 Date 对象格式化为时间/日期字符串。
- Date parse(String source)：从指定的字符串开始解析文本，以生成一个日期。

下面通过 DateTest.java 来演示 Date 类和 SimpleDateFormat 类的使用方法。

【例 4-3】

```
public class DateTest {
    public static void main(String[] args){
        Date date = new Date();//根据当前系统事件生成 Date 对象
        SimpleDateFormat sdf=
            new SimpleDateFormat("yyyy 年 MM 月 dd 日 EEE HH:mm:ss");
```

```
        String date_str = date.toString();
        String date_format = sdf.format(date);//根据指定的格式来格式化 Date 对象
        System.out.println(date_str);
        System.out.println(date_format);

        String date_test = "2017年01月01日星期三 10:04:59";
        try {
            Date date2 = sdf.parse(date_test);
            System.out.println(date2);
        }
        catch(ParseException pe){
            pe.printStackTrace();
        }
    }
}
```

程序运行结果如图 4-4 所示。

Console
<terminated> DateTest [Java Application] C:\
Wed Feb 01 10:06:43 CST 2017
2017年02月01日星期三 10:06:43
Sun Jan 01 10:04:59 CST 2017

图 4-4　程序运行结果

4.2.2　Calendar 类

Calendar 类（日历类）是一个抽象类，主要用于日期字段之间的相互操作。Calendar 类中的 set()方法和 get()方法可以用于设置和获取日期的特定部分，比如年、月、日、分和秒等。

使用 Calendar.getInstance() 方法可以获取 Calendar 类实例或调用它的子类 GregorianCalendar 的构造方法。GregorianCalendar 类采用格林尼治标准时间。

GregorianCalendar 类的常用构造方法如下。

- GregorianCalendar()：在具有默认语言环境的默认时区内使用当前时间构造一个默认的 GregorianCalendar 对象。
- GregorianCalendar(int year, int month, int dayOfMonth)：在具有默认语言环境的默认时区内构造一个带给定日期设置的 GregorianCalendar 对象。
- GregorianCalendar(int year, int month, int dayOfMonth, int hourOfDay, int minute)：在具有默认语言环境的默认时区内构造一个带给定日期和时间设置的 GregorianCalendar 对象。

- GregorianCalendar(int year, int month, int dayOfMonth, int hourOfDay, int minute, int second)：在具有默认语言环境的默认时区内构造一个带给定日期和时间设置的 GregorianCalendar 对象。

GregorianCalendar 类的常用成员方法如下。

- void add(int field, int amount)：根据日历规则，将给定的（有符号的）时间量添加到给定的日历字段中。
- Date getTime()：返回一个表示 Calendar 时间值（从历元至现在的毫秒偏移量）的 Date 对象。
- void set(int field, int value)：将给定的日历字段设置为给定值。
- void setTime(Date date)：使用给定的 Date 对象设置 Calendar 时间值。
- long getTimeInMillis()：返回 Calendar 时间值，以毫秒为单位。

下面通过 CalendarTest.java 来演示 Calendar 类的使用方法。

【例 4-4】

```
public class CalendarTest {
    public static void main(String[] args) {
        Calendar cal = new GregorianCalendar();
        System.out.print("当前格林尼治时间--");
        System.out.print(" 年："+cal.get(Calendar.YEAR));
        System.out.print(" 月："+cal.get(Calendar.MONTH));
        System.out.print(" 日："+cal.get(Calendar.DATE));
        //Calendar 类中的星期日 Calendar.SUNDAY 是 1
        System.out.print(" 星期："+(cal.get(Calendar.DAY_OF_WEEK)-1));
        System.out.print(" 小时："+cal.get(Calendar.HOUR_OF_DAY));
        System.out.print(" 分："+cal.get(Calendar.MINUTE));
        System.out.println(" 秒："+cal.get(Calendar.SECOND));
        Date date = cal.getTime();
        SimpleDateFormat sdf = new SimpleDateFormat("yyyy 年 MM 月 dd 日 EEE
HH:mm:ss");
        String date_format = sdf.format(date);
        System.out.println("今天是："+date_format);
        //设置时间
        cal.set(Calendar.DATE,20);
        cal.add(Calendar.HOUR, 4);
        cal.add(Calendar.DAY_OF_WEEK, -2);
        System.out.println("修改后的时间为："+cal.getTime());
        System.out.println("修改后的时间为："+sdf.format(cal.getTime()));
```

```
    }
}
```

程序运行结果如图 4-5 所示。

```
Console
<terminated> CalendarTest [Java Application] C:\Users\Administrator\AppData\Local\Genuitec
当前格林尼治时间-- 年: 2017 月: 1 日: 1 星期: 3 小时: 10 分: 13 秒: 57
今天是: 2017年02月01日 星期三 10:13:57
修改后的时间为: Sat Feb 18 14:13:57 CST 2017
修改后的时间为: 2017年02月18日 星期六 14:13:57
```

图 4-5　程序运行结果

任务实施

在计算两个给定日期相差的天数时，应当先使用 Calendar 类将日期都转换为毫秒数，再计算。程序的代码清单如下：

```
public class GapDays {
    public static long getGapDays(String date1, String date2) {
          String[] d1 = date1.split("-");
          String[] d2 = date2.split("-");
          Calendar c = Calendar.getInstance();
          c.set(Integer.parseInt(d1[0]), Integer.parseInt(d1[1]), Integer
                .parseInt(d1[2]), 0, 0, 0);
          long l1 = c.getTimeInMillis();
          c.set(Integer.parseInt(d2[0]), Integer.parseInt(d2[1]), Integer
                .parseInt(d2[2]), 0, 0, 0);
          long l2 = c.getTimeInMillis();
          return (Math.abs(l1 - l2) / (24 * 60 * 60 * 1000));
      }

    public static void main(String args[]){
        String d1="2017-01-05";
        String d2="2017-01-10";
        long d=gapDays.getGapDays(d1, d2);
        System.out.print("相差的天数为: "+d);
    }
}
```

任务小结

本任务通过讲解时间/日期类引导学生珍惜和合理安排时间，引导学生学会独立思考、主动探索，培养学生具备独立解决问题的能力和认真钻研的职业素养。

任务三　计算平均成绩和最高成绩

任务描述

数组是一组具有相同类型的数据的集合，每个数组元素都可以通过数组名和下标唯一确定。本任务主要使用数组来存储学生成绩，并计算学生的平均成绩和最高成绩。

知识储备

4.3　数组（★）

4.3.1　一维数组

数组可以很方便地把一系列相同类型的数据保存在一起，这些数据称为数组元素。每个数组元素都有一个编号，这个编号叫作下标，用户可以通过下标来区分这些数组元素。数组元素的下标从 0 开始，数组元素的个数称为数组的长度。数组是一种引用数据类型。

1．一维数组的声明（两种格式）

```
type arrayName[];
```

或

```
type[] arrayName;
```

其中，type 可以为 Java 中的任意数据类型，包括简单数据类型和引用数据类型；数组名 arrayName 为一个合法的标识符；[]用于指定该变量是一个数组类型变量。

例如："int intArray[];"或"int[] intArray;"声明了一个整型数组，数组中的每个元素均为整型数据。注意：不允许在数组后的方括号内指定数组元素的个数。

例如：

```
int[5] a; //错误
char c[6]; //错误
```

2．数组的初始化和使用

一维数组在定义之后，必须经过初始化才可以被引用。数组的初始化分为静态初始化和动态初始化。

（1）静态初始化：在定义数组的同时对数组元素进行初始化。其语法格式如下：

```
类型数组名[]={初值0，初值1，…，初值n};
```

例如：

```
int  intArray[]={1,2,3,4};//定义了一个含有 4 个元素的 int 类型数组
```

提示：可以不特别指定数组的长度，由编译器自动判断。对数组元素的赋值还可以通过单独的方式进行。

（2）动态初始化：使用 new 关键字为数组分配内存空间。对于简单类型的数组，其语法格式如下：

```
数组名=new 数组元素的类型[个数];
```

例如：

```
a=new int[5];
c=new char[6];
```

注意：在使用 new 关键字为数组分配内存空间的同时，数组的每个元素都会被自动赋予一个默认值，如整数类型为 0，浮点类型为 0.0，boolean 类型为 false，引用类型为 null。而对于引用数据类型的数组来说，需要经过两步进行内存空间分配。

```
type arrayName[]=new type[arraySize];//第一步
arrayName[0]=new type(paramList); //第二步
  …
arrayName[arraySize-1]=new type(paramList);
```

例如：

```
String stringArray[];  //定义一个 String 类型的数组
stringArray = new String[3];  //给数组 stringArray 分配 3 个引用
//分配内存空间，初始化每个引用值为 null
stringArray[0]=new String("how");
stringArray[1]=new String("are");
stringArray[2]=new String("you");
```

数组元素的访问格式为“数组名[下标]”。访问规则为下标从 0 开始；下标可以是整型常数或表达式，如 a[3+i]（i 为整数）。每个数组都有一个属性 length，用于指定它的长度，如 x.length 表示数组 x 所包含的元素个数。

例 4-5 演示了数组的使用方法。一般包括数组的声明、初始化和数组元素的访问。

【例 4-5】

```
public class Score1 {
    public static void main(String arg[]){
        double[] stuScore = new double[10];
        System.out.println("请输入学生成绩：");
```

```
        for (int i = 0; i < 10; i++){
            Scanner input = new Scanner(System.in);
            stuScore[i] = input.nextDouble();
        }
        System.out.println("你输入的学生成绩为");
        for (int i = 0; i < 10; i++){
            System.out.println("第"+i+1+"个"+stuScore[i]);
        }
    }
}
```

4.3.2 多维数组

虽然一维数组可以处理一些简单的数据，但是在实际应用中略显不足，所以 Java 提供了多维数组。多维数组中的每个数组元素类型都是相同的，可以是基本数据类型，也可以是引用数据类型，还可以是数组。所以，Java 中的多维数组可被看作数组的数组。比如二维数组是一个特殊的一维数组，其每个元素都是一个一维数组。以二维数组为例来说明，高维数组与此类似。Java 允许二维数组中每行的元素个数不同，即每行的列数可以不同。

1. 二维数组的声明

```
数组元素类型 数组名[][];
数组元素类型 [][]数组名;
数组名 = new 数据元素类型[行数][列数];
```

例如：

```
int a[][];
int [][]a;
a=new int[3][4];
```

2. 二维数组的初始化和引用

二维数组的初始化也分为静态初始化和动态初始化。

（1）静态初始化：在定义数组的同时为数组分配内存空间。

```
int  intArray[][]={{1,2},{2,3},{3,4}};
```

这里无须指出数组每一维的大小，系统会根据初始化时给出的初值的个数自动算出数组每一维的大小。

（2）动态初始化：对高维数组来说，分配内存空间有下面两种方法。

```
数组元素类型 数组名[][] = new 数据元素类型[行数][列数];
```

```
数组元素类型 [][]数组名=new 数据元素类型[行数][列数];
```

例如：

```
int a[][]=new int[3][4];
int [][]b=new int[5][6];
```

注意：与一维数组相同，在使用 new 关键字为数组分配内存空间时，很容易在指定数组各维数时出现错误。二维数组要求必须指定高层维数（行数），以下定义中只指定数组的高层维数也是正确的：

```
int myArray[][]=new int[3][];
```

对二维数组中的元素进行引用的方式如下：

```
arrayName[index1][index2]
```

其中，index1 和 index2 为数组下标，可以为整型常数或表达式，都是从 0 开始的。

例如，在二维数组中指定不同行的长度，从而理解多维数组的组织形式，代码如下：

```
public class NumArray1 {
    public static void main(String args[]){
        int a[][]={{12,1,2,3,4},{4,56,7},{4,6,77,6},{23,5},{34}};
        for(int i=0;i<a.length;i++){
            for(int j=0;j<a[i].length;j++){
                System.out.print(""+a[i][j]+"");
            }
            System.out.println();
        }
    }
}
```

只要理解了上述“for(int j=0;j<a[i].length;j++)”中“j<a[i].length;”的意义，就理解了二维数组被称为“数组的数组”的意义。

思政小贴士

“物以类聚、人以群分。”这句话用来比喻同类的事物常常聚集在一起，志同道合的人相聚成群。作为新时代的大学生，我们要以“中国大学生计算机编程第一人”——楼天城为榜样，追求知行合一、精益求精的工匠精神，养成良好的职业素养。

任务实施

使用数组存储每个学生的成绩，只要计算出总成绩就可以计算平均成绩了。在计算最高成绩时，先假设第一个数组元素的值最大，再从第二个数组元素开始查找有没有值更大的数组元素。程序的代码清单如下：

```
public class ArrayTest {
    public static void main(String[] args) {
            Scanner scoreJava = new Scanner(System.in);
            Double[] scoreArr = new Double[5];
            for (int i = 0; i <= scoreArr.length - 1; i++) {
                //每次都显示输入提示
                System.out.println("请输入第" + (i + 1) + "个学生的成绩");
                scoreArr[i] = scoreJava.nextDouble();
            }

            //假设最大值是第一个数组元素的值
            double tempMax = scoreArr[0];
            //通过循环求最大值
            for (int i = 0; i < scoreArr.length; i++) {
                if (tempMax < scoreArr[i]) {    tempMax = scoreArr[i];      }
            }

            double sum = 0;
            //通过循环求平均值
            for (int i = 1; i < scoreArr.length; i++) {        sum +=
scoreArr[i];            }
            double avg = 0;             avg = sum / scoreArr.length;

            System.out.printf("平均成绩是：%.2f",avg);
            System.out.println("最高成绩是：" + tempMax);
        }
}
```

程序运行结果如图 4-6 所示。

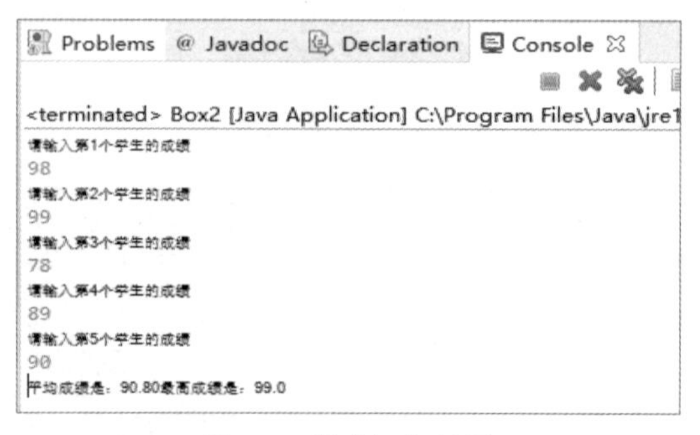

图 4-6 程序运行结果

任务小结

本任务通过讲解数组引导学生注重先后顺序、知行合一，在潜移默化中提高综合职业素养。

任务四　大乐透号码生成器

任务描述

大乐透是国家体育总局体育彩票管理中心推出的一种彩票，其基本玩法是：从 1～35 范围内随机选取不重复的 5 个数字，从 1～12 范围内随机选取不重复的 2 个数字组成一个 7 位数，如果这个 7 位数完全和中奖号码相同，则中一等奖。那么，大乐透的号码是如何生成的呢？

知识储备

4.4　数学类

数学类 java.lang.Math（简称 Math 类）提供了很多用于进行数学运算的静态方法，包括指数运算、对数运算、平方根运算和三角函数运算等。Math 类中还有两个静态常量：E（自然对数）和 PI（圆周率）。Math 类是 final 类型的，因此不可以被继承。Math 类的构造方法是私有的（private），所以也不可以被实例化。

Math 类的常用方法有以下几种。

- abs()：返回绝对值。
- ceil()：返回大于或等于参数值的最小整数。
- floor()：返回小于或等于参数值的最大整数。
- max()：返回两个参数值中的较大值。
- min()：返回两个参数值中的较小值。
- random()：返回 0.0 和 1.0 之间的 double 类型的随机数，包括 0.0 但不包括 1.0。
- round()：返回四舍五入的整数值。
- sin()：正弦函数。
- cos()：余弦函数。
- tan()：正切函数。
- exp()：返回自然对数的幂。
- sqrt()：平方根函数。

- pow()：幂运算。

表 4-1 归纳了 Math 类中各种方法的参数类型及其对应的返回参数类型。

表 4-1 Math 类中各种方法的参数类型及其对应的返回参数类型

<table>
<tr><th>方法名</th><th>参数类型</th><th>返回参数类型</th></tr>
<tr><td>ceil</td><td rowspan="7">double</td><td rowspan="7">double</td></tr>
<tr><td>floor</td></tr>
<tr><td>exp</td></tr>
<tr><td>pow</td></tr>
<tr><td>log</td></tr>
<tr><td>sqrt</td></tr>
<tr><td>rint</td></tr>
<tr><td rowspan="4">min
max</td><td>float、float</td><td>float</td></tr>
<tr><td>double、double</td><td>double</td></tr>
<tr><td>long、long</td><td>long</td></tr>
<tr><td>int、int</td><td>int</td></tr>
<tr><td rowspan="2">round</td><td>double</td><td>long</td></tr>
<tr><td>float</td><td>int</td></tr>
<tr><td>acos</td><td rowspan="6">double</td><td rowspan="6">double</td></tr>
<tr><td>asin</td></tr>
<tr><td>atan</td></tr>
<tr><td>cos</td></tr>
<tr><td>sin</td></tr>
<tr><td>tan</td></tr>
<tr><td rowspan="4">abs</td><td>long</td><td>long</td></tr>
<tr><td>int</td><td>int</td></tr>
<tr><td>float</td><td>float</td></tr>
<tr><td>double</td><td>double</td></tr>
<tr><td>random</td><td>无参数</td><td>double</td></tr>
</table>

下面通过 MathTest.java 来演示 Math 类中常用方法的使用。

【例 4-6】

```
public class MathTest {
    public static void main(String[] args) {
      System.out.println("3.3 和 3.5，大的数为:"+Math.max(3.3, 3.5));
      System.out.println("求比 3.3 小的最大整数:"+Math.floor(3.3));
      System.out.println("求 sin(π/6):"+Math.sin(Math.PI/6));
      System.out.println("求 3.3 的平方根:"+Math.sqrt(3.3));
      System.out.println("随机取 0 和 100 之间的整数:"+ Math.round
              (Math.random()*100));
      System.out.println("随机取 0 和 100 之间的整数:"+ Math.round
```

```
                (Math.random()*100));
        System.out.println("随机取 0 和 100 之间的整数:"+ Math.round
                (Math.random()*100));
    }
}
```

程序运行结果如图 4-7 所示。

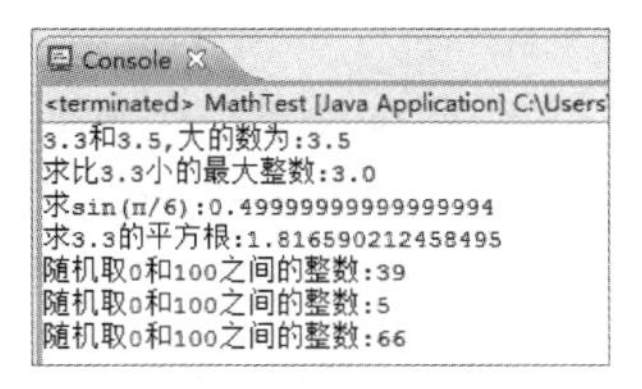

图 4-7　程序运行结果

4.5　集合框架（★★）

Java 中专门设计了一组类，实现了各种方式的数据存储。这组专门用来存储其他对象的类被称为集合类，这组类和接口的设计结构被统称为集合框架（Collection Framework）。所有集合类都位于 java.util 包中。与 Java 中的数组不同，Java 集合框架中不能存放基本数据类型，只能存放对象的引用。本节将对常用集合类的使用进行简要介绍。

Java 集合框架中各种集合类的关系如图 4-8 所示。

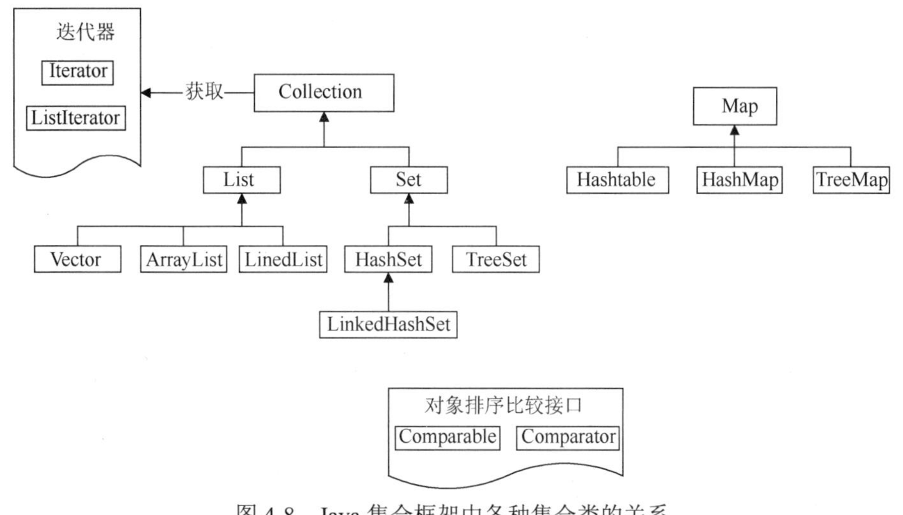

图 4-8　Java 集合框架中各种集合类的关系

Java 集合主要分为以下 3 种类型。

（1）Set（集）：集合中的元素不按特定方式排序，不允许有重复元素。某些实现类可以对集合中的元素按特定方式排序。

（2）List（列表）：集合中的元素按索引位置排序，允许有重复元素。List 与数组有些相似。

（3）Map（映射）：集合中的每个元素包含一个键（Key）和一个值（Value），集合中的键不可以重复，值可以重复。

4.5.1 Collection 和 Iterator 接口

在 Collection 接口中，声明了适用于 Java 集合（包括 Set 和 List）的通用方法。JDK 不提供此接口的任何直接实现，而是通过其更具体的子接口（List 和 Set）来实现。Collection 接口中的常用方法如下。

- boolean add(Object o)：向集合中添加一个对象的引用。
- void clear()：删除集合中的所有元素。
- boolean contains(Object o)：判断集合中是否存在特定对象的引用。
- boolean isEmpty()：判断集合是否为空。
- Iterator iterator()：返回一个 Iterator 对象，可用于遍历集合中的元素。
- boolean remove(Object o)：从集合中删除一个对象的引用。
- int size()：返回集合中元素的数目。
- Object[] toArray()：返回一个数组，这个数组包含集合中的所有元素。

Collection 对象并未提供获取元素的方法，如果需要遍历 Collection 对象中的元素，则一般采用 Iterator 遍历器。所有实现 Collection 接口的集合类都有一个与之对应的遍历器。可以使用遍历器（Iterator）遍历集合中的各个对象元素。

Iterator 接口中定义的方法如下。

- boolean hasNext()：判断是否还有元素存在。
- Object next()：返回迭代的下一个元素。
- void remove()：删除迭代器返回的最后一个元素。

1. Set 接口实现类

Set 是最简单的一种集合，该集合中的元素不按特定方式排序，并且没有重复元素。也就是说，当集合中已经存在某个元素时，就无法再添加一个与其完全相同的元素了。Set 接口中最常用的实现类有 3 个，即 HashSet、LinkedHashSet、TreeSet，下面重点介绍 HashSet 类。

下面通过 HashSetTest.java 来演示 HashSet 类的使用方法。

【例 4-7】

```
public class HashSetTest {
        public static void main(String[] args) {
            HashSet<String> hs = new HashSet<String>();
            hs.add("富强");
```

```
        hs.add("民主");
        hs.add("文明");
        hs.add("1");
        hs.add("和谐");
        hs.add("富强");        //不允许有重复元素
        hs.add("民主");        //不允许有重复元素
        System.out.println("集合 hs 的元素个数为："+hs.size());
        System.out.println("集合 hs 的元素有："+hs);

        //使用迭代器迭代输出元素
        Iterator it = hs.iterator();
        while(it.hasNext()){
            String str = (String)it.next();
            System.out.println(str);
        }
    }
}
```

程序运行结果如图 4-9 所示。

```
Problems  @ Javadoc  Declaration  Console
<terminated> t1 [Java Application] C:\Program Files\Java\jre
集合hs的元素个数为：5
集合hs的元素有：[1, 富强, 民主, 文明, 和谐]
1
富强
民主
文明
和谐
```

图 4-9　程序运行结果

从图 4-9 可以看出，迭代输出的顺序和添加的顺序并不一致，说明 HashSet 类并不保存添加顺序，这里只是将 String 对象按照自然顺序输出。因为 Set 集合不允许有重复元素，所以第二次添加的元素“富强”“民主”并未被添加到 Set 集合中。Set 集合可以直接利用对象名输出集合元素，也可以通过迭代器输出集合元素。

2. List 接口实现类

List 接口继承了 Collection 接口，它是一个允许有重复元素的有序集合。List 接口不但能够对列表的一部分进行处理，还可以对某个索引进行具体操作。List 接口的主要实现类包括 ArrayList 和 Vector。

ArrayList 类与 Vector 类都实现了 List 接口，它们之间最大的区别就是 Vector 类是线程同步的，而 ArrayList 类不是线程同步的。同时，Vector 类中重写了 toString()方法，可以直接将 Vector 集合中的元素打印输出。由于这两个类比较相似，因此本书仅重点讲解 ArrayList

类的使用。

ArrayList 类在实现 List 接口的同时也增加了一些方法，主要包括以下几种。

- boolean add(E o)：将指定的元素追加到此列表的尾部。
- void add(int index, E element)：将指定的元素插入到此列表的指定位置。
- E set(int index, E element)：用指定的元素代替此列表中指定位置处的元素。
- E get(int index)：返回此列表中指定位置处的元素。
- int indexOf(Object elem)：搜索指定参数第一次出现的位置。
- E remove(int index)：移除此列表中指定位置处的元素。
- boolean remove(Object o)：从此列表中移除指定元素的单个实例。
- void clear()：移除此列表中的所有元素。

【例 4-8】

```
public class ListTest {
    public static void main(String[] args) {
        ArrayList<String> a=new ArrayList<String>();
        a.add("平等");  //添加元素
        a.add(0,"自由");
        a.add(2,"公正");
       a.add("法制");
        System.out.println(a);
        a.set(3,"法治"); //修改元素
        System.out.println(a);

       for(int i=0;i<a.size();i++){
     System.out.print (a.get(i)+"");
       }
       System.out.println();

       Iterator<String> i=a.iterator();
        while(i.hasNext()){
            System.out.print(i.next()+"");
        }
}
```

程序运行结果如图 4-10 所示。使用 set()方法可以修改指定位置的元素。因为 ArrayList 集合是有序的，所以可以通过 get()方法以序号为参数依次读取元素，也可以使用迭代器获取集合元素。

```
Problems  Javadoc  Declaration  Console
<terminated> listTest [Java Application] C:\Program Files\Java\j
[自由, 平等, 公正, 法制]
[自由, 平等, 公正, 法治]
自由 平等 公正 法治
自由 平等 公正 法治
```

图 4-10 程序运行结果

如果集合中的每个元素都是一个对象，那么应该如何获取这个对象中某个属性的值呢？例 4-9 演示了获取对象属性值的方法。

【例 4-9】

```
//书籍类
class Book {
    String id;
    String name;
    String writer;

    public String getId() {return id; }
    public void setId(String id) { this.id = id;   }
    public String getName() {return name;  }
    public void setName(String name) { this.name = name;   }
    public String getWriter() {return writer;  }
    public void setWriter(String writer) { this.writer = writer;   }
    public Book(String id, String name, String writer) {
        this.id = id;
        this.name = name;
        this.writer = writer;
    }
    @Override
    public String toString() {
        return "书号："+id+"；书名："+name+"；作者："+writer;
    }
}

public class ListDemo {
    public static void main(String args[]) {
        List<Book> list=new ArrayList<Book>();
        Book it1 = new Book("100", "Java 程序设计项目化教程", "徐义晗");
        Book it2 = new Book("101", "C#程序设计项目化教程", "宋桂岭");
        Book it3 = new Book("102", "JSP 应用开发教程", "王志勃");
```

```
    list.add(it1);
        list.add(it2);
        list.add(it3);

        for(int i=0;i<list.size();i++){
            Book b=list.get(i);
            System.out.println("第"+(i+1)+"本书的信息："+b);
            System.out.println("书号："+b.getId());
        }
    }
}
```

程序运行结果如图 4-11 所示。在程序运行过程中，每个集合元素都是一个 Book 类的对象，在直接输出 b 时调用了 Book 类中的 toString()方法。当需要输出某个属性（如书号）时，可以调用相应的 getter 方法，以获得某个成员变量的值。

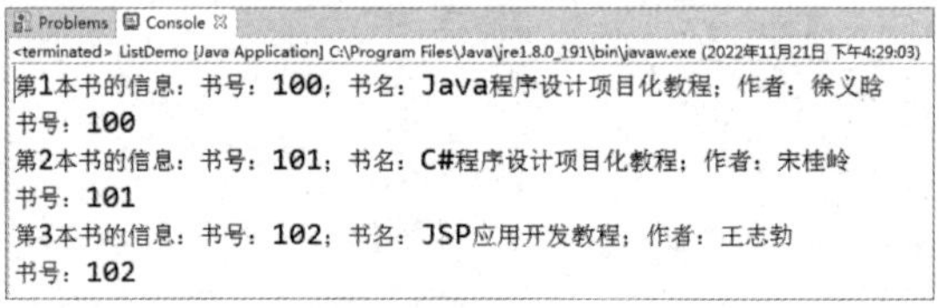

```
Problems  Console
<terminated> ListDemo [Java Application] C:\Program Files\Java\jre1.8.0_191\bin\javaw.exe (2022年11月21日 下午4:29:03)
第1本书的信息：书号：100；书名：Java程序设计项目化教程；作者：徐义晗
书号：100
第2本书的信息：书号：101；书名：C#程序设计项目化教程；作者：宋桂岭
书号：101
第3本书的信息：书号：102；书名：JSP应用开发教程；作者：王志勃
书号：102
```

图 4-11　程序运行结果

4.5.2　Map 接口

Map 接口不是 Collection 接口的子接口。Map 是一种把键对象和值对象进行映射的集合，它的每个元素都包含了一对键对象和值对象。Map 接口的 API 文档如图 4-12 所示。

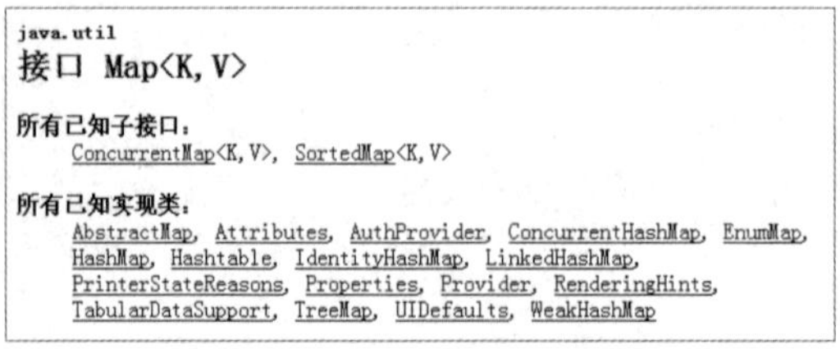

```
java.util
接口 Map<K, V>

所有已知子接口：
    ConcurrentMap<K, V>, SortedMap<K, V>

所有已知实现类：
    AbstractMap, Attributes, AuthProvider, ConcurrentHashMap, EnumMap,
    HashMap, Hashtable, IdentityHashMap, LinkedHashMap,
    PrinterStateReasons, Properties, Provider, RenderingHints,
    TabularDataSupport, TreeMap, UIDefaults, WeakHashMap
```

图 4-12　Map 接口的 API 文档

Map 接口定义了存储键值对的方法。Map 中不能有重复的键，且 Map 中存储的键值对是通过键来唯一标识的。Map 的键是用 Set 存放的，所以在键对应的类中必须重写 hashCode()方法和 equals()方法，通常使用 String 类作为键。

Map 接口中定义的一些常用方法如下。

- Object put(Object key,Object value)：向 Map 中放入一个键值对，如果该键存在，则与该键对应的值将被新值取代。

- Object remove(Object key)：删除指定键值对。
- void putAll(Map t)：将来自特定映像的所有元素添加给该映像。
- void clear()：清除所有键值对。
- Object get(Object key)：获取与键对象 key 相关的值对象。
- boolean containsKey(Object key)：判断 Map 中是否存在键对象 key。
- boolean containsValue(Object value)：判断 Map 中是否存在值对象 value。
- int size()：返回当前 Map 中的键值对数量。
- Set keySet()：返回 Map 中的键对象，并将其存放到 Set 对象中。
- Collection values()：返回 Map 中的值对象，并将其存放到 Collection 对象中。

HashMap 类是使用频率最高的一个集合类，允许使用 null 值和 null 键，不保存映射的排列顺序，随着键值对的插入，该排序可能是变化的。

下面通过 HashMapTest.java 来演示 HashMap 类的使用方法。

【例 4-10】

```
public class HashMapTest {
    public static <V> void main(String[] args) {

        HashMap<String,String> hm = new HashMap<String,String>();
        hm.put("001", "Jack");
        hm.put("012", "Lilei");
        hm.put("003", "Sma");
        hm.put("034", "Mike");
        hm.put("005", "Smith");
        System.out.println(hm);
        hm.put("005", "aaa"); //修改元素
        System.out.println(hm);
        //输出所有的值
        Iterator i1=hm.values().iterator();
        while(i1.hasNext()){
         System.out.print(i1.next()+"");
        }
        System.out.println();
        //输出所有的键
        Iterator i2= hm.keySet().iterator();
        while(i2.hasNext()){
            System.out.print(i2.next()+"");
        }
       System.out.println();
```

```
        //根据键取值
        Iterator i3= hm.keySet().iterator();
        while(i3.hasNext()){
            String s=(String)i3.next();
            System.out.print(s+":"+hm.get(s)+"");
        }
        System.out.println();

        //输出键值对
        Iterator i4=hm.entrySet().iterator();
        while(i4.hasNext()){
        Map.Entry m=(Map.Entry)i4.next();
        System.out.print(m.getKey()+":"+m.getValue()+"");
        }
    }
}
```

程序运行结果如图 4-13 所示。

```
Problems  Console
<terminated> HashMapTest [Java Application] C:\Program Files\Java\jre1.8.0_191\bin\javaw.exe (2022年11月21日 下午
{001=Jack, 012=Lilei, 034=Mike, 003=Sma, 005=Smith}
{001=Jack, 012=Lilei, 034=Mike, 003=Sma, 005=aaa}
Jack  Lilei  Mike  Sma  aaa
001 012 034 003 005
001:Jack  012:Lilei  034:Mike  003:Sma  005:aaa
001:Jack  012:Lilei  034:Mike  003:Sma  005:aaa
```

图 4-13　程序运行结果

4.6　JDK 8——Stream 流（★★）

Stream 流操作是 Java 8 提供的一个重要新特性，它允许开发人员以声明的方式处理集合，其核心类库主要改进了对集合类的 API 操作和新增 Stream 操作。Stream 类中的每个方法都对应集合的一种操作，将真正的函数式编程引入 Java，可以让代码更加简洁，极大地简化了集合的处理操作，提高了开发的效率。

Stream 是某种数据源的一个视图，数据源可以是数组、Java 集合等。我们可以把 Stream 流当作工厂中的流水线，每个 Stream 流的操作过程都遵循“创建→操作→获取结果”的过程，就像流水线上的节点一样组成一个个链条。

4.6.1　Stream 流的创建

Stream 流可以通过多种方式来创建。

1. 通过集合

Java 8 中的 Collection 接口被扩展，提供了以下两个获取流的方法。

```
default Stream<E> stream()                //返回一个顺序流
default Stream<E> parallelStream()        //返回一个并行流
```

2. 通过数组

可以通过 Java 8 中的 Arrays 静态方法 stream()获取数组流。

```
public static <T> Stream<T> stream(T[] array)//返回一个流
public static IntStream stream(int[] array)
public static LongStream stream(long[] array)
public static DoubleStream stream(double[] array)
```

3. 通过静态方法 Stream.of()

可以通过静态方法 Stream.of()，使用显式值创建一个流。该方法可以接收任意数量的参数。

```
public static<T> Stream<T> of(T... values) //返回一个流
```

4. 由函数创建流

可以通过静态方法 Stream.iterate()和 Stream.generate()创建无限流。

```
public static<T> Stream<T> iterate(final T seed, final UnaryOperator<T> f)
public static<T> Stream<T> generate(Supplier<T> s)
```

常见的创建 Stream 流的方式如例 4-11 所示。

【例 4-11】

```
public class StreamTest1{
    public static void main(String[] args) {

        //通过集合创建流
        List<String> list = new ArrayList<>();
        Stream<String> stream1 = list.stream();

        Set<String> set = new HashSet<>();
        Stream<String> stream2 = set.stream();
        //通过 Map 创建流
        Map<String, String> map = new HashMap<>();
        Stream<String> keyStream = map.keySet().stream();
        Stream<String> valueStream = map.values().stream();
        Stream<Map.Entry<String, String>> entryStream =
```

```
map.entrySet().stream();

        //通过 Arrays.stream()方法创建流
        int[] arr = { 1, 2, 3 };
        IntStream stream = Arrays.stream(arr);
        //通过 Stream.of()方法创建流
        Stream<Integer> integerStream = Stream.of(1, 2, 3, 4);

    }
```

4.6.2 Stream 流的常用方法

Stream 流的常用方法可以分为两种类型。

（1）终止操作方法：返回值类型不再是 Stream 接口自身类型的方法，不再支持链式调用。终止操作会通过流的流水线生成结果，其结果可以是任何不是流的值，如 List、Integer，甚至是 void；流在进行终止操作后不能被再次使用。

（2）中间操作方法：返回值类型仍然是 Stream 接口自身类型的方法，支持链式调用。多个中间操作可以连接起来形成一个流水线，除非流水线上触发终止操作，否则中间操作不会进行任何处理，而是会在进行终止操作时一次性全部处理。

Stream 流的常用终止操作方法如表 4-2 所示。

表 4-2 常用终止操作方法

方法	描述
allMatch(Predicate p)	检查是否匹配所有元素
anyMatch(Predicate p)	检查是否至少匹配一个元素
noneMatch(Predicate p)	检查是否没有匹配所有元素
findFirst()	返回第一个元素
findAny()	返回当前流中的任意元素
count()	返回流中的元素总数
max(Comparator c)	返回流中的最大值
min(Comparator c)	返回流中的最小值
forEach(Consumer c)	内部迭代
reduce(T iden, BinaryOperator b)	可以将流中的元素反复结合起来，得到一个值。返回 T 类型值
reduce(BinaryOperator b)	可以将流中的元素反复结合起来，得到一个值。返回 Optional<T>类型值
collect(Collector c)	将流转换为其他形式

终止操作方法的应用如例 4-12 所示。

【例 4-12】

```
public class StreamTest2 {
    public static void main(String[] args) {
```

```
        List<Integer> integerList = Arrays.asList(1, 2, 3, 3, 4, 5, 6);

        boolean b1 = integerList.stream().allMatch(i -> i > 5); //false
        boolean b2 = integerList.stream().anyMatch(i -> i > 5); //true
        boolean b3 = integerList.stream().noneMatch(i -> i > 5); //false
        System.out.println(b1+"::::"+b2+"::::"+b3);

        Optional<Integer> first = integerList.stream().findFirst(); //Optional[1]
        Optional<Integer> any = integerList.stream().findAny();//Optional[1]
        Optional<Integer> maxInteger = integerList.stream().max((i, j)
-> {return i - j;});//Optional[6]
        Optional<Integer> minInteger = integerList.stream().min((i, j)
-> {return i-j;});//Optional[1]
        long count=integerList.stream().count();//7
        System.out.println(first+"::::"+any+"::::"+maxInteger+"::::"
+minInteger+"::::"+count);

        integerList.forEach(x->System.out.print(x));//1233456

        List<Integer> collect = integerList.stream().collect(Collectors.toList());
        System.out.println(collect); //[1, 2, 3, 3, 4, 5, 6]

        Integer integer1= integerList.stream().reduce(1, Integer::sum); //25
        Integer integer2= integerList.stream().reduce(1,(x,y)->x+y); //25
        System.out.println(integer1+"::::"+integer2);
    }
}
```

Stream 流的常用中间操作方法如表 4-3 所示。

表 4-3　常用中间操作方法

方法	描述
filter(Predicate predicate)	用于对流中的数据进行过滤
limit(long maxSize)	截取前 maxSize 个数据组成的流
skip(long n)	跳过指定参数个数的数据，返回由该流的剩余元素组成的流
concat(Stream a, Stream b)	将 a 和 b 两个流合并为一个流
map(Function mapper)	返回由给定函数应用于该流的元素的结果组成的流
distinct()	返回由该流的不同元素组成的流
sorted()	返回由该流的元素组成的流，根据自然顺序排列
sorted(Comparator comparator)	返回由该流的元素组成的流，根据提供的 comparator 排序

中间操作方法的应用如例 4-13 所示。

【例 4-13】

```
public class StreamTest3 {
    public static void main(String[] args) {
        List<Integer> integerList = Arrays.asList(1, 2, 3, 3, 4, 5, 6);
        Stream<Integer> stream1 = integerList.stream();
        Stream<Integer> stream2 = Stream.of(7, 8, 9, 9, 6);

        stream1.filter(i -> i > 1).limit(3).forEach(System.out::print); // 233
        System.out.println();
        stream2.distinct().skip(2).forEach(System.out:: print); // 96
        System.out.println();

        Stream<String> stream3 = Stream.of("h", "e");
        Stream<String> stream4 = Stream.of("l", "l", "o");
        Stream.concat(stream3, stream4).forEach(System.out::print); // hello
        System.out.println();

        Stream<Integer> stream5 = Stream.of(1, 8, 5, 9, 6);
        stream5.sorted().forEach(System.out::print);//15689
        System.out.println();
        //AAABBBCCC
        List<String> strList = Arrays.asList("aaa", "bbb", "ccc");
        strList.stream().map(String::toUpperCase).forEach(System.out::print);
    }
}
```

任务实施

在生成大乐透号码时，可以使用 List 集合存储号码，之后从该 List 集合中随机获取号码。由于大乐透的每组号码中的前段号码或后段号码是不允许重复的，因此从 List 集合中随机获取号码后，就将所获取的号码从该 List 集合中移除，这样可以避免产生重复号码的情况。程序运行结果如图 4-14 所示。

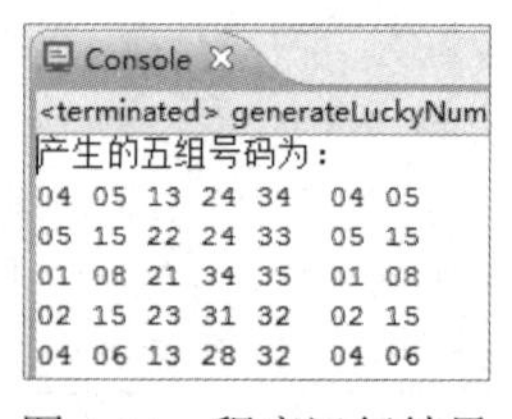

图 4-14 程序运行结果

程序的代码清单如下：

```
public class GenerateLuckyNum {

    public static List<String> getStartNumber(){
    List<String> list=new ArrayList<String>();//创建前段号码集合
    String luckyNumber="";
    for(int i=1;i<36;i++){
        if(i<10)
            list.add("0"+i+"");
        else
            list.add(""+i+"");
    }
    int roundindex=0;
    List<String> luckylist=new ArrayList<String>();//保存前段号码集合
    for(int j=0;j<5;j++){
        int amount=list.size();
        Random r=new Random();
        roundindex=r.nextInt(amount);
        luckyNumber=list.get(roundindex);
        luckylist.add(luckyNumber);
        list.remove(roundindex);
    }
    Collections.sort(luckylist);
    return luckylist;
    }

    public static List<String> getEndNumber(){
    List<String> list=new ArrayList<String>();//创建后段号码集合
    String luckyNumber="";
    for(int i=1;i<13;i++){
        if(i<10)    list.add("0"+i+"");
        else        list.add(""+i+"");
    }
    int roundindex=0;
    List<String> luckylist=new ArrayList<String>();//保存后段号码集合
    for(int j=0;j<2;j++){
        int amount=list.size();
```

```
            Random r=new Random();
            roundindex=r.nextInt(amount);
            luckyNumber=list.get(roundindex);
            luckylist.add(luckyNumber);
            list.remove(roundindex);
        }
        Collections.sort(luckylist);
        return luckylist;
    }
    public static void main(String[] args) {
        System.out.println("产生的五组号码为：");
        StringBuffer sb=new StringBuffer();
        for(int i=0;i<5;i++){
            List<String> startList=getStartNumber();
            List<String> endList=getEndNumber();
            for(int m=0;m<startList.size();m++){
                sb.append(startList.get(m));    }
            sb.append("");
            for(int n=0;n<endList.size();n++){
                sb.append(startList.get(n)); }
            sb.append("\n");
        }
        System.out.print(sb.toString());
    }
}
```

任务小结

本任务通过讲解数学类、集合框架、Stream 流等知识引导学生自主探索、动手实践，培养学生的软件思维和全面思考问题的能力，培养学生通过团队协作解决问题的意识和能力，树立团队观念。

习题四

1. 已知：

```
String s =  "Welcome to Java";
System.out.println(s.substring(2,3));
```

则输出结果为（　　）。

A．elc　　B．el　　C．l　　D．lco

2．已知：

```
String s =  "Welcome";
s +=  "to";
s.concat( "Java");
System.out.println(s);
```

则输出结果为（　　）。

A．Welcome　　B．Welcome to

C．Welcome to Java　　D．编译错误

3．设有以下代码：

```
String s1="123";
String s2="123";
String s3=new String("123");
```

则表达式“s1==s2”和“s1==s3”的值分别为（　　）。

A．true，true　　B．false，false　　C．true，false　　D．false，true

4．在下述 Java 语句中，创建数组的方法错误的是（　　）。

A．int intArray[]；intArray=new int[5]；

B．int intArray[]=new int[5]；

C．int[ ] intArray ={1，2，3，4，5}；

D．int intArray[5]={1，2，3，4，5}；

5．设有数组定义“int[][] x={{1，2}，{3，4，5}，{6}，{}}；”，则 x.length 的值为（　　）。

A．3　　B．4　　C．6　　D．7

6．如下程序的输出结果是（　　）。【“1+X”大数据应用开发（Java）职业技能等级证书（中级）考试】

```
String str = "abcdefg";
System.out.println(str.charAt(7));
```

A．str.charAt(7)　　B．7　　C．o　　D．抛出异常

7．现有如下程序：

```
public class LanQiao{
    public static void main(String [] args){
        List list=new ArrayList();
        list.add("a");
        list.add("b");
        list.add("a");
```

```
        Set set=new HashSet();
        set.add("a");
        set.add("b");
        set.add("a");
        System.out.println(list.size()+","+set.size());
    }
}
```

运行程序后，输出结果是（　　）。【“1+X”大数据应用开发（Java）职业技能等级证书（中级）考试】

A．2,2　　B．2,3　　C．3,2　　D．3,3

8．在 Java 集合框架中，所有单列集合都实现自（　　）顶层接口。【“1+X”大数据应用开发（Java）职业技能等级证书（中级）考试】

A．Collection　　B．Map　　C．Set　　D．List

9．现有如下程序：

```
public class TestBox
{
    public static void main(String[] args)
      {
       Map map = new HashMap();
       map.put("1","hello");
       map.put("2","world");
       map.put("1","world");
      }
}
```

程序运行完成后，集合 map 中存在的键值对的数量是（　　）。【“1+X”大数据应用开发（Java）职业技能等级证书（中级）考试】

A．程序报错　　B．3　　C．1　　D．2

10．以下属于 Map 类的方法是（　　）。

A．add()　　B．delete()　　C．length()　　D．put()

二、编程题

1．编写一个程序，输入 5 种水果的英文名称，如 grape（葡萄）、orange（橘子）、banana（香蕉）、apple（苹果）、peach（桃），按字典顺序输出这些水果名称。

2．随机输入一个人的姓名（中国人习惯，单姓），之后分别输出姓和名。

3．创建一个 Cat 类，包含 name 属性，使用构造方法进行初始化，添加一个 show()方法，以打印 name 属性的值。创建一个 CatTest 类，添加 main()方法。要求：创建一个 ArrayList 集合，向其中添加几个 Cat 对象，遍历该集合，并对每个 Cat 对象调用 show()方法。

4. 创建一个 Book 类，包含 title（标题）属性，使用构造方法进行初始化，重写 toString()方法，以返回 title 属性的值。创建一个 BookTest 类，添加 main()方法。要求：使用 HashMap 对象进行存储，键为 Book 对象的编号，值为 Book 对象，通过某个编号获取 Book 对象，并打印该 Book 对象的标题。

5. 创建一个 HashMap 对象，用于存取学员的姓名和成绩，键为学员姓名（为 String 类型），值为学员的成绩（为 int 类型），在 main()方法中通过 HashMap 对象获取这些学员的成绩并打印出来，修改其中一名学员的成绩，再打印所有学员的成绩。

6. 小蓝正在学习一门神奇的语言，这门语言中的单词都是由小写英文字母组成的，有些单词很长，远远超过正常单词的长度，小蓝学了很长时间也记不住这些单词。他准备不再完全记忆这些单词，而是根据单词中哪个字母出现得最多来分辨单词。现在，就请你帮助小蓝，在获取一个单词后找到出现最多的字母和这个字母出现的次数。【“蓝桥杯”软件大赛 Java 组试题】

单元五

Java 异常处理

程序在运行过程中可能会发生各种情况，产生异常是在所难免的。Java 异常处理机制主要用于处理程序在运行过程中可能会产生的各种异常。本单元主要介绍异常的概念和分类、异常的处理和自定义异常类。这些知识点对接了国信蓝桥“1+X”《大数据应用开发（Java）职业技能等级标准》中的中级技能要求。

学习目标

- 理解异常的概念和分类。
- 熟练掌握 try-catch-finally 语句捕获和处理异常的方法。
- 理解 throw 抛出异常和 throws 声明异常。
- 理解自定义异常类。
- 运用 Java 异常处理机制编写更健壮的程序，进行异常处理调试（★★）。

素养目标

- 通过异常的概念，引导学生树立危机意识，提高学生的职业素养。
- 通过异常的处理，引导学生多方面、全方位地考虑问题。
- 引导学生进行有效沟通，培养学生的团队协作意识。

任务　模拟 ATM 取款

任务描述

在 ATM（Automated Teller Machine，自动柜员机）上取款时，我们会按要求输入取款金额，如果取款金额小于账户余额，则取款成功；如果取款金额大于账户余额，则产生异常，给出提示信息。那么，我们如何处理这个异常呢？

知识储备

5.1　异常的概念和分类

在 Java 程序设计中，异常就是程序在运行过程中因硬件设备问题、软件设计错误、缺陷等导致的程序错误。在软件开发过程中，很多情况都将导致异常的产生，比如想打开的文件不存在、操作数超出预定范围、访问的数据库打不开等。

Java 类库中定义了丰富的异常类来表示各种异常，所有这些异常类都是从 Throwable 类继承而来的。Throwable 类有两个子类：Error 和 Exception。如果类库中的异常类不能满足要求，则可以自己定义异常类。图 5-1 显示了部分异常类的层次结构。

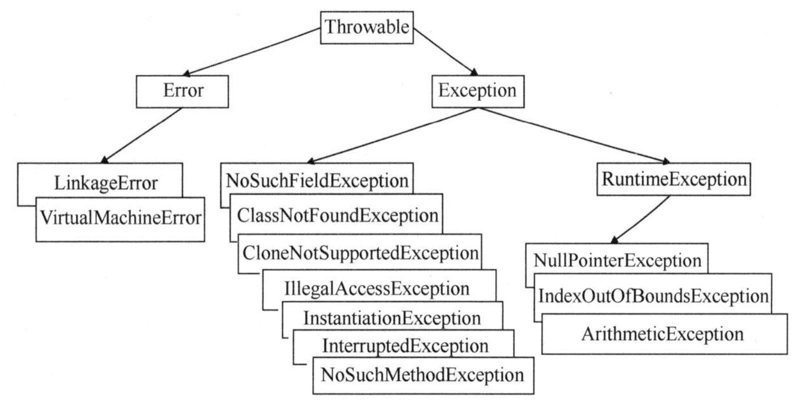

图 5-1　部分异常类的层次结构

Error 类的子类描述了 Java 虚拟机的内部错误和资源耗尽错误。例如，动态链接失败、线程死锁、图形界面错误、虚拟机错误等。Error 类的对象由 Java 虚拟机生成并抛弃，程序中通常不对这类错误进行处理。

Exception 类是所有异常类的父类，其子类对应了各种可能产生的异常。这些异常又分为运行时异常和非运行时异常。

运行时异常是一类特殊的异常，是 Java 虚拟机在运行时产生的异常。这类异常在正常编译时通常无法被发现，只有在运行时才会产生，如被 0 除、数组下标越界等。这类异常的产生比较频繁，且处理起来比较麻烦。如果显式地声明或捕获这类异常，则对程序的可读性和运行效率影响很大，因此通常由系统自动检测这类异常并将它们交给默认的异常处理程序。用户可以不对这类异常进行处理，当然必要时也可以处理。

非运行时异常是一般程序中可预知的问题，这类异常可能会带来意想不到的结果。例如，文件不存在、类定义不明确等。Java 编译器要求 Java 程序必须捕获或声明所有的非运行时异常。如果不处理这类异常，则编译不能通过。

在 Java 中，异常用对象表示。在一个方法的运行过程中，如果产生了异常，则当前的执行路径会被终止，这个方法（或者 Java 虚拟机）会生成一个代表该异常的对象（该异常对象中包括异常事件的类型，以及产生异常时应用程序的状态和调用过程），并且从当前环境中弹出对异常对象的引用。Java 运行时系统接收到异常对象时，就会寻找能处理该异常的代码并把异常对象交给其处理。

例 5-1 中给出了一段代码，该段代码实现的功能是定义一个字符串数组，通过循环输出数组中的各个元素的值。

【例 5-1】

```
public class Ex5_1 {
    public static void main(String args[]) {
        String languages[] = { "Java", "c", "c++", "c#" };
        int i = 0;
        while (i < 5) {
            System.out.println(languages[i]);
            i++;
        }
    }
}
```

在程序运行过程中，首先打印输出数组中的 4 个数组元素，当 i 的值变为 4 时，数组下标越界，然后程序会产生异常，并抛出数组下标越界异常。程序运行结果如图 5-2 所示。

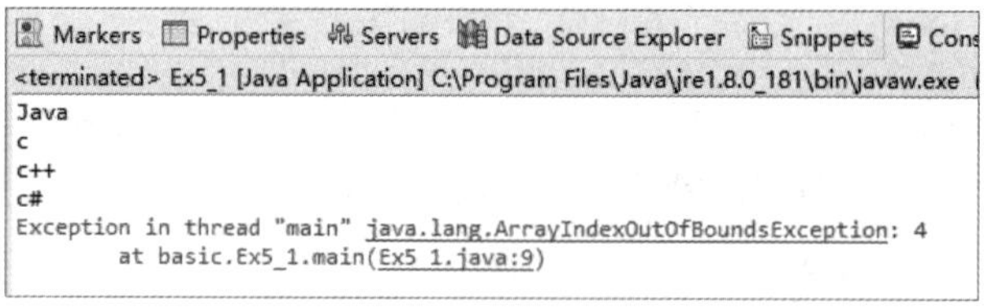

```
Markers  Properties  Servers  Data Source Explorer  Snippets  Cons
<terminated> Ex5_1 [Java Application] C:\Program Files\Java\jre1.8.0_181\bin\javaw.exe
Java
c
c++
c#
Exception in thread "main" java.lang.ArrayIndexOutOfBoundsException: 4
	at basic.Ex5_1.main(Ex5_1.java:9)
```

图 5-2 程序运行结果

5.2 异常的处理（★★）

Java 使用异常处理机制为程序提供了处理错误的能力。Java 异常处理是通过 5 个关键字来实现的：try、catch、finally、throw 和 throws。

如果某段代码的执行可能会产生异常，则把这段代码放到 try 语句块中。在 catch 语句块中，可以根据异常的类型来捕获并处理异常。无论是否产生异常，finally 语句块中的代码都会被执行。在方法的声明中，可以用 throws 来声明该方法可能抛出的各种异常；在方法体中，可以用 throw 来抛出一个异常。

5.2.1 捕获异常

在 Java 中，对于可能产生异常的代码，可以通过 try-catch 语句进行捕获。首先在 try 语句块中编写可能产生异常的代码，然后在 catch 语句块中捕获执行这些代码时可能产生的异常，语法格式如下：

```
try {
        //可能产生异常的代码
} catch (异常类 异常对象) {
    //异常处理代码
}
```

在 try 语句块中，将抛出异常的代码放在 try 后面的花括号“{}”内。catch 语句块中的异常类必须与 try 语句块抛出的异常对象匹配，才能捕获异常。这种匹配包括两种情况：catch 语句块中的异常类就是 try 语句块抛出的异常对象对应的异常类；catch 语句块中的异常类是抛出的异常对象的超类。如果 catch 语句块中的异常类与抛出的异常对象不匹配，则 catch 语句块就不能捕获异常，最终异常会被 Java 虚拟机捕获。对于例 5-1 中的代码，可以使用 try-catch 语句来捕获异常，如例 5-2 所示。

【例 5-2】

```
public class Ex5_2 {
    public static void main(String args[]) {
        String languages[] = { "Java", "c", "c++", "c#" };
        int i = 0;
        try {
            while (i < 5) {
                System.out.println(languages[i]);
                i++;
            }
        } catch (ArrayIndexOutOfBoundsException e) {
            System.out.println("捕获异常！");
            System.out.println(e.getMessage());
        }
            System.out.println("数组元素输出结束！");
    }
}
```

try-catch 语句的执行流程比较简单，首先执行的是 try 语句块中的语句，可能会有 3 种情况。

（1）如果 try 语句块中的所有语句都正常执行完毕，则 catch 语句块中的所有语句都会被忽略。在例 5-2 中，如果将“while(i<5)”改为“while(i<4)”，则 try 语句块中的代码会正常执行，catch 语句块中的代码不会执行，输出结果如图 5-3 所示。

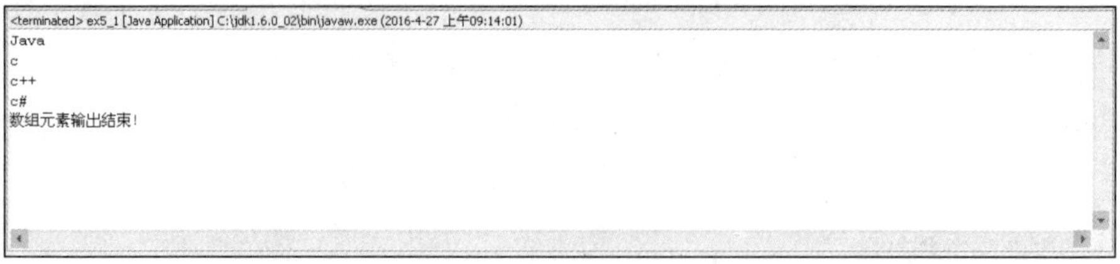

```
<terminated> ex5_1 [Java Application] C:\jdk1.6.0_02\bin\javaw.exe (2016-4-27 上午09:14:01)
Java
c
c++
c#
数组元素输出结束!
```

图 5-3　正常情况下的输出结果

（2）如果 try 语句块在执行过程中产生异常，并且这个异常与 catch 语句块中声明的异常类型相匹配，则 try 语句块中剩余的代码会被忽略，相应的 catch 语句块会被执行。在例 5-2 中，当 i＝4 时，将抛出 ArrayIndexOutOfBoundsException 类型的异常，程序跳转到 catch 语句块中，输出结果如图 5-4 所示。

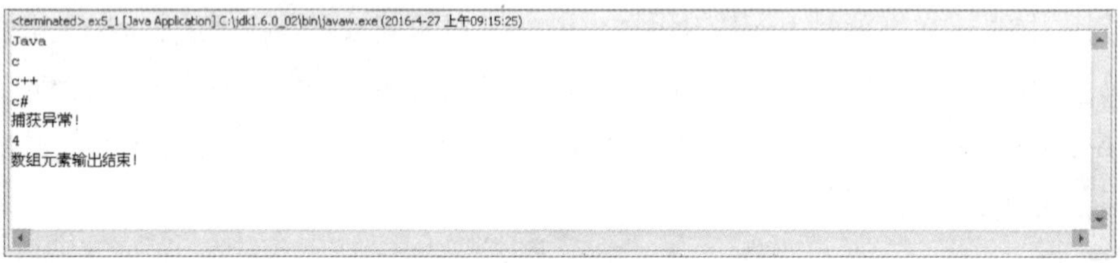

```
<terminated> ex5_1 [Java Application] C:\jdk1.6.0_02\bin\javaw.exe (2016-4-27 上午09:15:25)
Java
c
c++
c#
捕获异常!
4
数组元素输出结束!
```

图 5-4　异常情况下的输出结果

图 5-4 描述了异常事件的详细信息，这是通过异常对象的 getMessage()方法得到的。另外，还可以通过异常对象的 printStackTrace()方法来跟踪异常事件发生时执行堆栈的内容。

（3）如果 try 语句块在执行过程中产生异常，而抛出的异常在 catch 语句块中没有被声明，那么当前所在的方法立即结束，控制台输出异常的堆栈信息。修改例 5-2 中的代码，更换 catch 语句块中的异常类型，使它与 ArrayIndexOutOfBoundsException 类型不兼容，如例 5-3 所示。

【例 5-3】

```
public class Ex5_3 {
    public static void main(String args[]) {
        String languages[] = { "Java", "c", "c++", "c#" };
        int i = 0;
        try {
            while (i < 5) {
                System.out.println(languages[i]);
                i++;
            }
        } catch (NullPointerException e) {
            System.out.print("捕获异常! ");
```

```
            System.out.print(e.getMessage());
        }
        System.out.print("\n 数组元素输出结束！ ");
    }
}
```

在程序运行过程中，当 i=4 时，将抛出 ArrayIndexOutOfBoundsException 类型的异常，由于这种类型的异常在 catch 语句块中没有被捕获，因此程序运行将会被迫中断。程序在产生异常且被迫中断时，会在控制台输出异常堆栈信息，如图 5-5 所示。

```
Problems @ Javadoc Declaration Console
<terminated> Ex5_3 [Java Application] C:\Program Files\Java\jre-1.8\bin\javaw.exe (20
Java
c
c++
c#
Exception in thread "main" java.lang.ArrayIndexOutOfBoundsException: 4
	at chapter01.Ex5_3.main(Ex5_3.java:9)
```

图 5-5　异常堆栈信息

在 try 语句块中的一段代码可能会产生多种类型的异常，这时可以在一个 try 语句块后面编写多个 catch 语句块，分别用于处理不同类型的异常。由于父类可以捕获子类的异常，因此 catch 语句块在排列时应该从特殊的、具体的异常类型到一般的异常类型，最后出现的一般是 Exception 类。

在程序运行过程中，系统从上到下对 catch 语句块中的异常类型进行检测，并执行第一个遇到的类型匹配的 catch 语句块，其他的 catch 语句块将会被忽略。如果没有匹配的 catch 语句块，则异常将由 Java 虚拟机捕获并处理。

现在要完成这样一个任务：通过键盘输入两个整数 a、b 的值，并打印输出 a/b 的值（取整数部分），要求在程序中使用多个 catch 语句块捕获各种可能产生的异常，如例 5-4 所示。

【例 5-4】

```
public class Ex5_4 {
    public static void main(String args[]) {
        Scanner sc = new Scanner(System.in);
        int c = 0;
        try {
            System.out.print("请输入 a 的值：");
            int a = sc.nextInt();
            System.out.println("请输入 b 的值：");
            int b = sc.nextInt();
            System.out.println("a/b 的值为：");
            c = a / b;
            System.out.print(c);
```

```
        } catch (InputMismatchException e) {
            System.out.println("请输入一个整数! ");
        } catch (ArithmeticException e) {
            System.out.println("被除数b不能为0! ");
        } catch (Exception e) {
            System.out.print("捕获异常! ");
        }
    }
}
```

程序运行后，提示“请输入 a 的值：”，如果输入“abc”，则系统会抛出 InputMismatchException 异常，进入第 1 个 catch 语句块，执行其中的代码，并忽略后面的 catch 语句块。程序运行结果如图 5-6 所示。

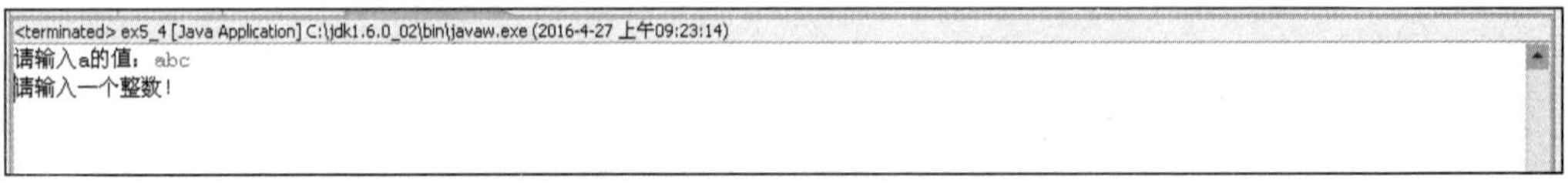

```
<terminated> ex5_4 [Java Application] C:\jdk1.6.0_02\bin\javaw.exe (2016-4-27 上午09:23:14)
请输入a的值: abc
请输入一个整数!
```

图 5-6　进入第 1 个 catch 语句块

如果在提示“请输入 a 的值：”时，输入“50”，则程序会继续提示“请输入 b 的值：”，当输入“0”时，会发生除 0 错误，系统会抛出 ArithmeticException 异常，进入第 2 个 catch 语句块，执行其中的代码，并忽略其他 catch 语句块。程序运行结果如图 5-7 所示。

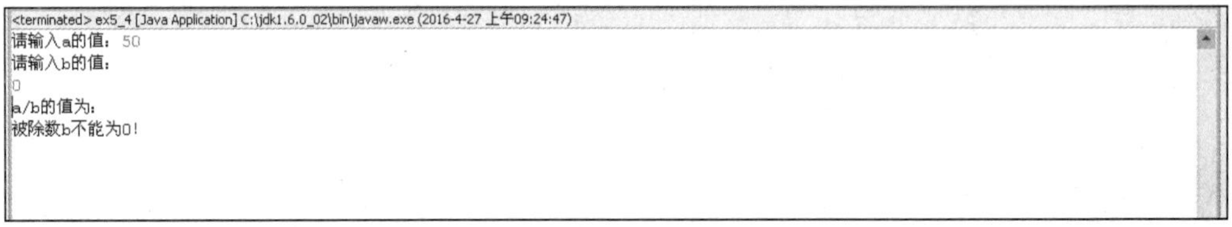

```
<terminated> ex5_4 [Java Application] C:\jdk1.6.0_02\bin\javaw.exe (2016-4-27 上午09:24:47)
请输入a的值: 50
请输入b的值:
0
a/b的值为:
被除数b不能为0!
```

图 5-7　进入第 2 个 catch 语句块

有的时候，无论代码是否产生异常，都需要执行某些代码。例如，在抛出异常前如果打开了某个文件，则无论之后是否抛出异常，都应该关闭该文件。在 try-catch 语句后加入 finally 语句块，可以确保无论是否产生异常，finally 语句块中的代码总是会被执行。try-catch-finally 语句的异常处理语法格式如下：

```
try {
        //可能产生异常的代码
    } catch (异常类 异常对象) {
        //异常处理代码
    }
    finally{
        //代码
```

```
    }
```

在 try-catch-finally 语句的执行过程中，可能会发生以下 3 种情况。

（1）如果 try 语句块中的所有语句都正常执行完毕，则 catch 语句块中的所有语句都会被忽略，最后执行 finally 语句块中的语句。

（2）如果 try 语句块在执行过程中产生异常，并且这个异常被 catch 语句块捕获，则 try 语句块中剩余的代码会被忽略，相应的 catch 语句块会被执行，最后执行 finally 语句块中的语句。

（3）如果 try 语句块在执行过程中产生异常，而抛出的异常没有被 catch 语句块捕获，则会跳过 try 语句块中的其他语句和 catch 语句块，执行 finally 语句块中的语句。

例 5-5 给出了一段使用 try-catch-finally 语句的代码。

【例 5-5】

```
public class Ex5_5 {
    public static void main(String[] args) {
        FileInputStream fin=null; //创建输入流对象
        try {
            //输入流
            fin=new FileInputStream("src/ex5_1.java");
            //读取一个字节
            int b=fin.read();
            //转换为字符输出
            System.out.println((char)b);
        } catch (FileNotFoundException e) {
            System.out.println("要读取的文件不存在！");
        }catch (IOException e) {
            System.out.println("数据读取异常！");
        }
        finally{
            try {
                fin.close(); //关闭输入流
                System.out.print("输入流已关闭！");
            } catch (IOException e) {
                e.printStackTrace();
            }
        }
    }
}
```

在程序运行过程中，无论是否产生异常，finally 语句块中的语句都会被执行。程序运行结果如图 5-8 所示。

```
<terminated> ex5_5 [Java Application] C:\jdk1.6.0_02\bin\javaw.exe (2016-4-27 上午09:46:17)
p
输入流已关闭!
```

图 5-8 异常情况下的程序运行结果

思政小贴士

面对突如其来的地震、洪水等自然灾害时，我们始终坚持人民至上，生命至上。习近平总书记指出："在咱们中国，人民群众遇到困难，还是要发挥我们社会主义优越性，就是一方有难，八方支援，国家全力支持。"全国人民在灾难面前体现的强大凝聚力，成为抢险救灾一线军民的坚强后盾。

5.2.2 抛出异常

既然可以捕获各种类型的异常，那么这些异常是在什么地方抛出的呢？对于前面所捕获的异常，有些是由 Java 虚拟机产生的，有些是由 Java 类库中的某些方法产生的。我们也可以在程序中生成自己的异常对象。

在编程过程中，有些问题在当前环境下是无法解决的，比如用户输入的参数错误、I/O 设备出现问题等，此时需要将问题交给调用者解决。这时就需要抛出异常。

在 Java 中，使用 throw 关键字抛出一个异常。throw 语句的语法格式如下：

```
throw 异常对象;
```

其中，异常对象必须是继承自 Throwable 类的异常对象，且异常抛出点后的代码在抛出异常后不再执行。

【例 5-6】

```
//抛出异常
public class Student {
    private String id;
    public void setId(String id) {
        //判断学号长度是否为 8
        if (id.length() == 8) {
            this.id = id;
        }
    else throw new IllegalArgumentException("学号长度应为 8! ");
        //测试代码是否执行至此处
        System.out.print("test");
```

```
    }
    public String getId() {     return id;  }
}
//捕获异常
public class testStudent {
    public static void main(String args[]) {
        Student stu = new Student();
        try {
            stu.setId("123");
        } catch (IllegalArgumentException e) {
            System.out.println(e.getMessage());
        }
    }
}
```

在例 5-6 的代码中，Student 类中的 setId()方法中抛出了一个异常，原因在于在当前环境下无法解决参数问题，需要通过抛出异常将问题交给调用者解决，并在调用的地方捕获该异常。程序运行结果如图 5-9 所示。

```
<terminated> testStudent [Java Application] C:\jdk1.6.0_02\bin\javaw.exe (2016-4-27 上午09:50:20)
学号长度应为8！
```

图 5-9　程序运行结果

5.2.3　声明异常

如果在一个方法中产生了异常，但是该方法并不知道如何处理该异常，比如 FileNotFoundException 类异常，该异常由 FileInputStream 类的构造方法产生，但其构造方法并不清楚如何处理它，不知道是终止程序的运行还是新生成一个文件，则在这种情况下，可以不在当前方法中处理该异常，而是沿着调用层次向上传递，将其交由调用它的方法处理。通过声明异常，方法的调用者就会知道方法可能产生的异常，从而做出相应的处理。

在 Java 中，通过 throws 关键字声明某个方法可能抛出的各种异常。throws 关键字用在声明方法时，如果方法中抛出多种异常，则 throws 后面是用逗号隔开的异常类列表。例 5-7 在例 5-6 的基础上进行了修改。

【例 5-7】

```
//抛出异常
public class Student1 {
    private String id;
    public void setId(String id)throws IllegalArgumentException {
        //判断学号长度是否为 8
```

```
        if (id.length() == 8) {     this.id = id;       }
    else throw new IllegalArgumentException("学号长度应为 8! ");
        //测试代码是否执行至此处
        System.out.print("test");
    }
    public String getId() { return id;  }
}
//捕获异常
public class testStudent1 {
    public static void main(String args[]) {
        Student1 stu = new Student1();
        try {           stu.setId("123");
        } catch (IllegalArgumentException e) {
            System.out.println(e.getMessage());
        }
    }
}
```

5.3 自定义异常类

Java 提供的内置异常类能够处理在程序编写过程中产生的大部分异常，但 Java 异常处理机制并不局限于此，如果内置异常类不能恰当地描述问题，则用户可以创建和使用自定义异常类。

自定义异常类必须继承自 Throwable 类，才能被视为异常类，通常继承自 Exception 类或 Exception 类的子孙类。

自定义异常类在程序中的使用主要包括以下几个步骤。

（1）创建自定义异常类。

（2）在方法中通过 throw 关键字抛出异常。

（3）如果在当前抛出异常的方法中处理异常，则可以使用 try-catch 语句捕获并处理异常；否则在方法的声明处通过 throws 关键字声明要抛出给方法的调用者的异常。如果自定义异常类继承自运行时异常类，则可以不通过 throws 关键字声明要抛出的异常。

（4）异常方法的调用者捕获并处理异常。

例 5-8 给出了一个自定义异常类的示例。

【例 5-8】

```
//自定义异常类
public class MyException extends Exception {
```

```
    private String content;
    //构造方法
    public MyException(String content) {
        this.content = content;
    }
    //获取异常描述信息
    public String getContent() {    return content; }
}
public class Example {
    //检查字符串元素是否都为小写字母形式
    public static void check(String str) throws MyException {
        char a[] = str.toCharArray();
        int len = a.length;
        for (int i = 0; i < len; i++) {
            // 当前元素是否为小写字母形式
            if (!(a[i] >= 'a' && a[i] <= 'z')) {
            //抛出 MyException 异常
    throw new MyException("字符串" + str + "中含有非法字符！");
            }
        }
    }
    //主方法测试
    public static void main(String args[]) {
        String str1 = "ahd23!";
        try {            check(str1);
        } catch (MyException e) {
            System.out.println(e.getContent());
        }
    }
}
```

程序运行结果如图 5-10 所示。

```
<terminated> Example [Java Application] C:\jdk1.6.0_02\bin\javaw.exe (2016-4-27 上午09:55:52)
字符串ahd23!中含有非法字符!
```

图 5-10　程序运行结果

任务实施

在模拟 ATM 取款操作时，自定义一个异常类，对异常情况进行描述；定义一个银行类，模拟用户存款、取款和查询余额的操作。在模拟用户取款操作时，先判断用户的账户余额是否大于取款金额，如果账户余额小于取款金额，则抛出自定义异常。在 main()方法中进行模拟取款操作。程序运行结果如图 5-11 所示。

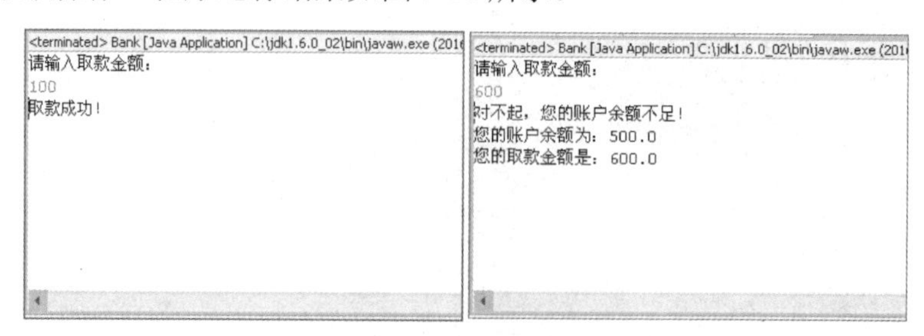

图 5-11 程序运行结果

程序的代码清单如下：

```
//自定义异常类
public class InsufficientFundsException extends Exception {
    private Bank excepbank; //Bank 对象
    private double excepAmount; //取款金额
    InsufficientFundsException(Bank ba, double dAmount) {
        excepbank = ba;
        excepAmount = dAmount;
    }
    public String excepMessage() {
        String str = "您的账户余额为: " + excepbank.balance + "\n"
+ "您的取款金额是: "+ excepAmount;
        return str;
    }
}
//银行类 Bank
public class Bank {
    double balance;//存款金额
    Bank(double balance) {      this.balance = balance; }
    //存款
    public void deposite(double dAmount) {
        if (dAmount > 0.0) balance += dAmount;
    }
    //取款
    public void withdrawal(double dAmount)
throws InsufficientFundsException {
        if (balance < dAmount)
throw new InsufficientFundsException(this, dAmount);
        balance = balance - dAmount;
```

```
    }
    //显示余额
    public void showBalance() {
        System.out.println("The balance is " + (int) balance);
    }
   //主方法测试
    public static void main(String args[]) {
        try {
            //实例化 Bank 类
            Bank ba = new Bank(500);
            //模拟取款操作
            System.out.println("请输入取款金额：");
            Scanner sc = new Scanner(System.in);
            int money = sc.nextInt();
            ba.withdrawal(money);
            System.out.println("取款成功！");
        } catch (InputMismatchException e) {
            System.out.println("对不起，取款金额必须为整数！");
        } catch (InsufficientFundsException e) {
            System.out.println("对不起，您的账户余额不足！");
            System.out.println(e.excepMessage());
        }
    }
}
```

任务小结

本任务通过模拟 ATM 取款操作引导学生多角度、全方位地思考问题，通过自主钻研、团队协作的方式攻克难关，树立正确的政治信仰、社会责任感和价值取向。

习题五

一、选择题

1．Java 中用来抛出异常的关键字是（　　）。

A．try　　B．catch　　C．throw　　D．finally

2．在 Java 中，（　　）语句是异常处理的出口。

A．try{…}　　B．catch{…}　　C．finally{…}　　D．以上说法都不对

3．当方法在运行过程中产生异常又不知如何处理时，下列说法中正确的是（　　）。

A．捕获异常　　B．抛出异常　　C．声明异常　　D．嵌套异常

4．（　　）类是所有异常类的父类。【“1+X”大数据应用开发（Java）职业技能等级证书（中级）考试】

A．Throwable　　B．Error　　C．Exception　　D．AWTError

5．在异常处理中，释放资源、关闭文件、关闭数据库等由（　　）来完成。

A．try 语句　　B．catch 语句　　C．finally 语句　　D．throw 语句

6. 在声明方法抛出的异常时，使用的关键字是（　　）。【“1+X”大数据应用开发（Java）职业技能等级证书（中级）考试】

A．Exception　　B．finally　　C．throws　　D．throw

二、编程题

1．编写一个名为 OutOfBound 的程序。在该程序中声明一个包含 5 个整型元素的数组并给这 5 个元素赋值；定义一个变量并赋值为 0，该变量用来指示数组的下标；编写一个 try 语句块，在该语句块中通过增加下标的值来显示该数组中的元素；创建一个 catch 语句块，在该语句块中捕获 ArrayIndexOutOfBoundsException 异常，并输出“数组下标越界了！”的错误信息。

2．编写一个程序，提示用户通过键盘输入一个数，然后用该数减去 20，将得到的结果作为定义一个数组的大小；如果定义的这个数组的大小是负数，则程序会抛出一个自定义异常 MyException；如果存在这样的异常，则编写一个 catch 语句块来捕获该异常，并将该异常信息在 catch 语句块中输出。

单元六

GUI 程序设计

GUI（Graphical User Interface GUI，图形用户界面）是图形化的人机交互界面。Swing 是 Java 为 GUI 程序设计提供的一组工具包。本单元系统地介绍了一些 Swing 常用容器和组件、布局管理器、事件处理机制等内容。

学习目标

- 掌握 Swing 的常用容器和组件。
- 熟练掌握布局管理器的类型和应用。
- 熟练掌握 Java 中的事件处理机制。
- 掌握下拉列表框、复选框和单选按钮的应用。

素养目标

- 培养学生认真严谨的工作态度，增强责任感。
- 培养学生求真务实的科学精神。
- 培养学生独立完成任务、自主实践的职业素养和精益求精的质量意识。

任务一 “简易计算器”界面设计

任务描述

我们经常会使用计算器进行一些数学运算，那么如何设计并实现一款基于 GUI 的简易计算器呢？本任务开始进行“简易计算器”界面设计。

知识储备

6.1 Swing 基础

6.1.1 javax.swing 包

所有的 Swing 组件都被封装在 javax.swing 包中。在 javax.swing 包中，有很多类和接口。在所有的 Swing 组件中，JComponent 类是顶层的类，是大多数 Swing 组件的父类。

为了全面支持图形化，Swing 还包含许多其他包，例如：

- javax.swing.border 包为 Swing 组件提供了大量有趣的边框。
- javax.swing.event 包定义了事件和事件监听器。
- javax.swing.filechooser 包为了支持 JFileChooser 组件的使用，提供了一些必需的类和接口。
- javax.swing.text 包提供了一些支持文本组件的类和接口。

6.1.2 一个简单的 Swing 程序

大家在春节时应该都贴过窗花。在贴窗花时，首先要有一个窗框，窗框中要有玻璃，然后将各种图形的窗花按一定的布局贴到玻璃上。在设计 GUI 程序时也是这样的。下面通过 GUIFrame.java 来演示一个简单的 Swing 程序。

【例 6-1】

```
import javax.swing.JFrame;
import javax.swing.JLabel;
public class GUIFrame extends JFrame{
    //页面组件的定义（标签、面板、文本框等）
    JLabel jl=new JLabel();
    //构造方法初始化界面
    GUIFrame(String title){
        super(title);
        //定义标签的内容
        jl.setText("This is my first swing program");
        //将标签组件添加到框架中
        this.add(jl);
        this.setSize(300,200);//设置框架大小
        this.setLocation(200, 200);//设置框架显示的位置
```

```
        //框架被关闭时会退出 Java 虚拟机
        this.setDefaultCloseOperation(JFrame.EXIT_ON_CLOSE);
        this.setVisible(true);//可见
    }
    //主方法实例化对象
    public static void main(String[] args) {
        new GUIFrame("This is my first JFrame");
    }
}
```

程序说明：创建一个 GUIFrame 类，使其继承自 JFrame 框架；定义一个标签组件（JLabel），设置标签内容为“This is my first swing program”，将标签通过 add()方法添加到框架中。程序运行结果如图 6-1 所示。

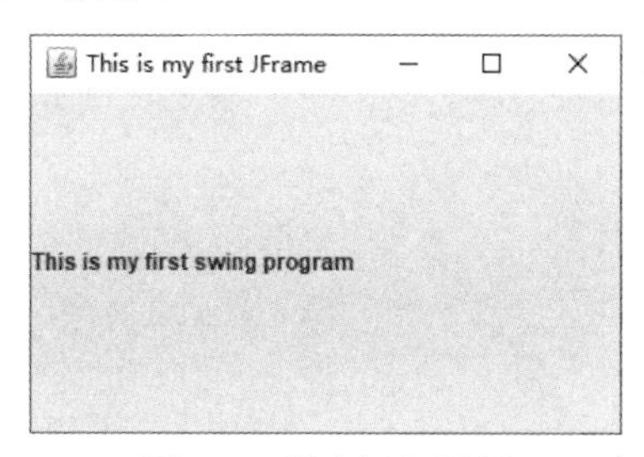

图 6-1　程序运行结果

6.2　Swing 常用容器

Java 的 GUI 程序设计类分为容器类和组件类。而容器是用于包含其他组件的。Swing 的容器类和组件类都继承或者间接继承自 AWT（Abstract Window Toolkit，抽象窗口工具包）的 Container 类，所以 Swing 容器都可以使用 add()方法添加组件。Swing 常用容器有框架（JFrame）、面板（JPanel）等；Swing 常用组件有标签（JLabel）、文本框（JTextField）、按钮（JButton）等。

6.2.1　框架（JFrame）

框架是容器之一，按钮、标签等组件都可以被添加到框架中。在 Swing 中，使用 JFrame 类表述框架。

JFrame 类的常用构造方法如下。

- JFrame()：创建一个初始不可见的新框架（或称窗体）。
- JFrame(String title)：创建一个新的、初始不可见的、具有指定标题的新框架。

JFrame 类的常用成员方法如下。

- void setTitle()：设置框架的标题。
- String getTitle()：获取框架的标题。
- void setSize(double w,double h)：设置框架的大小。
- void setLocation(int x,int y)：设置框架的显示位置。
- void setDefaultCloseOperation(int operation)：设置默认的关闭框架时的操作。

在编写 GUI 程序时，需要先创建一个类并继承 JFrame 类，然后通过该类来定义框架，并在新的框架中添加各种 GUI 组件。

下面通过 JFrameShow.java 来演示框架的显示方法。

【例 6-2】

```
public class JFrameShow extends JFrame{
    //通过构造方法初始化界面
    JFrameShow(String title){
        super(title);
        this.setSize(300,200);
        this.setLocation(200, 200);
        this.setDefaultCloseOperation(JFrame.EXIT_ON_CLOSE);
        this.setVisible(true);
    }

    //主方法实例化对象
    public static void main(String[] args) {
        new JFrameShow("This is my first JFrame");
    }
}
```

程序说明：创建 JFrameShow 类并继承 JFrame 类，调用超类 JFrame 的构造方法来定义 JFrameShow 类的构造方法。在构造方法中设置框架的标题、大小和显示位置，使用 setDefaultCloseOperation()方法设置关闭框架时执行何种操作。EXIT_ON_CLOSE 是 JFrame 类中定义的常量字段，表示关闭框架时执行 System.exit(0)方法来退出系统。在 main()方法中，实例化一个 JFrameShow 对象。程序运行结果如图 6-2 所示。

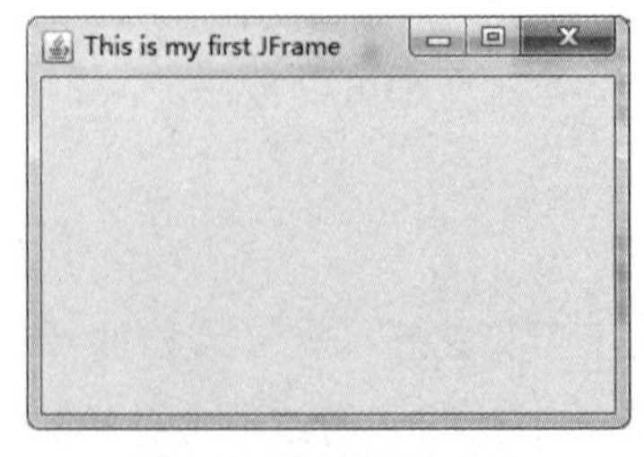

图 6-2 程序运行结果

Java 中的框架是用于放置按钮、菜单等组件的容器。JFrame 类可以通过调用 add()方法向框架中添加组件。下面通过 JFrameAdd.java 来演示向框架中添加组件的方法。

【例 6-3】

```
public class JFrameAdd extends JFrame{
    //页面组件的定义（标签、面板、文本框等）
    JButton jb1;
    //构造方法初始化界面
    JFrameAdd(String title){
        super(title);
        jb1=new JButton("点我");
        this.add(jb1);
        this.setSize(300,200);
        this.setLocationRelativeTo(null);//居中显示
        this.setDefaultCloseOperation(JFrame.EXIT_ON_CLOSE);
        this.setVisible(true);
    }
    //主方法实例化对象
    public static void main(String[] args) {
        new JFrameAdd("This is my first JFrame");
    }
}
```

程序说明：调用 JFrame 类中的 add()方法向框架中添加按钮组件 JButton。由于框架默认的布局方式是边框布局（BorderLayout），按钮被默认放在了中间区域，因此从运行结果来看，按钮占据了整个框架。程序运行结果如图 6-3 所示。

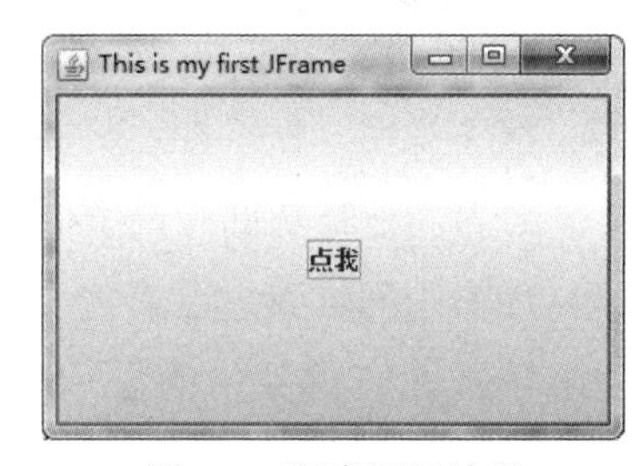

图 6-3　程序运行结果

6.2.2　面板（JPanel）

面板用于组织框架中组件的布局，是各种组件的底板。先将组件放置在底板上，再将底板放置到框架中。面板不能独立存在，必须依赖其他容器。面板可以有自己的布局管理器。在 Swing 中，使用 JPanel 类表述面板。JPanel 类的常用构造方法如下。

- JPanel()：创建具有双缓冲和流布局的新面板。
- JPanel(LayoutManager layout)：创建具有指定布局管理器的新缓冲面板。

JPanel 类的父类是 JComponent 类，所以可以使用 add()方法加载按钮、标签等组件。下面通过 JPanelTest.java 来演示 JPanel 类的使用方法和效果。

【例 6-4】

```
public class JPanelTest extends JFrame{
    //页面组件的定义（标签、面板、文本框等）
    JButton jb1;
    JPanel jp;
    //构造方法初始化界面
    JPanelTest(String title){
        super(title);
        jb1=new JButton("点我");
        jp=new JPanel();
        jp.add(jb1);    //将按钮添加到面板中
        this.add(jp);   //将面板添加到框架中
        this.setSize(300,200);
        this.setLocationRelativeTo(null);//居中显示
        this.setDefaultCloseOperation(JFrame.EXIT_ON_CLOSE);
        this.setVisible(true);//可见
    }
    //主方法实例化对象
    public static void main(String[] args) {
        new JPanelTest("面板使用练习");
    }
}
```

程序说明：先将按钮放置在面板上，再将面板放置到框架中。因为面板默认的布局方式是流布局，所以按钮默认显示在第一行的中间位置。也就是说，直接将按钮放置在框架中和通过面板放置在框架中的显示效果是不同的。程序运行结果如图 6-4 所示。

图 6-4　程序运行结果

6.3　Swing 常用组件

6.3.1　标签（JLabel）

JLabel 用于显示文字或图标。JLabel 类的常用构造方法如下。

- JLabel ()。
- JLabel (Icon image)。

- JLabel (Icon image,int horizontalAlignment)。
- JLabel (String text)。
- JLabel (String text,Icon image,int horizontalAlignment)。
- JLabel (String text,int horizontalAlignment)。

text 表示 JLabel 显示的文本，image 表示 JLabel 显示的图片，horizontalAlignment 用于设置水平位置。

6.3.2 文本框（JTextField）

JTextField 是一种单行输入组件，主要用于输入一行文本内容。JTextField 类的常用构造方法如下。

- JTextField()。
- JTextField(String text)。
- JTextField(int columns)。
- JTextField(String text, int columns)。

第一个构造方法是默认构造方法，用于初始化一个空文本的 JTextField。第二个构造方法用于在实例化 JTextField 对象时指定显示文本。columns 表示在实例化 JTextField 对象时指定 JTextField 列数。

6.3.3 按钮（JButton）

JButton 是最简单的按钮类型，可以包含文本或图标，能够响应单击事件。JButton 类的常用构造方法如下。

- JButton()。
- JButton(Icon icon)。
- JButton(String text)。
- JButton(String text, Icon icon)。

第一个构造方法用于初始化一个无文本、无图标的按钮。text 表示按钮显示的文本，icon 表示按钮显示的图标。

下面使用 Swing 常用容器和组件实现登录界面。

【例 6-5】

```
import java.awt.GridLayout;
import javax.swing.*;

public class Login extends JFrame {
    JLabel labName=new JLabel("姓名");
```

```
JLabel labPwd=new JLabel("密码");
JLabel labtext=new JLabel("");
JTextField txtName=new JTextField(15);
JPasswordField txtPwd=new JPasswordField(15);
JButton btnOk=new JButton("确定");
JButton btnCancel=new JButton("清空");
JPanel pan=new JPanel();
JPanel pan1=new JPanel();
JPanel pan2=new JPanel();
JPanel pan3=new JPanel();
JPanel pan4=new JPanel();

Login(){
    super("用户登录");
    setSize(260,180);
    setDefaultCloseOperation(JFrame.DISPOSE_ON_CLOSE);
    pan.setBorder(BorderFactory.createTitledBorder("登录"));
    pan.setLayout(new GridLayout(2,1)); //设置网格布局，2行1列

    pan1.add(labName);
    pan1.add(txtName);
    pan2.add(labPwd);
    pan2.add(txtPwd);

    pan.add(pan1);
    pan.add(pan2);
    pan3.add(btnOk);
    pan3.add(btnCancel);
    pan4.add(pan);

    add(pan4,"Center");
    add(pan3,"South");

    this.setLocationRelativeTo(null);
    setVisible(true);
}

public static void main(String[] args) {
    new Login();
}
```

```
}
```

程序运行结果如图 6-5 所示。

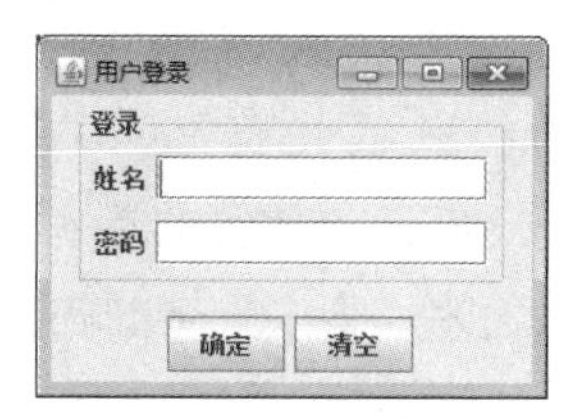

图 6-5 程序运行结果

6.4 布局管理器

一个友好的用户界面是决定一款软件是否成功的关键因素之一。布局管理器（Layout Manager）就是用于管理用户界面的，其摆放的效果直接影响到界面的美观性。布局管理器通过布局管理类（该类位于 java.awt 包中）来对各种用户组件进行管理。

使用布局管理器不但可以有序排列各个 Swing 组件，而且当框架发生变化时，布局管理器会根据新版面来适应框架大小。

Java 中的常用布局管理器有以下几种。

- BorderLayout：边框布局。
- FlowLayout：流布局。
- GridLayout：网格布局。
- CardLayout：卡片布局。

如果在设计界面时未对组件指定布局对象，则使用默认布局管理器。默认布局管理器的层次关系如图 6-6 所示。

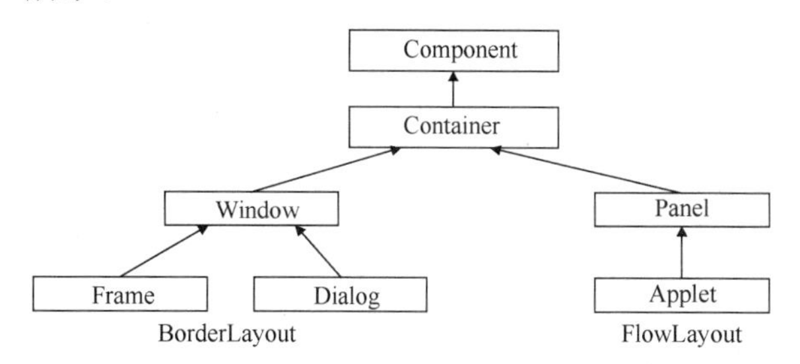

图 6-6 默认布局管理器的层次关系

6.4.1 BorderLayout

BorderLayout 的父类是 Object，它是定义在 AWT 中的布局管理器。

Frame 类的默认布局管理器是 BorderLayout。BorderLayout 将容器简单划分为东、西、南、北、中 5 个区域，当使用该布局管理器进行版面管理时，需要指明将组件添加到哪个区域。若未指明，则默认将其添加到中间区域。每个区域只能添加一个组件，后添加的组件会覆盖前面添加的组件。BorderLayout 类的常用构造方法如下。

- BorderLayout()。
- BorderLayout(int hgap, int vgap)。

第一个构造方法实例的 BorderLayout 上放置的组件没有间距。第二个构造方法实例的 BorderLayout 上放置的组件有间距，hgap 表示水平间距，vgap 表示垂直间距。

下面通过 BorderLayoutTest.java 来演示布局管理器 BorderLayout 的使用方法和效果。

【例 6-6】

```
public class BorderLayoutTest {
    public static void main(String[] args) {
        //定义框架对象
        JFrame jf = new JFrame("BorderLayoutTest");
        JPanel jp = new JPanel();
        jf.setBounds(500, 200, 300, 300);
        //设置框架的布局方式
        jf.setLayout(new BorderLayout(10,10));
        //添加按钮
        jf.add(new JButton("北"),BorderLayout.NORTH);
        jf.add(new JButton("南"),BorderLayout.SOUTH);
        jf.add(new JButton("东"),BorderLayout.EAST);
        jf.add(new JButton("西"),BorderLayout.WEST);
        //在面板中添加按钮，再将面板添加到框架中
        jp.add(new JButton("左"));
        jp.add(new JButton("中"));
        jp.add(new JButton("右"));
        jf.add(jp,BorderLayout.CENTER);
        jf.setDefaultCloseOperation(JFrame.EXIT_ON_CLOSE);//设置窗口关闭方式
        jf.setVisible(true);
    }
}
```

程序运行结果如图 6-7 所示。

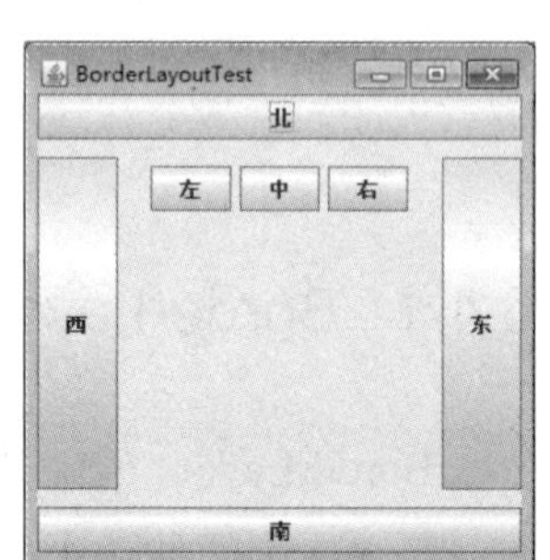

图 6-7　程序运行结果

6.4.2　FlowLayout

FlowLayout 也是定义在 AWT 中的布局管理器，它的父类也是 Object。

Panel 类的默认布局管理器是 FlowLayout。FlowLayout 的默认对齐方式是居中对齐，可以在实例化对象时指定对齐方式。FlowLayout 的布局方式为自左向右排列，当一行排满时会自动换行。FlowLayout 类的常用构造方法如下。

- FlowLayout()。
- FlowLayout(int align)。
- FlowLayout(int align,int hgap,int vgap)。

第一个构造方法是默认构造方法；第二个构造方法可以设置排列和对齐方式；第三个构造方法还可以设置组件间距。在默认情况下，组件间有 5 个单位的水平和垂直间距。

下面通过 FlowLayoutTest.java 来演示布局管理器 FlowLayout 的使用方法和效果。

【例 6-7】

```
import java.awt.Dimension;
import java.awt.FlowLayout;
import javax.swing.JButton;
import javax.swing.JFrame;
import javax.swing.JPanel;
public class FlowLayoutTest{
    public FlowLayoutTest(){
        JFrame jf = new JFrame("FlowLayoutTest");
        jf.setSize(this.setDimension(300, 300));//设置大小
        jf.setLocation(500, 200);
        JPanel jp = new JPanel();
        jp.setLayout(new FlowLayout());//设置面板的布局方式
        jp.add(new JButton("按钮 1"));
        jp.add(new JButton("按钮 2"));
        jp.add(new JButton("按钮 3"));
        jp.add(new JButton("按钮 4"));
        jp.add(new JButton("按钮 5"));
        jp.add(new JButton("按钮 6"));
        jp.add(new JButton("按钮 7"));
        jf.add(jp);
        jf.setDefaultCloseOperation(JFrame.EXIT_ON_CLOSE);
        jf.setVisible(true);
    }
    //编写方法设置
    public Dimension setDimension(int width,int height){
        return new Dimension(width,height);
    }
    public static void main(String[] args){
```

```
        new FlowLayoutTest();
    }
}
```

程序运行结果如图 6-8 所示。

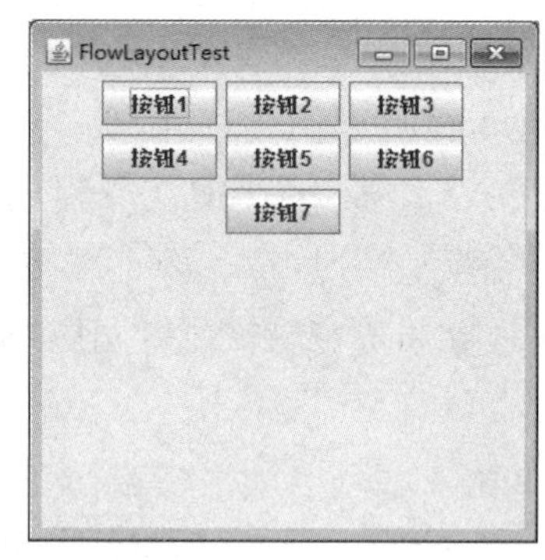

图 6-8　程序运行结果

6.4.3 GridLayout

GridLayout 也是定义在 AWT 中的布局管理器，它的父类也是 Object。

GridLayout 将组件按网格方式排列，将容器分为规则矩形块，使每个组件尽可能地占据每块空间。如果改变框架大小，则 GridLayout 也会相应改变每个网格和组件大小。

在 GridLayout 类的构造方法中，可以指定分割行数和列数。GridLayout 类的常用构造方法如下。

- GridLayout()。
- GridLayout(int rows,int cols)。
- GridLayout(int rows,int cols,int hgap,int vgap)。

第一个构造方法是默认构造方法；第二个构造方法指定了分割行数和列数；第三个构造方法不仅指定了分割行数和列数，还指定了组件的水平和垂直间距。

下面通过 GridLayoutTest.java 来演示布局管理器 GridLayout 的使用方法和效果。

【例 6-8】

```
import java.awt.GridLayout;
import javax.swing.JButton;
import javax.swing.JFrame;
import javax.swing.JPanel;

public class GridLayoutTest{
    public GridLayoutTest(){
        JFrame jf = new JFrame("GridLayoutTest");
```

```
        JPanel jp = new JPanel();
        jp.setLayout(new GridLayout(3,3,10,10));//设置网格布局
        jp.add(new JButton("第一行按钮 1"));
        jp.add(new JButton("第一行按钮 2"));
        jp.add(new JButton("第一行按钮 3"));
        jp.add(new JButton("第二行按钮 1"));
        jp.add(new JButton("第二行按钮 2"));
        jp.add(new JButton("第二行按钮 3"));
        jp.add(new JButton("第三行按钮 1"));
        jp.add(new JButton("第三行按钮 2"));
        jp.add(new JButton("第三行按钮 3"));
        jf.setBounds(500, 200, 350, 350);
        jf.add(jp);
        jf.setDefaultCloseOperation(JFrame.EXIT_ON_CLOSE);
        jf.setVisible(true);
    }
    public static void main(String[] args) {
        new GridLayoutTest();
    }
}
```

程序运行结果如图 6-9 所示。

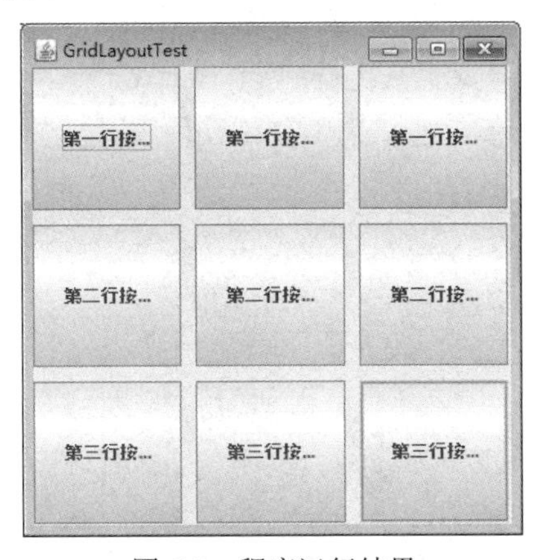

图 6-9　程序运行结果

6.4.4　定义组件位置

在定义组件位置时，有时并不想使用前面介绍的几种布局管理器。要想自定义摆放组件，可以使用 setLayout(null)方法取消容器布局方式，使用 setBounds(x,y,width,height)方法定位组件并设置组件大小。下面通过 DIYLayoutTest.java 来演示自定义布局。

【例 6-9】

```
import java.awt.Color;
import javax.swing.JButton;
import javax.swing.JFrame;
import javax.swing.JPanel;

public class DIYLayoutTest{
    public DIYLayoutTest(){
        JFrame jf = new JFrame("DIYLayoutTest");
        jf.setBounds(500, 200, 350, 350);
        JPanel jp = new JPanel();
        jf.setBackground(Color. GREEN);//设置容器背景颜色
        jp.setBackground(Color.BLUE);
        jp.setLayout(null);
        jf.setLayout(null);
        jp.setBounds(50, 50, 200, 200);
        JButton button_road = new JButton("街道");
        JButton button_build_a = new JButton("房屋 A");
        JButton button_build_b = new JButton("房屋 B");
        JButton button_build_c = new JButton("房屋 C");
        button_road.setBounds(0, 94, 200, 12);
        button_build_a.setBounds(50, 65, 70, 28);
        button_build_b.setBounds(129, 95, 70, 48);
        button_build_c.setBounds(20, 95, 70, 28);
        jp.add(button_road);
        jp.add(button_build_a);
        jp.add(button_build_b);
        jp.add(button_build_c);
        jf.add(jp);
        ((JPanel)jf.getContentPane()).setOpaque(false);//将内容面板设置为透明的
        jf.setDefaultCloseOperation(JFrame.EXIT_ON_CLOSE);
        jf.setVisible(true);
    }
    public static void main(String[] args){
        new DIYLayoutTest();
    }
}
```

程序运行结果如图 6-10 所示。

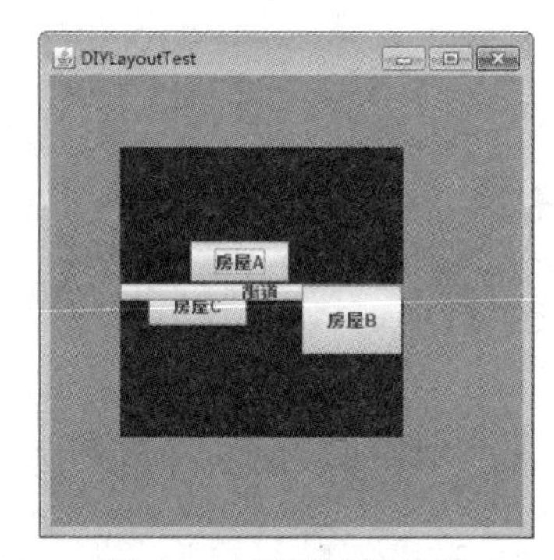

图 6-10　程序运行结果

思政小贴士

工匠精神是我们宝贵的精神财富，是新时代的精神指引，是中国共产党人精神谱系的重要组成部分。习近平总书记在全国劳动模范和先进工作者表彰大会上精辟概括了工匠精神的深刻内涵——执着专注、精益求精、一丝不苟、追求卓越。近年来，从“嫦娥”奔月到“祝融”探火，从“北斗”组网到“奋斗者”深潜，从港珠澳大桥飞架三地到北京大兴国际机场凤凰展翅……这些大国重器、科技创新、超级项目的背后都离不开大国工匠们独具匠心、精雕细琢、尽善尽美的追求和坚守，无不诠释着对工匠精神的弘扬和践行。

任务实施

简易计算器主要用于进行简单的数学运算，界面效果如图 6-11 所示。

图 6-11　“简易计算器”界面效果

实现“简易计算器”界面设计的程序代码清单如下：

```
class CalcuFrame extends JFrame {
   JTextField input;
   JButton[] btn = new JButton[16];
   JButton ACBtn = new JButton("清空");
   String[] name = {"7","8", "9", "/", "4", "5", "6", "*", "1", "2", "3",
"+", "0", ".", "=", "-"};
   public CalcuFrame(String str) {
      JPanel pNorth = new JPanel();
      JPanel pCenter=new JPanel();

      input = new JTextField("", 20);
      ACBtn.setForeground(Color.red);
      ACBtn.addActionListener(this);
      pNorth.add(input);
      pNorth.add(ACBtn);
```

```
        //将数字、操作符按钮加入 pCenter
        pCenter.setLayout(new GridLayout(4, 4,5,5));
        for(int i = 0; i < btn.length; i++) {
            btn[i] = new JButton(name[i]);
            btn[i].setForeground(Color.BLUE);
            pCenter.add(btn[i]);
        }

        //将 pNorth、pCenter 加入 CalcuFrame
        this.add(pNorth, BorderLayout.NORTH);
        this.add(pCenter, BorderLayout.CENTER);
        //设置 CalcuFrame 的样式
        setTitle(str);
        setBounds(150,150,220,200);
        setDefaultCloseOperation(DISPOSE_ON_CLOSE);
        setVisible(true);
    }
```

任务小结

本任务通过“简易计算器”界面的设计引导学生树立认真严谨、精益求精的工匠精神，并通过对案例的需求分析与沟通交流学会从用户角度分析和思考问题，提高软件专业素养。

任务二　实现简易计算器计算功能

任务描述

在设计好简易计算器界面之后，如何使用它进行加减乘除运算呢？本任务就来实现简易计算器计算功能。

知识储备

6.5　事件处理机制

用户之所以对 GUI 感兴趣，是因为 GUI 与用户的交互能力比较强。单纯的界面是没有使用价值的，在 Java 中，要使 GUI 与用户交流，必须了解事件处理机制。

组件要先注册事件处理器，当读者单击组件、移动鼠标指针到某个组件上或者在某个组件上敲击键盘时，都会产生事件（Event），一旦有事件产生，应用程序就会做出对该事件的响应，这些组件就是事件源（Event Source）。接收、解析和处理事件，实现和用户交互的方法称为事件处理器（Event Handler）。事件处理机制如图 6-12 所示。

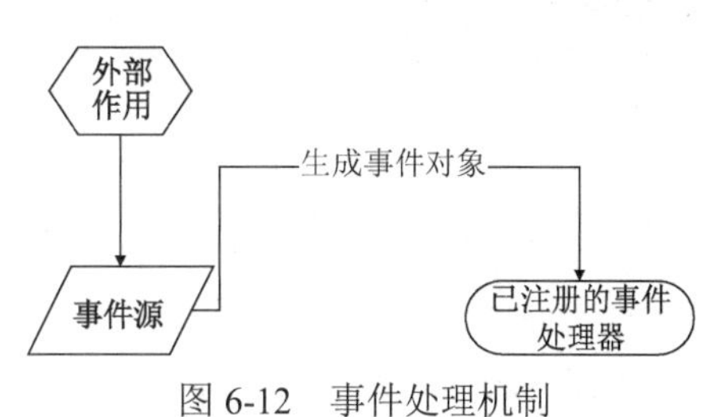

图 6-12　事件处理机制

事件源可以产生多种不同类型的事件，可以注册多种不同类型的事件处理器。当组件上发生某种事件（如单击）时，生成相应的事件对象，该对象中封装了有关该事件的各种信息。该对象被传送到相应的已注册的事件处理器中，这时才执行事件的处理方法。

6.5.1　事件监听器

事件监听器是类库中的一组接口。每种事件类都有一个负责监听这种事件的接口，并且在接口中定义了处理该事件的抽象方法。

接口只是一个抽象定义，要想使用接口，必须先实现它。所以，每次对事件进行处理，都需要调用对应接口实现类中的方法。当事件源产生事件并生成事件对象时，该事件对象会被传送到事件处理器中，由事件处理器调用接口实现类中的相应方法来处理该事件。

要想启动相应的事件监听器，必须在程序中注册它。下面通过 EventTest.java 来演示事件监听器的注册和事件触发效果。

【例 6-10】

```
import java.awt.event.ActionEvent;
import java.awt.event.ActionListener;
import javax.swing.JButton;
import javax.swing.JFrame;
import javax.swing.JPanel;

class BtnClick implements ActionListener{
    public void actionPerformed(ActionEvent event){
        Object obj = event.getSource();//获取事件源（事件产生的组件）
        JButton btn = (JButton)obj;     //转型成 JButton 类
        System.out.println("单击按钮：*"+btn.getLabel()+"*");
    }
}
public class EventTest {
    public EventTest(){
        JFrame jf = new JFrame("EventTest");
        jf.setBounds(500, 200, 300, 300);
        JButton btn_1 = new JButton("单击事件测试 1");
```

```
        JButton btn_2 = new JButton("单击事件测试 2");
        JPanel jp = new JPanel();
        btn_1.addActionListener(new BtnClick());//注册事件监听器
        btn_2.addActionListener(new BtnClick());
        jp.add(btn_1);
        jp.add(btn_2);
        jf.add(jp);
        jf.setDefaultCloseOperation(JFrame.EXIT_ON_CLOSE);
        jf.setVisible(true);
    }
    public static void main(String[] args) {
        new EventTest();
    }
}
```

程序运行结果如图 6-13 所示。

当单击按钮时，将生成事件对象，该事件对象中包含事件源（按钮）的信息被传送到已注册的事件监听器中，由事件监听器调用相应方法并将该事件对象传入。

单击两个按钮各一次，控制台输出内容如图 6-14 所示。

图 6-13　程序运行结果

图 6-14　控制台输出内容

6.5.2　事件的分类

Java 处理事件响应的类和监听接口大多位于 AWT 中。在 javax.swing.event 包中，有专门用于 Swing 组件的事件类和监听接口。

AWT 事件类继承自 AWTEvent 类，它们的超类是 EventObject。AWT 事件分为低级事件和语义事件。语义事件是对某些低级事件的一种抽象概括，是单个或多个低级事件的某些特例的集合。

常用低级事件有以下几种。

- KeyEvent：当按下和释放按键时产生该事件。
- MouseEvent：当按下、释放、拖动、移动鼠标时产生该事件。

- FocusEvent：当组件失去焦点时产生该事件。
- WindowEvent：当窗口发生变化时产生该事件。

常用语义事件有以下几种。

- ActionEvent：当单击按钮、选中菜单或在文本框中按回车键时产生该事件。
- ItemEvent：当勾选复选框、选中单选按钮或选择列表项时产生该事件。

常用事件和事件监听器如表 6-1 所示。

表 6-1　常用事件和事件监听器

事件类型	对应的监听器	监听器接口中的抽象方法
Action	ActionListener	actionPerformed(ActionEvent)
Mouse	MouseListener	mousePressed(MouseEvent)
		mouseReleased(MouseEvent)
		mouseEntered(MouseEvent)
		mouseExited(MouseEvent)
		mouseClicked(MouseEvent)
MouseMotion	MouseMotionListener	mouseDragged(MouseEvent)
		mouseMoved(MouseEvent)
Item	ItemListener	itemStateChanged(ItemEvent)
Key	KeyListener	keyPressed(KeyEvent)
		keyReleased(KeyEvent)
		keyTyped(KeyEvent)
Focus	FocusListener	focusGained(FocusEvent)
		focusLost(FocusEvent)
Window	WindowListener	windowClosing(WindoweEvent)
		windowOpening(WindoweEvent)
		windowIconified(WindoweEvent)
		windowDeiconified(WindoweEvent)
		windowClosed(WindoweEvent)
		windowActivated(WindoweEvent)
		windowDeactivated(WindoweEvent)
Component	ComponentListener	componentMoved(ComponentEvent)
		componentHidden(ComponentEvent)
		componentResized(ComponentEvent)
		componentShown(ComponentEvent)
Text	TextListener	testValueChanged(TextEvent)

下面的程序通过鼠标事件实现了用户的模拟登录，假设正确的用户名和密码是“admin”和“123”。

【例 6-11】

```
import java.awt.GridLayout;
import java.awt.event.MouseEvent;
```

```
import java.awt.event.MouseListener;
import javax.swing.*;

public class Login extends JFrame implements MouseListener {

    //界面组件初始化
    ……

    Login(){

        super("用户登录");
        //定义图形化的界面
        ……
        setVisible(true);
    }

    public static void main(String[] args) {        new Login();    }

    @Override
    public void mouseClicked(MouseEvent e) {
            //确定按钮事件
            if(e.getSource()==this.btnOk){
                //获取输入的用户名和密码
                String name=txtName.getText();
                String pass=txtPwd.getText();
                //判断用户名和密码是否正确
                if(name.equals("admin")&&pass.equals("123")){
                    //正确
                    JOptionPane.showMessageDialog(this, "登录成功",
                            "提示",JOptionPane.INFORMATION_MESSAGE);
                }else{
                    //不正确
                    JOptionPane.showMessageDialog(this, "用户名或密码不正确！",
                            "提示",JOptionPane.WARNING_MESSAGE);
                }
            }
            //取消按钮事件
            if(e.getSource()==this.btnCancel){
                txtName.setText("");
                txtPwd.setText("");
```

```
            }
    }
    public void mouseEntered(MouseEvent e) {}
    public void mouseExited(MouseEvent e) {}
    public void mousePressed(MouseEvent e) {}
    public void mouseReleased(MouseEvent e) {}
}
```

在程序运行过程中，若输入“admin”和“123”，则登录成功；若输入其他信息，则登录失败。程序运行结果如图 6-15 所示。

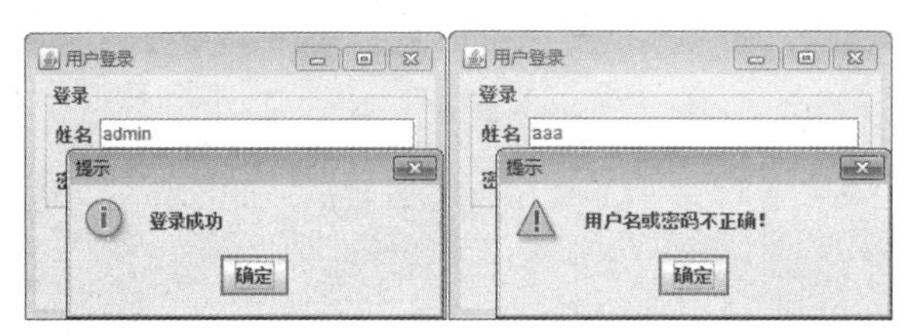

图 6-15　程序运行结果

任务实施

简易计算器使用 Swing 基本组件完成操作界面的设计，通过不同按钮的事件处理完成四则混合运算。实现简易计算器计算功能的程序代码清单如下：

```
public void actionPerformed(ActionEvent e) {
      JButton b = (JButton)e.getSource();  //得到当前的按钮对象
      String s = b.getText(); //得到按钮对象上的标识字符
      //如果单击等号按钮，则解析字符串并计算，之后把结果显示在文本框中
      if(s.equals("=")){
         String res = parseString(input.getText());
         if(res != null)
         { input.setText(input.getText()+"="+res); }
         return;
      }
      //如果单击“清空”按钮，则文本框中的内容会被清空
      if(b == ACBtn){
         input.setText("");
         return;
      }
      //如果单击其他按钮（数字按钮或运算符号按钮）
      String sTemp = input.getText();
      sTemp = sTemp + s;
      input.setText(sTemp);
```

```
    }
public String parseString(String s){
        String op1,op2;
        double o1,o2,re = 0;
        int p=s.indexOf('+'); //查找加号位置
        if(p == -1) p= s.indexOf('-');//查找减号位置
        if(p == -1) p= s.indexOf('*');//查找乘号位置
        if(p == -1) p= s.indexOf('/');//查找除号位置
        if(p == -1) return "输入有误！";
        //取出操作数
        op1 = s.substring(0, p);
        op2 = s.substring(p+1);
        //将操作数转换为 double 类型
        o1 = Double.parseDouble(op1);
        o2 = Double.parseDouble(op2);

        char c = s.charAt(p);
        if(c == '+') re = o1 + o2;
        else if(c == '-') re = o1 - o2;
        else if(c == '*') re = o1 * o2;
        else if(c == '/') {
            if(o2 == 0) return "输入有误！";
            else re = o1 / o2;
        }
        return String.valueOf(re);
}
```

任务小结

本任务通过计算逻辑的分析和团队交流，培养学生一丝不苟、认真钻研的求学精神，提高软件专业素养。

任务三　“学生信息管理”界面设计

任务描述

在 GUI 设计过程中，我们经常使用表格来显示数据，如图 6-16 所示，“学生信息管理”界面使用表格来显示学生数据，当用户单击某一行数据时，可以将数据自动填充到文本框中。

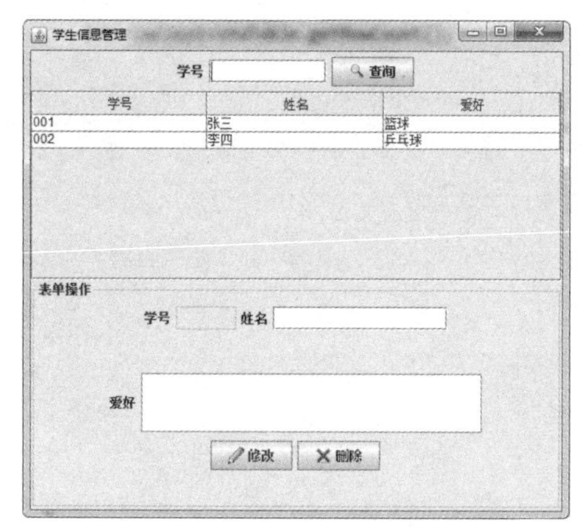

图 6-16 “学生信息管理”界面

知识储备

6.6 下拉列表框

JComboBox 类用于定义下拉列表框。用户可以从下拉列表中选择列表项，而下拉列表会在用户请求时显示。JComboBox 类的常用构造方法如下。

- JComboBox()：创建具有默认数据模型的下拉列表框。
- JComboBox(Object[] items)：创建包含指定数组中的元素的下拉列表框。
- JComboBox(Vector<?> items)：创建包含指定 Vector 中的元素的下拉列表框。

JComboBox 类的常用成员方法如下。

- void addItem(Object anObject)：添加列表项。
- Object getItemAt(int index)：返回指定索引处的列表项。
- int getItemCount()：返回列表中的列表项数量。
- int getSelectedIndex()：返回列表中与给定项匹配的第一个列表项。
- Object getSelectedItem()：返回当前所选的列表项。
- Object[] getSelectedObjects()：返回包含所选的列表项的数组。
- void removeItem(Object anObject)：从列表中移除列表项。
- void removeItemAt(int anIndex)：移除 anIndex 处的列表项。

下面通过 JComboBoxTest.java 来演示下拉列表框的使用方法和效果。

【例 6-12】

```
public class JComboBoxTest extends JFrame implements ItemListener {
    JComboBox opt1;
    JPanel jp1;
    JPanel jp2;
```

```
    JLabel jl;
    JComboBoxTest(String title) {
        super(title);
        jp1 = new JPanel();
        jp1.setBorder(BorderFactory.createTitledBorder("请选择性别"));
        //下拉列表框
        opt1 = new JComboBox();
        opt1.addItem("男");
        opt1.addItem("女");
        opt1.addItem("请选择...");
        //设置默认选中的列表项
        opt1.setSelectedItem("请选择...");
        opt1.addItemListener(this);
        jp1.add(opt1);

        jp2 = new JPanel();
        jl = new JLabel();
        jp2.add(jl);
        this.setLayout(new GridLayout(2, 1));
        this.add(jp1);
        this.add(jp2);
        this.setSize(300, 200);
        this.setDefaultCloseOperation(JFrame.EXIT_ON_CLOSE);
        this.setVisible(true);
    }

    public static void main(String[] args) {
        new JComboBoxTest("下拉列表框测试");
    }

    public void itemStateChanged(ItemEvent e) {
        if (e.getSource() == opt1)
            jl.setText("您选择的性别是：" + opt1.getSelectedItem());
    }
}
```

程序运行结果如图 6-17 所示。在运行程序，打开界面时，下拉列表框中会默认显示“请选择...”（见图 6-17 的左图）；当用户从下拉列表中选择列表项后，就会在标签中提示选择的性别。

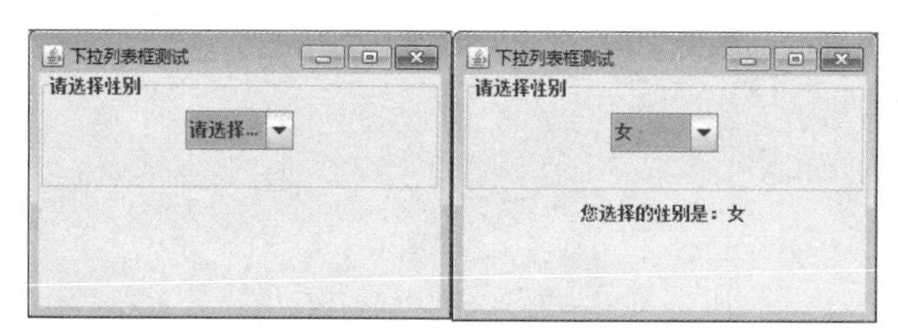

图 6-17　程序运行结果

6.7　复选框和单选按钮

6.7.1　复选框

当需要进行多项选择时，可以使用复选框组件 JCheckBox。JCheckBox 类的常用构造方法如下。

- JCheckBox()。
- JCheckBox(Icon icon)。
- JCheckBox(Icon icon, boolean selected)。
- JCheckBox(String text)。
- JCheckBox(String text, boolean selected)。

icon 表示初始化时复选框显示的图标，text 表示初始化时复选框显示的文字，selected 表示初始化时是否默认为选中状态，true 表示选中。如果不显式指定是否选中，则默认为未选中。下面通过 JCheckBoxTest.java 来演示复选框的使用方法和效果。

【例 6-13】

```
import java.awt.GridLayout;
import java.awt.event.ItemEvent;
import java.awt.event.ItemListener;
import javax.swing.*;
public class JCheckBoxTest extends JFrame implements ItemListener{
    //显式声明组件变量
    private JCheckBox jcb_swim;
    private JCheckBox jcb_run;
    private JCheckBox jcb_bodybuild;
    private JLabel label;
    private JPanel jp;
    private JPanel jp2;

    public void itemStateChanged(ItemEvent e){
    if(this.jcb_bodybuild.isSelected()&&this.jcb_run.isSelected()&&this.jcb_
```

```
swim.isSelected())
        this.label.setText("您的兴趣爱好是游泳、跑步和健身，真广泛啊！");
    if(this.jcb_bodybuild.isSelected()&&this.jcb_run.isSelected()&&!this.jcb
_swim.isSelected())
        this.label.setText("您的兴趣爱好是健身、跑步");
    if(this.jcb_bodybuild.isSelected()&&!this.jcb_run.isSelected()&&this.jcb
_swim.isSelected())
        this.label.setText("您的兴趣爱好是健身、游泳");
    if(!this.jcb_bodybuild.isSelected()&&this.jcb_run.isSelected()&&this.jcb
_swim.isSelected())
        this.label.setText("您的兴趣爱好是跑步、游泳");
    if(!this.jcb_bodybuild.isSelected()&&!this.jcb_run.isSelected()&&this.jc
b_swim.isSelected())
        this.label.setText("您的兴趣爱好是游泳");
    if(!this.jcb_bodybuild.isSelected()&&this.jcb_run.isSelected()&&!this.jc
b_swim.isSelected())
        this.label.setText("您的兴趣爱好是跑步");
    if(this.jcb_bodybuild.isSelected()&&!this.jcb_run.isSelected()&&!this.jc
b_swim.isSelected())
        this.label.setText("您的兴趣爱好是健身");
    if(!this.jcb_bodybuild.isSelected()&&!this.jcb_run.isSelected()&&!this.j
cb_swim.isSelected())
        this.label.setText("请选择您的兴趣爱好");
    }
    //通过构造方法初始化组件变量
    public JCheckBoxTest(String name){
        super(name);
        //初始化 JCheckBox，同时注册事件监听器
        (this.jcb_bodybuild = new JCheckBox("健身")).addItemListener(this);
        (this.jcb_run = new JCheckBox("跑步")).addItemListener(this);
        (this.jcb_swim = new JCheckBox("游泳")).addItemListener(this);

        this.jp = new JPanel();
        this.jp2 = new JPanel();
        this.label = new JLabel("请选择您的兴趣爱好");

        //设置面板和框架布局方式
        this.setLayout(new GridLayout(2,1));
        jp.setLayout(new GridLayout(1,3));
        jp.setBorder(BorderFactory.createTitledBorder("请选择您的兴趣爱好"));
```

```
        //设置面板边框文字
        jp.add(jcb_bodybuild);
        jp.add(jcb_run);
        jp.add(jcb_swim);
        jp2.add(label);

        this.add(jp);
        this.add(jp2);
        this.setBounds(500, 200, 300, 300);
        this.setDefaultCloseOperation(JFrame.EXIT_ON_CLOSE);
    }
    public static void main(String[] args){
        new JCheckBoxTest("JCheckBox演示").setVisible(true);
    }
}
```

程序运行结果如图 6-18 所示，左边为打开的初始界面，右边为勾选复选框后的界面。

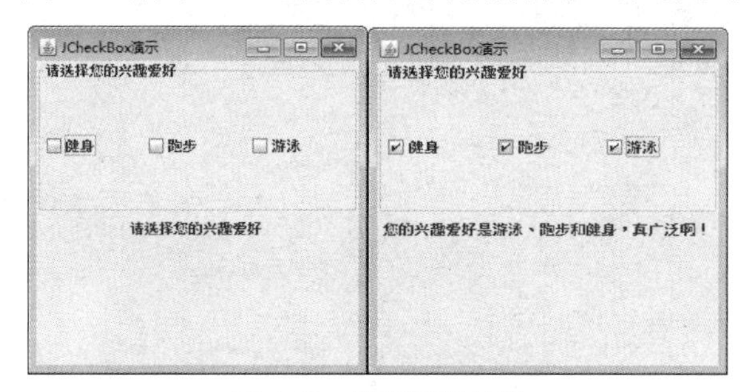

图 6-18　程序运行结果

6.7.2 单选按钮

单选按钮组件 JRadioButton 的图标是圆形的，在被选中时，圆形为实心的；在未被选中时，圆形为空心的。与复选框不同的是，一组单选按钮中只能有一个处于选中状态。

JRadioButton 类的常用构造方法如下。

- JRadioButton()：创建一个初始化状态为未选中的单选按钮，其文本未设定。
- JRadioButton(Icon icon)：创建一个初始化状态为未选中的单选按钮，具有指定的图标。
- JRadioButton(String text)：创建一个具有指定文本且初始化状态为未选中的单选按钮。
- JRadioButton(String text, boolean selected)：创建具有指定文本和处于选中状态的单选按钮。
- JRadioButton(String text, Icon icon)：创建具有指定文本和图标且初始化状态为未选中的单选按钮。

- JRadioButton(String text, Icon icon, boolean selected)：创建一个具有指定文本、图标和处于选中状态的单选按钮。

JRadioButton 类的常用成员方法如下。

- void setSelected(boolean b)：设置按钮的状态。
- boolean isSelected()：返回按钮的状态。

与 JRadioButton 类紧密相关的一个类是按钮组类 ButtonGroup，在同一个按钮组中只能有一个单选按钮处于选中状态。如果一个界面中有几组单选按钮，则必须对每组单选按钮新建一个 ButtonGroup 对象，并将该组所有单选按钮添加到这个按钮组中，才能确保各按钮组的选择互不干扰。

按钮组是不可视的控件，只提供了一组按钮的逻辑分组，只有将按钮组中的按钮添加到各自的容器中才可以在界面上看到按钮。下面通过 RadioButtonTest.java 来演示单选按钮的使用方法和效果。

【例 6-14】

```
public class RadioButtonTest extends JFrame implements ItemListener{
    JRadioButton opt1;
    JRadioButton opt2;
    JPanel jp1;
    JPanel jp2;
    JLabel jl;
    RadioButtonTest(String title){
        super(title);
        jp1=new JPanel();
        jp1.setBorder(BorderFactory.createTitledBorder("请选择"));
        //单选按钮对象
        opt1=new JRadioButton("中餐");
        opt2=new JRadioButton("西餐");
        opt1.addItemListener(this);
        opt2.addItemListener(this);
        //按钮组
        ButtonGroup group1=new ButtonGroup();
        group1.add(opt1);
        group1.add(opt2);
        //将单选按钮添加到面板中
        jp1.add(opt1);
        jp1.add(opt2);
        jp2=new JPanel();
        jl=new JLabel();
        jp2.add(jl);
```

```
        this.setLayout(new GridLayout(2,1));
        this.add(jp1);
        this.add(jp2);
        this.setSize(300,200);
        this.setDefaultCloseOperation(JFrame.EXIT_ON_CLOSE);
        this.setVisible(true);
    }

    public static void main(String[] args){
        new RadioButtonTest("单选按钮测试");
    }

    public void itemStateChanged(ItemEvent e) {
        if(opt1.isSelected())
            jl.setText("您选择了"+opt1.getText());
        else if(opt2.isSelected())
             jl.setText("您选择了"+opt2.getText());
    }
}
```

程序运行结果如图 6-19 所示，左边为打开的初始界面，右边为选中单选按钮后的界面。

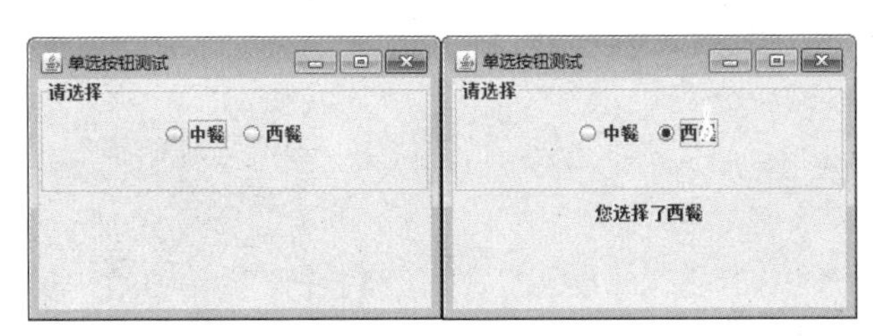

图 6-19　程序运行结果

6.8　表格

表格在可视化编程中用于显示信息，在 Swing 编程中非常有用。当要显示大量数据时，可以使用表格清晰地显示出这些数据。

JTable 类的常用构造方法如下。

- JTable(int numRows, int numColumns)：使用默认表格模型 DefaultTableModel 构造具有空单元格的 numRows 行和 numColumns 列的表格。
- JTable(Object[][] rowData, Object[] columnNames)：构造表格，用于显示二维数组

rowData 中的值，其列名为 columnNames。

- JTable(TableModel dm)：构造表格，使用 dm 作为表格模型，并使用默认的列模型和默认的选择模型对其进行初始化。
- JTable(Vector rowData, Vector columnNames)：构造表格，用于显示 Vector(rowData)方法中的值，其列名为 columnNames。

下面通过 JTableTest.java 来演示表格的创建方法，分别使用整数和数组作为参数创建表格。表格对象一般被放置在滚动面板 JScrollPane 中。在创建滚动面板时，可以直接以表格对象作为参数，也可以先创建 JScrollPane 对象，再使用该对象的 setViewportView()方法设置表格。

【例 6-15】

```
public class JTableTest extends JFrame {
    JTable table1;
    JPanel jp1;
    JScrollPane jsp;

    JTableTest(String title) {
        super(title);

        //创建一个 3 行 4 列的表格，表格中没有数据
        table1=new JTable(3,4);

        //使用数组作为参数创建表格
        Object[][] playerInfo={
         {"张三",new Integer(66),new Integer(32),new Integer(98),new Boolean
(false)},
         {"李四",new Integer(82),new Integer(70),new Integer(152),new Boolean
(true)},
        };
       String[] Names={"姓名","语文","数学","总分","及格"};
       table1=new JTable(playerInfo,Names);

        //将表格放置在滚动面板中
        jsp=new JScrollPane(table1);
        this.add(jsp);

        this.setDefaultCloseOperation(JFrame.EXIT_ON_CLOSE);
        this.setSize(300, 200);
        this.setVisible(true);
```

```
    }

    public static void main(String[] args) {        new JTableTest("test"); }
}
```

程序运行结果如图 6-20 所示，左边为指定几行几列显示的表格，右边为使用数组作为参数显示的表格。

图 6-20 程序运行结果

DefaultTableModel 类扩展了 AbstractTableModel 类，DefaultTableModel 类的对象可以用来管理和展示表格中的数据，支持增加行、删除行、修改单元格等操作。

DefaultTableModel 类的常用构造方法如下。

- DefaultTableModel(Object [][] data, Object[] columnNames)：构造默认表格模型，并通过 data 和 columnNames 初始化该表格。
- DefaultTableModel(Object [] columnNames, int rowCount)：构造默认表格模型，它的列数与 columnNames 中元素的列数相同，有 rowCount 行。
- DefaultTableModel(Vector columnNames, int rowCount)：构造默认表格模型，它的列数与 columnNames 中元素的列数相同，有 rowCount 行。
- DefaultTableModel(Vector data, Vector columnNames)：构造默认表格模型，并通过 data 和 columnNames 初始化该表格。

DefaultTableModel 类的常用成员方法如下。

- void addColumn(Object columnName)：将一列添加到表格模型中。
- void addColumn(Object columnName,Object[] columnData)：将一列添加到表格模型中。
- void addColumn(Object columnName, Vector columnData)：将一列添加到表格模型中。
- void addRow(Object[] rowData)：将一行添加到表格模型的结尾。
- void addRow(Vector rowData)：将一行添加到表格模型的结尾。
- int getColumnCount()：返回此数据表中的列数。
- void setColumnCount(int columnCount)：设置表格模型中的列数。
- String getColumnName(int column)：返回列名。
- int getRowCount()：返回此数据表中的行数。
- void setRowCount(int rowCount)：设置表格模型中的行数。

- void insertRow(int rowObject[] rowData)：在表格模型中的 row 位置插入一行。
- void insertRow(int row, Vector rowData)：在表格模型中的 row 位置插入一行。
- void removeRow(int row)：移除表格模型中 row 位置的行。
- Object getValueAt(int row, int column)：返回 row 和 column 处单元格的属性值。
- void setValueAt(Object aValue, int row, int column)：设置 column 和 row 处单元格的值。

当我们需要动态修改表格数据时，可以通过表格模型创建表格对象，并通过表格模型的相关方法对表格数据进行动态修改。例 6-16 演示了对表格数据的操作。

【例 6-16】

```
public class TableEventTest extends JFrame implements MouseListener{
      JPanel jptop;  JPanel jpbottom;   JScrollPane jsp;

      JLabel jlid;  JLabel jlname;   JLabel jldw;   JLabel jltel;
      JTextField jtid; JTextField jtname;  JTextField jtdw; JTextField jttel;
      JButton jbmod;JButton jbadd; JButton jbdel; JButton jbins;

      String[] title = { "编号", "姓名", "单位", "电话" };
      String[][]data = {{"1","admin","jsei","13711112222"}};
      DefaultTableModel  dtm;
      JTable table;
      public TableEventTest(String t) {
            super(t);

            jptop=new JPanel();
            jlid=new JLabel("编号");        jlname=new JLabel("姓名");
            jldw=new JLabel("单位");        jltel=new JLabel("电话");
            jtid=new JTextField(5);     jtname=new JTextField(5);
            jtdw=new JTextField(5);     jttel=new JTextField(10);
            jptop.add(jlid);        jptop.add(jtid);    jptop.add(jlname);
            jptop.add(jtname);      jptop.add(jldw);    jptop.add(jtdw);
            jptop.add(jltel);       jptop.add(jttel);

            dtm=new DefaultTableModel(data,title);
            table=new JTable(dtm);     table.addMouseListener(this);
            jsp=new JScrollPane(table);

           jpbottom=new JPanel();
           jbadd=new JButton("添加");       jbdel=new JButton("删除");
           jbmod=new JButton("修改");       jbins=new JButton("插入");
```

```
        jbmod.addMouseListener(this);       jbadd.addMouseListener(this);
        jbdel.addMouseListener(this);       jbins.addMouseListener(this);
        jpbottom.add(jbmod);        jpbottom.add(jbadd);
        jpbottom.add(jbdel);        jpbottom.add(jbins);

        this.add(jptop,"North");        this.add(jsp,"Center");
        this.add(jpbottom,"South");
        this.setDefaultCloseOperation(JFrame.EXIT_ON_CLOSE);
        this.setSize(500,500);
        this.setLocationRelativeTo(null);
        this.setVisible(true);
    }

    public static void main(String[] args) {
        new TableEventTest("JTabel 表单");
    }

    public void mouseClicked(MouseEvent e) {
        //获取当前选中的行
        int row=table.getSelectedRow();
        //表格行数
        int rowCount=table.getRowCount();
        //定义一行数据
        Vector info=new Vector();
        info.add(jtid.getText());           info.add(jtname.getText());
        info.add(jtdw.getText());       info.add(jttel.getText());

        if(e.getSource()==jbadd){       dtm.addRow(info);           }
        if(e.getSource()==jbdel){   dtm.removeRow(row);}
        if(e.getSource()==jbins){dtm.insertRow(0, info);    }
        if(e.getSource()==jbmod){
            dtm.setValueAt(jtid.getText(), row, 0);
            dtm.setValueAt(jtname.getText(), row, 1);
            dtm.setValueAt(jtdw.getText(), row, 2);
            dtm.setValueAt(jttel.getText(), row, 3);
        }
        if(e.getSource()==table){
            jtid.setText((String)dtm.getValueAt(row, 0));
            jtname.setText((String)dtm.getValueAt(row, 1));
            jtdw.setText((String)dtm.getValueAt(row, 2));
```

```
            jttel.setText((String)dtm.getValueAt(row, 3));
        }
    }
    public void mouseEntered(MouseEvent e) {}
    public void mouseExited(MouseEvent e) {}
    public void mousePressed(MouseEvent e) {}
    public void mouseReleased(MouseEvent e) {}
}
```

程序运行结果如图 6-21 所示。当单击表格时，可以将表格数据填充到文本框中。单击相应按钮，可以对表格数据进行相关操作。

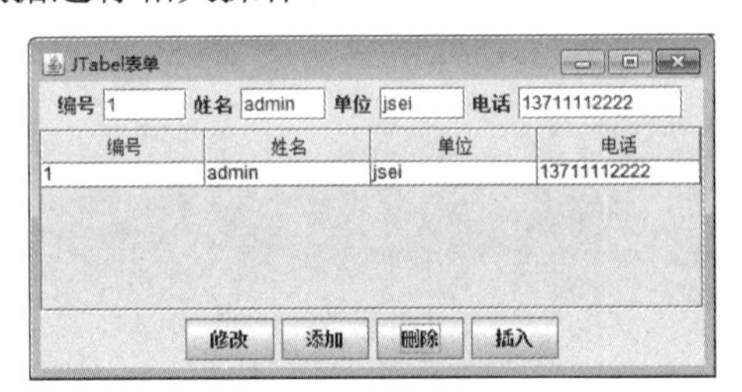

图 6-21　程序运行结果

任务实施

实现“学生信息管理”界面的程序代码清单如下：

```
public class StuManagerFrame extends JFrame implements MouseListener{
    private JTextField s_nameText;  private JTextField idText;
    private JTextField nameText;   private JTextArea hobbyText;
    private JTable stuTable;   DefaultTableModel dtm1;

    JButton modifyBtn = new JButton("修改");
    JButton deleteBtn = new JButton("删除");
    JButton searchBtn = new JButton("查询");

    JScrollPane scrollPane = new JScrollPane();
    JPanel panel = new JPanel();   JPanel jp1=new JPanel();
    JPanel jp2=new JPanel();   JPanel jp3=new JPanel();
    JPanel jp4=new JPanel();   JPanel jp5=new JPanel();

    public static void main(String[] args) {
        StuManagerFrame frame = new StuManagerFrame();
    }
```

```
public StuManagerFrame() {
    this.setTitle("学生信息管理");        this.setSize( 535, 475);

    JLabel label = new JLabel("学号");  s_nameText = new JTextField(10);
    searchBtn.setIcon(new ImageIcon("src/images/search.png"));
    jp1.add(label);     jp1.add(s_nameText);    jp1.add(searchBtn);

    String[][] date=new String[][]{{"001","张三","篮球"},{"002","李四","乒乓球"}};
    String[] name={"学号", "姓名", "爱好"};
    dtm1=new DefaultTableModel(date,name);  stuTable = new JTable(dtm1);
    stuTable.addMouseListener(this);
    scrollPane.setViewportView(stuTable);

    jp2.setLayout(new BorderLayout());
    jp2.add(jp1,"North");       jp2.add(scrollPane);
    panel.setBorder(new TitledBorder(null, "表单操作", TitledBorder.LEADING,
                                TitledBorder.TOP, null, null));

    JLabel label_1 = new JLabel("学号");
    idText = new JTextField(5);         idText.setEditable(false);

    JLabel label_2 = new JLabel("姓名");
    nameText = new JTextField(15);
    jp3.add(label_1);       jp3.add(idText);        jp3.add(label_2);
    jp3.add(nameText);

    JLabel label_3 = new JLabel("爱好");  hobbyText = new JTextArea(3,30);
    hobbyText.setBorder(new LineBorder(new java.awt.Color(127,157,185),
1, false));
    jp4.add(label_3);       jp4.add(hobbyText);

    modifyBtn.setIcon(new ImageIcon(("src/images/modify.png")));
    deleteBtn.setIcon(new ImageIcon("src/images/delete.png"));
    jp5.add(modifyBtn);     jp5.add(deleteBtn);

    panel.setLayout(new GridLayout(3,1));
    panel.add(jp3);     panel.add(jp4);     panel.add(jp5);
```

```
        this.setLayout(new GridLayout(2,1));
        this.add(jp2);      this.add(panel);
        this.setLocationRelativeTo(null);
        this.setDefaultCloseOperation(JFrame.EXIT_ON_CLOSE);
        this.setVisible(true);
    }
    public void mouseClicked(MouseEvent e) {
        //获取当前选中的行
        int row=stuTable.getSelectedRow();
        //表格行数
        int rowCount=stuTable.getRowCount();

        if(e.getSource()==stuTable){
            idText.setText((String)dtm1.getValueAt(row, 0));
            nameText.setText((String)dtm1.getValueAt(row, 1));
            hobbyText.setText((String)dtm1.getValueAt(row, 2));
            }
        }
    public void mouseEntered(MouseEvent arg0) {}
    public void mouseExited(MouseEvent arg0) {}
    public void mousePressed(MouseEvent arg0) {}
    public void mouseReleased(MouseEvent arg0) { }
}
```

任务小结

本任务通过“学生信息管理”界面的设计引导学生采用自主钻研或团队协作的方式解决问题，掌握较强的专业技能，树立正确的技能观，具备认真严谨、追求卓越的软件工匠精神。

习题六

一、选择题

1．面板（JPanel）的默认布局管理器是（　　）。

A．FlowLayout（流布局）　　B．CardLayout（卡片布局）

C．BorderLayout（边框布局）　　D．GridLayout（网格布局）

2．当单击鼠标或者拖动鼠标时，触发的事件是（　　）。

A．KeyEvent　　B．ActionEvent　C．ItemEvent　　D．MouseEvent

3．如果容器 p 的布局管理器是 BorderLayout，则在 p 的底部添加一个按钮 b，应该使用的语句是（　　）。

A．p.add(b);　　　　　　　　B．p.add(b,"North");

C．p.add(b,"South");　　　　D．b.add(p,"North");

4．在以下 Swing 组件中，可以为它指定布局管理器的是（　　）。

A．JScrollPane 对象　　　　B．JMenuBar 对象

C．JComboBox 对象　　　　D．JFrame 对象

5．关于事件监听器，说法正确的是（　　）。

A．一个事件监听器只能监听一个组件

B．一个事件监听器只能监听并处理一种事件

C．一个组件可以注册多个事件监听器，一个事件监听器可以被注册到多个组件上

D．一个组件只能引发一种事件

二、编程题

1．创建一个应用程序，接收用户输入的用户名和密码。单击“确定”按钮，验证输入的用户名和密码（用户名：abc，密码：abc）；单击“取消”按钮，终止应用程序。若用户名和密码正确，则显示“验证通过”，否则显示“非法的用户名或密码”。

2．使用 Swing 组件编程实现如下功能。窗口中包含 2 个菜单（颜色、窗口），“颜色”菜单中包含 3 个菜单项（红色、绿色、蓝色），“窗口”菜单中包含 1 个菜单项（关闭）。当选择“颜色”菜单中的菜单项时，文本区域中的字体颜色会发生相应的变化；当选择“关闭”菜单项时，窗口会被关闭。

单元七

Java 实现数据库操作

JDBC 是 Java 中广泛应用的数据库技术。使用 JDBC 和数据库建立连接后，就可以使用 JDBC 的 API 操作数据库了。可以查找满足条件的记录，或者在数据库中添加、修改、删除数据。本单元主要介绍使用 JDBC 连接数据库，实现数据库的查询、增加、修改和删除操作。这些知识点对接了国信蓝桥“1+X”《大数据应用开发（Java）职业技能等级标准》中的中级技能要求。

学习目标

- 理解 JDBC 技术的概念。
- 掌握 JDBC 中的常用类和接口（★★）。
- 熟练使用 JDBC 连接 MySQL 数据库（★★）。
- 熟练使用 Statement 对象操作数据库，实现数据的“增删改查”操作（★★）。
- 熟练使用 PreparedStatement 对象操作数据库，实现数据的“增删改查”操作（★★）。

素养目标

- 培养学生独立完成任务的职业素养。
- 培养学生有效沟通、团队协作的意识。
- 引导学生重视信息安全问题，恪守职业道德和职业操守。

任务　实现用户登录

任务描述

在使用一个管理系统时，用户首先需要登录。在用户登录时，系统需要验证用户输入的信息是否存在于数据库中。那么，如何通过访问数据库实现用户登录呢？

知识储备

7.1　JDBC 简介

JDBC 提供了连接各种常用数据库的功能。Java 程序通过 JDBC 访问数据库的过程如图 7-1 所示。有了 JDBC，访问各种数据库就是一件比较容易的事情，比如不必为访问 Sybase 数据库和 Oracle 数据库分别编写一个程序。程序员只需要使用 JDBC API 编写一个程序，该程序就可以向相应的数据库发送 SQL 调用。同时，将 Java 和 JDBC 结合起来，可以使程序员不必为不同的平台编写不同的应用程序。程序员只需要编写一次程序就可以让它在任何平台上运行，这显示了 Java“编写一次，处处运行”的优势。

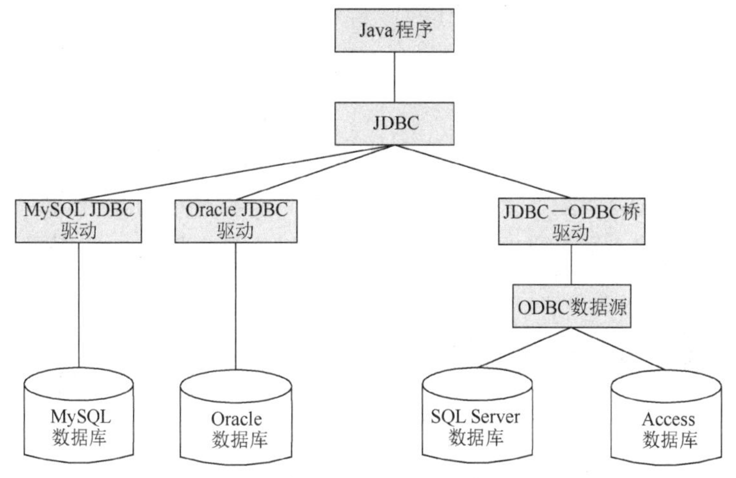

图 7-1　Java 程序通过 JDBC 访问数据库的过程

1．JDBC 驱动

JDBC 驱动由数据库厂商提供。纯 Java 驱动方式通过 JDBC 驱动直接访问数据库，驱动程序完全使用 Java 编写，运行速度快，而且具备了跨平台的特点。但由于 JDBC 驱动只对应一种数据库，因此访问不同的数据库需要下载专用的 JDBC 驱动。

2．JDBC 中的常用接口和类

JDBC 提供了众多的接口和类，通过这些接口和类，可以和数据库建立连接。

1）Driver 接口

每种数据库的驱动程序都提供了一个实现 Driver 接口的类，简称 Driver 类，用于实现与数据库服务器的连接。在加载某个驱动程序的 Driver 类时，应该创建自己的实例并向 DriverManager 类注册该实例。

使用 java.lang.Class 类的静态方法 forName(String className)可以加载要连接的数据库

的 Driver 类。在成功加载后，会将 Driver 类的示例注册到 DriverManager 类中。

2）DriverManager 类

DriverManager 类负责管理 JDBC 驱动程序的基本服务，是 JDBC 的管理层，作用于用户和驱动程序之间，负责跟踪可用的驱动程序，并在数据库和驱动程序之间建立连接。在成功加载 Driver 类并在 DriverManager 类中注册后，DriverManager 类即可用于建立数据库连接。

使用 DriverManager 类的 getConnection()方法可以请求建立数据库连接。

3）Connection 接口

Connection 接口代表与特定数据库的连接，在连接的上下文中可以执行 SQL 语句并返回结果。在默认情况下，Connection 对象处于自动提交模式，这意味着它在执行每个语句后都会自动提交更改信息。如果禁用自动提交模式，则为了提交更改信息，必须显式调用 commit()方法，否则无法保存数据库更改。

思政小贴士

OceanBase 数据库是目前阿里巴巴业务的重要基石，支撑着阿里巴巴的各项业务，它经受了“双十一”活动的考验，一次次地向世界证明国产数据库的能力。我们要增强社会责任感和担当意识，将自身的职业生涯、职业发展与国家的发展结合起来。

7.2 连接数据库（★★）

在使用 MySQL 数据库时，首先需要下载驱动程序 jar 包，查看相关帮助文档，获得驱动类的名称及数据库连接字符串，然后就可以进行编程，与数据库建立连接。

要开发一个访问数据库的应用程序，首先需要加载数据库的驱动程序，只需在第一次访问数据库时加载一次即可，然后在每次访问数据库时创建一个 Connection 实例，接下来执行操作数据库的 SQL 语句，并处理返回的结果集，最后在完成此次操作时销毁前面创建的 Connection 实例，释放与数据库的连接。

下面以 MySQL 数据库为例，说明与数据库建立连接的过程。

第一步：在 MyEclipse 环境中配置 mysql-connector-java-5.0.4-bin.jar 包（也可以是其他版本的 jar 包）。

（1）右击工程名称，选择“Build Path”→“Configure Build Path”命令，如图 7-2 所示。

（2）在弹出的窗口中单击“Add JARs”按钮，选择 mysql-connector-java-5.0.4-bin.jar 包所在的路径，将其添加到工程中，如图 7-3 所示。

第二步：加载 JDBC 驱动程序。

在连接数据库之前，首先需要把 JDBC 驱动类加载到 Java 虚拟机中，可以使用

java.lang.Class 类的静态方法 forName(String className)完成。在成功加载后，会将加载的驱动类注册到 DriverManager 类中。若加载失败，将抛出 ClassNotFoundException 异常，表示未找到指定的驱动类。

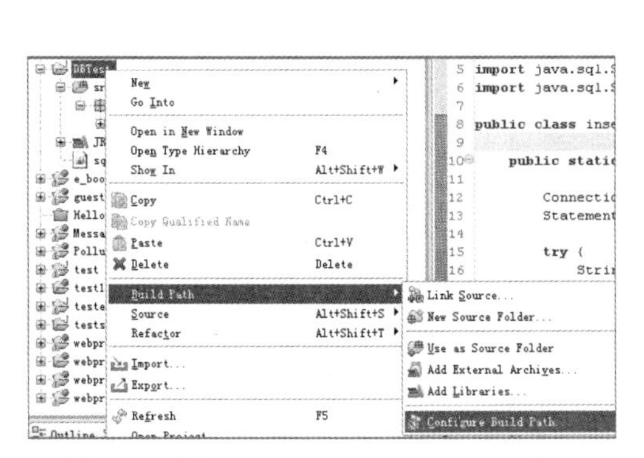

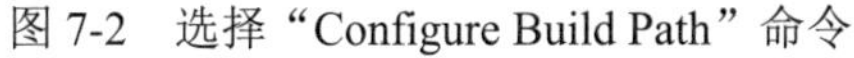

图 7-2　选择“Configure Build Path”命令

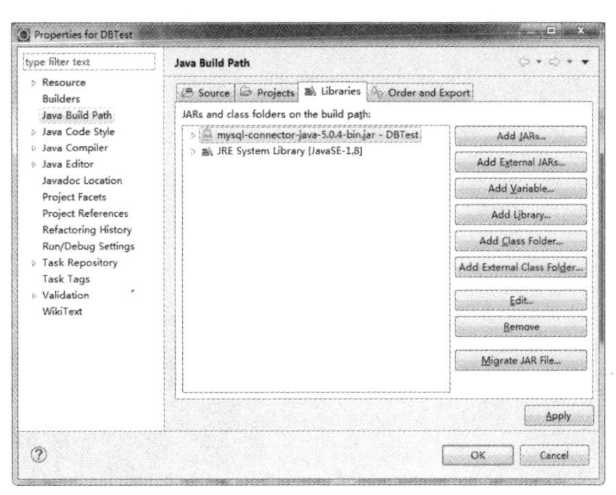

图 7-3　添加 mysql-connector-java-5.0.4-bin.jar 包

第三步：建立数据库连接。

DriverManager 类跟踪已注册的驱动程序，通过调用该类的静态方法 getConnection (String url,String user,String password)可以建立与数据库的连接。3 个参数依次为要连接的数据库的路径、用户名和密码，方法返回值类型为 java.sql.Connection。当调用该方法时，它会搜索整个驱动程序列表，直到找到一个能够连接到数据库连接字符串中指定的数据库的驱动程序为止。

第二步和第三步的完整实现代码如下：

```
try {
    //加载驱动      8.*.* com.mysql.cj.jdbc.Driver
    Class.forName("com.mysql.jdbc.Driver");
    //连接数据库
    //dbstudent 是要连接的数据库的名称
    con = DriverManager.getConnection("jdbc:mysql://localhost:3306/dbstudent?
          characterEncoding=utf-8","root","123456");
    System.out.println("数据库连接成功！");
    } catch (Exception e) {
        e.printStackTrace();
    }
```

在连接数据库的过程中，由于数据库的配置问题，会出现一些常见的错误。例如，没有在工程中添加 jar 包，错误信息如图 7-4 所示；要访问的数据库不存在，错误信息如图 7-5 所示。

```
Problems  Console
<terminated> DBConDel [Java Application] C:\Program Files\Java\jre1.8.0_191\bin\javaw.exe (2023年2月9日 上午10:17:26)
java.lang.ClassNotFoundException: com.mysql.jdbc.Driver
	at java.net.URLClassLoader.findClass(Unknown Source)
	at java.lang.ClassLoader.loadClass(Unknown Source)
	at sun.misc.Launcher$AppClassLoader.loadClass(Unknown Source)
	at java.lang.ClassLoader.loadClass(Unknown Source)
	at java.lang.Class.forName0(Native Method)
	at java.lang.Class.forName(Unknown Source)
	at p1.DBCon.<init>(DBCon.java:14)
	at p1.DBCondel.main(DBCondel.java:6)
Exception in thread "main" java.lang.NullPointerException
	at p1.DBCon.executeUpdate(DBCon.java:42)
	at p1.DBCondel.main(DBCondel.java:8)
```

图 7-4　没有在工程中添加 jar 包的错误信息

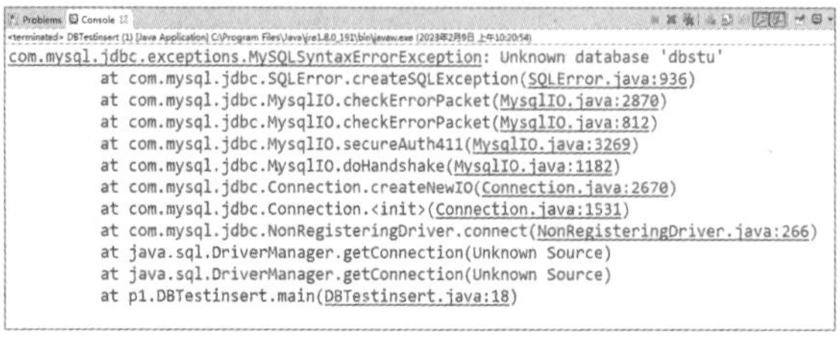

```
Problems  Console
<terminated> DBTestinsert (1) [Java Application] C:\Program Files\Java\jre1.8.0_191\bin\javaw.exe (2023年2月9日 上午10:20:54)
com.mysql.jdbc.exceptions.MySQLSyntaxErrorException: Unknown database 'dbstu'
	at com.mysql.jdbc.SQLError.createSQLException(SQLError.java:936)
	at com.mysql.jdbc.MysqlIO.checkErrorPacket(MysqlIO.java:2870)
	at com.mysql.jdbc.MysqlIO.checkErrorPacket(MysqlIO.java:812)
	at com.mysql.jdbc.MysqlIO.secureAuth411(MysqlIO.java:3269)
	at com.mysql.jdbc.MysqlIO.doHandshake(MysqlIO.java:1182)
	at com.mysql.jdbc.Connection.createNewIO(Connection.java:2670)
	at com.mysql.jdbc.Connection.<init>(Connection.java:1531)
	at com.mysql.jdbc.NonRegisteringDriver.connect(NonRegisteringDriver.java:266)
	at java.sql.DriverManager.getConnection(Unknown Source)
	at java.sql.DriverManager.getConnection(Unknown Source)
	at p1.DBTestinsert.main(DBTestinsert.java:18)
```

图 7-5　要访问的数据库不存在的错误信息

在访问数据库的过程中，每个实例都需要建立与数据库的连接。为了便于管理，提高代码的复用性，可以单独建立一个 DBCon 类，专门负责封装数据库的相关操作。DBCon 类的代码如下：

```
public class DBCon {
    Connection con = null;
    ResultSet rs = null;
    Statement stmt = null;

    public DBCon() {
    try {
        //加载驱动      8.*.* com.mysql.cj.jdbc.Driver
        Class.forName("com.mysql.jdbc.Driver");
        //连接数据库
        //dbstudent 是要连接的数据库的名称
        con = DriverManager.getConnection("jdbc:mysql://localhost:3306/
dbstudent?characterEncoding=utf-8","root","123456");
        System.out.println("数据库连接成功！");
        stmt=con.createStatement();
        } catch (Exception e) {e.printStackTrace();}
    }

    //返回 Connection 对象
    public Connection getconn(){        return con; }
    //执行查询语句，返回结果集
    public ResultSet executeQuery(String ssql)  {
```

```
        try {
            rs = stmt.executeQuery(ssql);
            return rs;
        } catch (SQLException se) {
            System.out.println("DBCon.executeQuery() ERROR:" +
se.getMessage());
            return rs;
        }
    }
    //执行数据库的更新，返回 int 值，表示操作影响的记录条数
    public int executeUpdate(String ssql)  {
        int iupdate;
        iupdate = 0;
        try {
            iupdate = stmt.executeUpdate(ssql);
            return iupdate;
        } catch (SQLException se) {
                System.out.println("DBCon.executeUpdate() ERROR:"  +
se.getMessage());
                return iupdate;
        }
    }
    //关闭结果集
    public static void closeResultSet(ResultSet rs){
        try {
            if(rs!=null)
            rs.close();
            rs=null;
            } catch (SQLException e) {
                e.printStackTrace();
            }
    }
    //关闭 Statement 对象
    public static void closeStatement(Statement stm){
        try {
            if(stm!=null)
            stm.close();
            stm=null;
            } catch (SQLException e) {
                e.printStackTrace();
```

```
            }
        }
    //关闭连接
    public static void closeConnection(Connection conn){
        try {
            if(conn!=null&&(!conn.isClosed()))
            conn.close();
            } catch (SQLException e) {
                e.printStackTrace();
            }
    }
}
```

7.3 使用 Statement 对象（★★）

当数据库连接建立好之后，就可以使用该连接创建 Statement 实例，并将 SQL 语句传递给它所连接的数据库，进行访问和更新数据库的操作。

1．Statement 接口

Statement 接口用于执行静态 SQL 语句，并返回执行结果。例如，对于 insert、delete 和 update 语句，调用 executeUpdate(String sql)方法；而对于 select 语句，则调用 executeQuery (String sql)方法，并返回一个永远不能为 null 的 ResultSet 对象。

创建 Statement 实例来执行 SQL 语句的具体代码如下：

```
String sqlselect="select sex from operator where name=hlp";
Statement stm = conn.createStatement();
ResultSet rs = stm.executeQuery(sqlselect);
```

2．ResultSet 接口

ResultSet 接口类似于一个数据表，通过该接口的实例可以获得检索结果及对应数据表的相关信息。ResultSet 实例是通过执行查询数据库的语句生成的。

ResultSet 实例具有指向当前数据行的指针，指针最初被置于第一行记录之前。使用 next()方法可以将指针移动到下一行，如果存在下一行记录，则返回 true，否则返回 false。所以，可以使用 while 循环来迭代结果集。默认的 ResultSet 对象不可更新，仅有一个向前移动的指针，因此只能迭代一次，并且只能按从第一行到最后一行的顺序进行。如果需要，则可以生成可滚动和可更新的 ResultSet 实例。

ResultSet 接口提供了从当前行检索列值的 getter 方法。可以使用列的索引或列的名称来检索值。在一般情况下，使用列的索引较为高效。列的索引从 1 开始编号。可以按照从左到右的顺序读取每行中的结果集列，且每列只能读取一次。在使用列的名称调用 getter 方法时，列的名称不区分大小写，如果多列具有这一名称，则返回第一个匹配列的值。对于没有在查询中显式命名的列，最好使用列的索引。

对于返回的结果集，使用 ResultSet 对象的 next()方法将光标指向下一行。光标最初位于第一行之前，因此第一次调用 next()方法时将光标置于第一行，如果到达结果集的末尾，则 ResultSet 的 next()方法会返回 false。getter 方法提供了获取当前行中某列的值的途径，列的名称或列的索引可用于标识要从中获取数据的列。

使用列的名称作为参数来处理结果集的具体代码如下：

```
while(rs.next()){
    int x = rs.getString("sex");
}
```

使用列的索引作为参数来处理结果集的具体代码如下。

```
while(rs.next()){
    int x = rs.getString(1);
}
```

数据库 dbstudent 中有数据表 tb_studentinfo，该表的结构如表 7-1 所示。

表 7-1　数据表 tb_studentinfo 的结构

字段名称	字段含义	数据类型	长度
stuid	学号	varchar	10
classID	班级编号	varchar	10
stuName	学生姓名	varchar	20
sex	性别	varchar	10
age	年龄	int	
addr	地址	varchar	50
phone	电话	varchar	20

下面以一个具体的示例来说明使用 Statement 对象查询数据表 tb_studentinfo 的信息的方法，并将数据在控制台中输出。

【例 7-1】

```
import java.sql.Connection;
import java.sql.DriverManager;
import java.sql.ResultSet;
import java.sql.Statement;
public class SelTest {
    public static void main(String[] args) {
```

```
        try {
            //加载驱动
            Class.forName("com.mysql.jdbc.Driver");
            // 建立和数据库的连接
            Connection con = DriverManager.getConnection(
            "jdbc:mysql://localhost:3306/dbstudent?characterEncoding=utf-8",
            "root","123456");
            //创建 Statement 对象
            Statement stmt = con.createStatement();
            //定义 SQL 语句
            String sql="select * from tb_studentinfo";
            //执行查询
            ResultSet rs=stmt.executeQuery(sql);
            System.out.print("学号\t 姓名\t 性别\n");
            //处理结果集
            while(rs.next()){
                System.out.print(rs.getString("stuid")+"\t"
                        +rs.getString(3)+"\t"+rs.getString(4)+"\n");
            }
            //关闭连接
            rs.close();
            stmt.close();
            con.close();
            } catch (Exception e) {
                    e.printStackTrace();
            }
        }
    }
}
```

程序运行结果如图 7-6 所示。

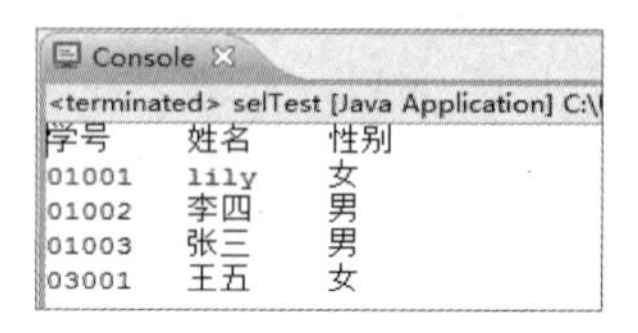

图 7-6 程序运行结果

每次在操作数据库时都需要先连接数据库，我们可以把连接数据库的工作进行封装，统一放在 DBCon 类中。在使用数据库连接类后，操作数据库的工作将进一步简化。下面以 DelTest.java 为例，说明如何删除数据库中的一条数据。

【例 7-2】

```
import common.DBCon;

public class DelTest {
```

```
    public static void main(String[] args) {
        //定义 SQL 语句
        String sql="delete from tb_studentinfo where stuid='01001'";
        //调用 DBCon 类中的 executeUpdate()方法执行删除操作
        DBCon db=new DBCon();
        int i=db.executeUpdate(sql);
        //根据删除情况给出提示信息
        if(i==1){
            System.out.print("数据删除成功! ");
        }
    }
}
```

程序运行结果如图 7-7 所示。

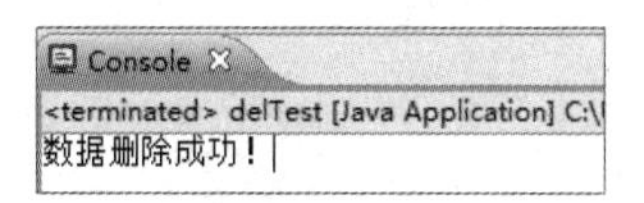

图 7-7　程序运行结果

7.4　使用 PreparedStatement 对象（★★）

PreparedStatement 接口继承并扩展了 Statement 接口，用于执行动态的 SQL 语句，即包含参数的 SQL 语句。通过 PreparedStatement 实例执行的动态 SQL 语句，将被预编译并保存到 PreparedStatement 实例中，从而可以反复且高效地执行该 SQL 语句。

在通过 setter 方法（如 setInt()、setLong()等）为 SQL 语句中的参数赋值时，建议使用与输入参数的已定义 SQL 类型兼容的类型。例如，如果参数具有的 SQL 类型为 Integer，则应该使用 setInt()方法为参数赋值，也可以使用 setObject()方法为各种类型的参数赋值。

创建 PerparedStatement 实例来执行 SQL 语句的具体代码如下：

```
String sqlselect="select sex from operator where name=? ";
PreparedStatement pstm= conn.prepareStatement(sqlselect);
pstm.setString(1, "hlp");
ResultSet rs=pstm.executeQuery();
```

下面以一个具体的示例来说明使用 PreparedStatement 对象查询数据表 tb_studentinfo 的信息的方法，如查询学号为“01002”的学生的信息，并将数据在控制台中输出。

【例 7-3】

```
import java.sql.Connection;
```

```
import java.sql.PreparedStatement;
import java.sql.ResultSet;
import java.sql.SQLException;
import common.DBCon;
public class SelPreTest {
    public static void main(String[] args) {
        try {
            //定义 SQL 语句
            String sql="select * from tb_studentinfo where stuid=?";
            //调用 DBCon 类的 getconn()方法获得连接
            DBCon db=new DBCon();
            Connection conn=db.getconn();
            //预编译 SQL 语句
            PreparedStatement pstm;
            pstm = conn.prepareStatement(sql);
            //为参数赋值
            pstm.setString(1, "01002");
            //执行 SQL 语句
            ResultSet rs=pstm.executeQuery();

            System.out.print("学号\t 姓名\t 性别\t 住址\n");
            //处理结果集
            while(rs.next()){
            System.out.print(rs.getString("stuid")+"\t"+rs.getString(3)
+"\t"+rs.getString(4)+"\t"+rs.getString("addr")+"\n");
            }
            //关闭连接
            rs.close();
            pstm.close();
            conn.close();
        } catch (SQLException e) {
            e.printStackTrace();
        }
    }
}
```

程序运行结果如图 7-8 所示。

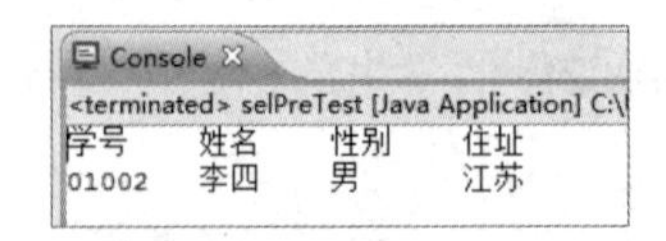

图 7-8 程序运行结果

下面以 ModPreTest.java 为例，说明如何更新数据库中的一条数据。

【例 7-4】

```
public class ModPreTest {
    public static void main(String[] args) {
        try {
            //定义 SQL 语句
            String sql="update tb_studentinfo set addr=? where stuid=?";
            //调用 DBCon 类的 getconn()方法获得连接
            DBCon db=new DBCon();
            Connection conn=db.getconn();
            //预编译 SQL 语句
            PreparedStatement pstm;
            pstm = conn.prepareStatement(sql);
            //为参数赋值
            pstm.setString(1, "上海");
            pstm.setString(2, "01002");
            //执行 SQL 语句
            int i=pstm.executeUpdate();
            //操作判断
            if(i==1){
                System.out.print("数据更新成功！");
            }
            //关闭连接
            pstm.close();
            conn.close();
        } catch (SQLException e) {
            e.printStackTrace();
        }
    }
}
```

程序运行结果如图 7-9 所示。

图 7-9 程序运行结果

任务实施

在实现用户登录时，在“登录”界面中输入用户名和密码，设置“用户类型”为“管理员”，单击“登录”按钮，如果用户名和密码正确，则打开“管理员主界面”；如果不正确，则给出提示信息。“登录”界面和“管理员主界面”如图 7-10 所示。

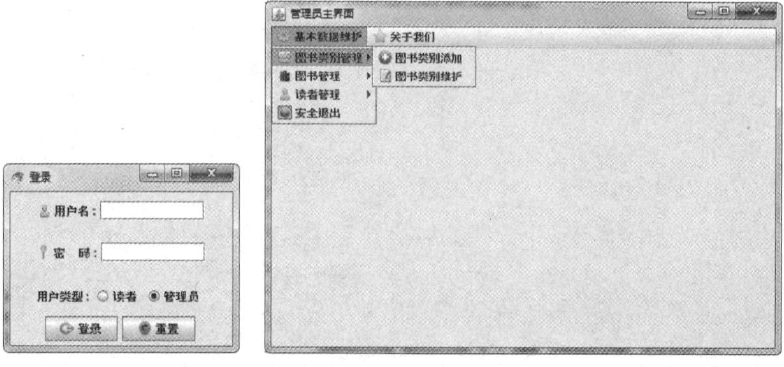

图 7-10　“登录”界面和“管理员主界面”

在实现用户登录的过程中，用户输入用户名和密码后，需要访问数据库中的管理员信息表，查看是否存在对应的记录，如果存在，则表示用户已经注册，可以成功登录，否则不可以登录。

“登录”界面中的“登录”按钮的事件处理代码如下：

```
public void actionPerformed(ActionEvent e) {
    if(e.getSource()==loginBtn){
        //从文本框中获取用户名和密码
        String username=usernameText.getText().trim();
        String password=passwordText.getText().trim();
        //用户名和密码校验
        if(username==null || "".equals(username)){
            JOptionPane.showMessageDialog(null, "用户名不能为空");
            return;
        }
        if(password==null || "".equals(password)){
            JOptionPane.showMessageDialog(null, "密码不能为空");
            return;
        }

        if(userBut.isSelected()){        //用户登录事件处理
        }

        if(adminBut.isSelected()){
        //根据从文本框中获得的信息新建一个对象
        Admin ad=new Admin(username, password);
        //定义数据库连接
        Connection con=null;
```

```
    try {
        //使用数据库工具类获取数据库连接
        con=DBTool.getConnetion();
        //新建一个用户数据访问对象
        AdminDao adDao=new AdminDao();
        //调用其登录验证方法来获取一个用户对象
        Admin currad=adDao.login(con, ad);
        //判断返回的用户对象
        if(currad!=null){//不为空，表示登录成功
        //进入主界面，释放当前窗口资源
        new AdminMainFrame();
            dispose();
        }else{ //为空，表示登录不成功
            JOptionPane.showMessageDialog(null, "登录失败(u_u)");
        }
        } catch (SQLException e1) {
            e1.printStackTrace();
            throw new RuntimeException("登录失败",e1);
        }finally{DBTool.close(con);}
        }
    }
}
```

任务小结

本任务通过用户登录的实现引导学生重视信息安全问题，恪守职业道德和职业操守，坚定行业自信、民族自信的学习信念，具备刻苦钻研、团结协作的团队意识，以及认真严谨、追求卓越的工匠精神。

习题七

一、选择题

1. 在 Java 中，JDBC 是指（　　）。

   A. Java 程序与数据库连接的一种机制

   B. Java 程序与浏览器交互的一种机制

   C. Java 类库名称

   D. Java 类编译程序

2．在编写访问数据库的 Java 程序时，若使用 Statement 对象执行 SQL 语句，则对于 select 语句，应调用（　　）方法。

A．executeUpdate()　　B．executeQuery()
C．execute()　　D．executeBatch()

3．在编写访问数据库的 Java 程序时，Connection 对象的作用是（　　）。

A．存储查询结果　　B．在指定的连接中处理 SQL 语句
C．表示与数据库的连接　　D．设置查询命令

4．在使用 PreparedStatement 对象执行 SQL 语句时，语句中的参数使用（　　）来表示。

A．?　　B．*　　C．%　　D．#

5．在编写访问数据库的 Java 程序时，若使用 Statement 对象执行 SQL 语句，则对于 delete、insert、update 语句，应调用（　　）方法。

A．executeUpdate()　　B．executeQuery()
C．execute()　　D．executeBatch()

二、编程题

创建数据库 test，该数据库中有一个数据表 customer，该数据表中有 3 个字段，即 id（客户 ID）、name（姓名）和 address（地址）。

（1）使用 Statement 对象实现对 customer 表的访问并输出。

（2）使用 PreparedStatement 对象执行如下操作：删除 customer 表中指定客户 ID 的记录，并在控制台中输出操作是否成功。

（3）使用 PreparedStatement 对象执行如下操作：修改 customer 表中指定的 ID 的记录，并在控制台中输出操作是否成功。

单元八

多线程编程

现在的操作系统都是多任务操作系统，每个运行的任务都是操作系统所做的一件事情。Java 应用程序通过多线程技术共享系统资源，线程之间的通信与协同通过简单的方法调用完成。本单元主要介绍线程的概念、线程的创建、线程的控制等。这些知识点对接了国信蓝桥“1+X”《大数据应用开发（Java）职业技能等级标准》中的中级技能要求。

学习目标

- 理解线程的概念。
- 熟练使用 Java 的多线程 API 创建线程（★★）。
- 能够有效控制线程的启动、终止和暂停（★★）。

素养目标

- 通过线程概念的讲解，引导学生正确处理局部与整体的关系。
- 引导学生在团队协作中做好分工，充分发挥各部分的作用。
- 培养学生的团队协作能力和工匠精神。

任务　小型抽奖系统

任务描述

小型抽奖系统是使用多线程实现的一个简单抽奖系统。在界面中有一个文本框，用于显示手机号，单击“开始”按钮启动线程，文本框中的手机号开始变化，单击“停止”按钮终止线程，文本框中的手机号停止变化，弹出奖项信息提示对话框。系统运行效果如图 8-1 和图 8-2 所示。

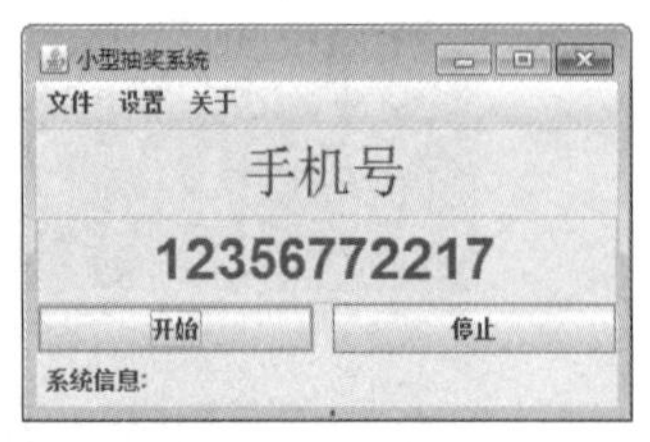

图 8-1 开始抽奖

图 8-2 结束抽奖

知识储备

8.1 线程的概念

在操作系统中，一个独立的正在运行中的程序称为进程，而一个程序通常被分为一个个小块，称为任务，任务又可以进一步被分为更小的块，称为线程。如果一个程序有多于一个线程同时运行，就可以称为多线程并行。

一个线程可以被定义为单一的连续控制流，也可以被定义为执行环境或者轻量级程序。当一个程序启动之后，会先生成一个默认的线程。这个线程称为主线程，就是由 main()方法引导进入的线程。main()方法调用的方法结构会在这个主线程中顺序执行。在程序中新建并启动的线程称为从线程，从线程也有自己的入口方法，这是由编写人员自己定义的。

多线程程序比多进程程序需要的管理成本更低。进程是重量级的任务，需要为它们分配自己独立的内存资源。进程间通信是昂贵且受限的，由于每个进程的内存资源是独立的，因此进程间的转换需要很大的系统开销。线程则是轻量级的任务，它们只在单个进程作用域内活动，可以共享相同的地址空间，共同处理一个进程。线程间的通信和转换都是低成本的，因为它们可以访问和使用同一个内存空间。

当 Java 程序使用多进程程序时，多进程程序是不受 Java 虚拟机控制的，即 Java 虚拟机不能控制进程暂停或者继续。而多线程则是受 Java 虚拟机控制的，这正是由于 Java 支持多线程操作。使用多线程的优势在于可以编写出非常高效的程序。在程序运行中，除了使用 CPU，还需要使用 U 盘、硬盘等外部存储设备，另外，还经常使用网络设备进行数据传输。这些设备的读写速度比 CPU 的执行速度慢很多，因此程序经常等待接收或发送数据。使用多线程可以充分利用 CPU 资源，当一个线程因为读写数据而等待时，另一个线程就可以运行了。

思政小贴士

习近平总书记在党的二十大报告中指出：“万事万物是相互联系、相互依存的。只有用普遍联系的、全面系统的、发展变化的观点观察事物，才能把握事物发展规律。”我们在处理个人利益与国家、集体利益的关系时，也要把国家、社会、公民的价值要求融为一体，自觉地把小我融入大我，将社会主义核心价值观内化为精神追求、外化为自觉行动。

8.1.1 线程的生命周期

一个线程“创建→工作→死亡”的过程称为线程的生命周期。线程的生命周期共有 5 个状态，即新建状态、就绪状态、运行状态、阻塞状态和死亡状态。

（1）新建（New）状态：创建了一个线程，但它还没有启动。

（2）就绪（Ready）状态：当线程处于新建状态时，只要调用 start()方法，线程就处于就绪状态。就绪状态的线程具备了运行条件，但尚未进入运行状态。就绪状态的线程将在就绪队列中排队，等待 CPU 资源。

（3）运行（Running）状态：某个就绪状态的线程获得了 CPU 资源，正在运行。当线程对象开始运行时，系统就调用该对象的 run()方法。

（4）阻塞（Block）状态：正在运行的线程遇到某个特殊情况后暂停运行。进入阻塞状态的线程会让出 CPU，并一直等待，直到引起阻塞的原因被消除，线程又转入就绪状态，重新进入就绪队列排队。当线程再次变成运行状态时，将从原来暂停处开始继续运行。

（5）死亡状态：线程不再具有继续运行的能力，也不能再转到其他状态。

线程间的状态转换如图 8-3 所示。

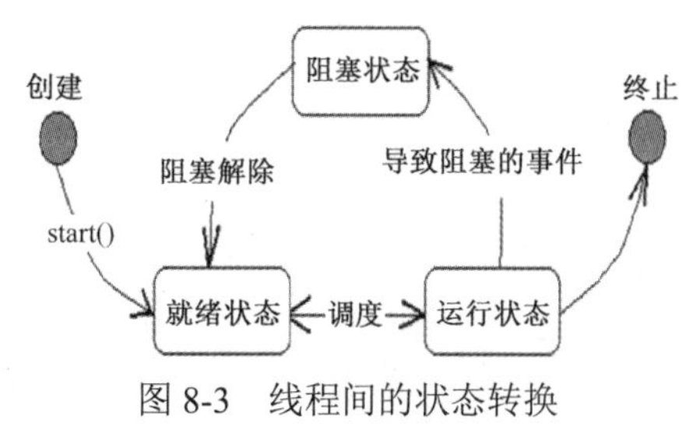

图 8-3 线程间的状态转换

8.1.2 线程的优先级

在默认情况下，Java 虚拟机会按照正常的优先级给线程分配 CPU 资源。Java 也允许程序员自行设置线程的优先级。在一般情况下，优先级高的线程比优先级低的线程获得更多的 CPU 资源。但是在实际应用中，线程获得 CPU 资源的多少不仅由优先级决定还由其他因素决定。

当多个线程启动并加入队列中等待运行时，优先级高的线程优先获得 CPU 资源。如果一个优先级高的线程从 I/O 等待或者睡眠中恢复，则它将抢占优先级低的线程所使用的 CPU 资源。

Thread 类中定义了设置和获取线程优先级的方法：

```
public void setPriority(int newPriority)
public int getPriority()
```

优先级取值范围为 1～10，数值越大表示优先级越高。Thread 类中定义了优先级 int 类型常量 MAX_PRIORITY、NORM_PRIORITY、MIN_ PRIORITY，这 3 个常量表示了 3 个优先级，其值分别是 10、5、1。主线程的优先级是 NORM_PRIORITY，也就是 5。

8.2 线程的创建（★★）

Java 程序实现多线程应用有两种途径：一是继承 Thread 类，声明 Thread 子类，使用 Thread 子类创建线程；二是在类中实现 Runnable 接口，并在类中提供 Runnable 接口的 run()方法。无论采用哪种方法，都需要得到 Thread 类及其方法的支持。

Thread 类的常用构造方法如下。

- Thread()：默认构造方法。
- Thread(Runnable target)：以 target 引用创建一个线程实例。
- Thread(String name)：指定字符串 name 为线程名，创建一个线程实例。
- Thread(ThreadGroup group，Runnable target)：在指定线程组中构造一个线程对象，使用目标对象 target 的 run()方法。
- Thread(Runnable target，String name)：使用指定字符串构造一个线程对象，使用目标对象的 run()方法。

Thread 类的常用成员方法如下。

- void setName()：设置线程名。
- void getName()：获取线程名。
- static Thread currentThread()：返回当前运行的线程。
- void destroy()：销毁线程。
- int getPriority()：获取线程的优先级。
- void interrupt()：中断线程的运行。
- void run()：运行线程使用的方法。
- static void sleep(long millis)：线程睡眠（暂停），指定毫秒数。
- void start()：线程加入到线程组中，排队等待开始运行，自动调用并执行 run()方法。
- static void yield()：正在运行中的线程让出 CPU 资源，允许其他线程运行。
- void join()：等待，直到线程死亡。

8.2.1 通过继承 Thread 类创建线程

要使用 Thread 子类实现多线程，需要先声明一个 Thread 类的子类，并在子类中重新定义 run()方法。当程序需要创建线程时，就可以创建 Thread 类的实例，并让创建的线程调用 start()方法，这时 run()方法会自动执行。下面以一个具体的示例来说明。

【例 8-1】

```
class T1 extends Thread{   //继承 Thread 类
```

```
    //重写 run()方法
    public void run() {
        for(int i = 1;i<=100;i++)
            System.out.println("Thread1:"+"第"+i+"次输出");
    }
}

public class TestThread1 {
    public static void main(String[] args) {
        //创建线程实例
        Thread tt=new T1();
        //启动线程
        tt.start();
        for(int i = 1;i<=100;i++)
            System.out.println("Main:"+"第"+i+"次输出");
    }
}
```

在例 8-1 中，定义了继承自 Thread 类的 T1 类，并在 T1 类中重写了 run()方法。在主类中，创建了 T1 类的实例，并调用 start()方法启动线程，使主线程和自定义线程抢占 CPU 资源，分别运行一段时间。程序运行结果如图 8-4 所示。

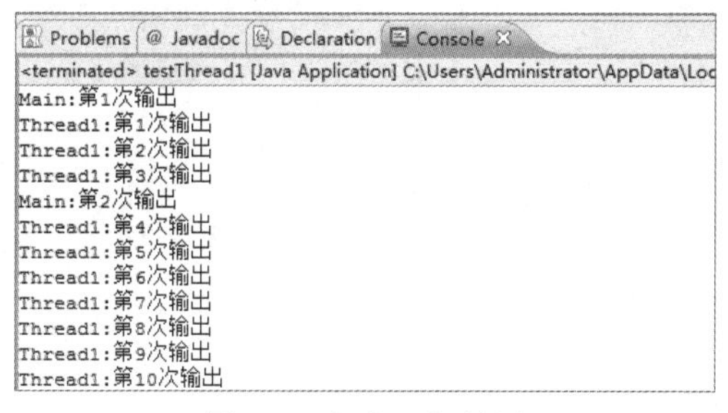

图 8-4 程序运行结果

注意： 调用 start()方法是为了启动线程，使主线程和自定义线程抢占 CPU 资源；如果调用 run()方法，则只是简单的方法调用。

8.2.2 通过实现 Runnable 接口创建线程

除了继承 Thread 类，还可以通过实现 Runnable 接口创建线程。在 Runnable 接口中，只有一个抽象方法 run()，只要实现这个方法，就可以实现多线程。通过实现 Runnable 接口创建线程的步骤主要如下。

首先，定义类以实现 Runnable 接口，并覆盖实现 run()方法；然后，在 run()方法中编写运行线程的代码，调用 Thread 类的构造方法，以上述实现类的实例对象为参数创建 Thread 对象；最后，调用 Thread 对象的 start()方法启动线程。实现方式如例 8-2 所示。

【例 8-2】

```
class T2 implements Runnable{  //实现 Runnable 接口
    //实现 run()方法
    public void run() {
        for(int i = 1;i<=100;i++)
            System.out.println("Thread1:"+"第"+i+"次输出");
    }
}

public class TestThread2 {
    public static void main(String[] args) {
        //创建线程实例，启动线程
        Runnable r=new T2();
        Thread tt=new Thread(r);
        tt.start();

        for(int i = 1;i<=100;i++)
            System.out.println("Main:"+"第"+i+"次输出");
    }
}
```

在例 8-2 中，定义了 T2 类以实现 Runnable 接口，并在 T2 类中实现了 run()方法；在主类中，创建了 T2 类的实例 r，并以 r 为参数创建了 Thread 类的实例；调用 start()方法启动线程，使主线程和自定义线程抢占 CPU 资源，分别运行一段时间。程序运行结果如图 8-5 所示。

```
Problems @ Javadoc Declaration Console
<terminated> testThread2 [Java Application] C:\Users\Administrator\Ap
Main:第1次输出
Thread1:第1次输出
Main:第2次输出
Thread1:第2次输出
Thread1:第3次输出
Thread1:第4次输出
Thread1:第5次输出
```

图 8-5 程序运行结果

8.2.3 sleep()方法

静态方法 Thread.sleep(long millis)强制当前正在运行的线程休眠（暂停运行），以“减慢线程”。当线程休眠时，它在苏醒之前不会返回可运行状态。当睡眠时间到期时，则返回可运行状态。

【例 8-3】

```
class MyThread extends Thread {
  public void run(){
```

```
    while(true){
     System.out.println("==="+new Date()+"===");
       try {
            sleep(1000);//休眠 1 秒
        } catch (InterruptedException e) { return;  }
    }
  }
}
public class TestSleep {
    public static void main(String[] args) {
        Thread tt=new MyThread();
        tt.start();
    }
}
```

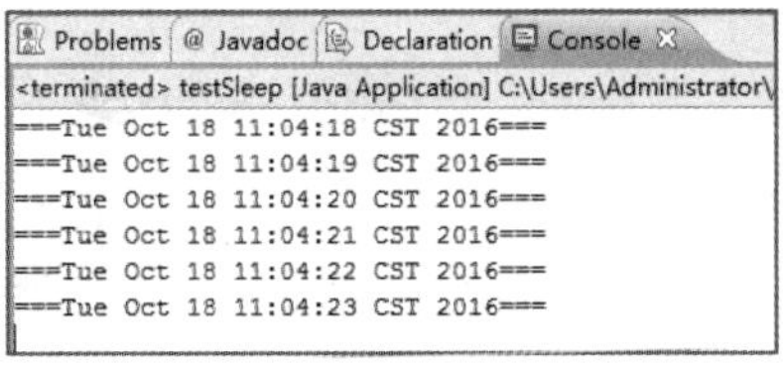

```
Problems  @ Javadoc  Declaration  Console
<terminated> testSleep [Java Application] C:\Users\Administrator\
===Tue Oct 18 11:04:18 CST 2016===
===Tue Oct 18 11:04:19 CST 2016===
===Tue Oct 18 11:04:20 CST 2016===
===Tue Oct 18 11:04:21 CST 2016===
===Tue Oct 18 11:04:22 CST 2016===
===Tue Oct 18 11:04:23 CST 2016===
```

图 8-6　程序运行结果

在例 8-3 中，在 MyThread 类中定义的 run()方法中，打印输出当前日期。因为 while(true)条件始终成立，所以时间被连续不断地输出。调用 sleep(1000)方法让线程每输出一次就休眠 1 秒，且时间会每隔 1 秒在控制台中输出一次。程序运行结果如图 8-6 所示。

在例 8-3 的程序中，while(true)条件永远成立，多线程会一直执行。为了更好地控制多线程的启动和终止，可以设置一个 boolean 类型的值。上述代码可以修改成例 8-4 中的代码。

【例 8-4】

```
class MyThread extends Thread {
    //设置标志 flag
    boolean flag = false;
    //获得 flag 的值
    public boolean getFlag() {
        return flag;
    }
    //设置 flag 的值
    public void setFlag(boolean flag) {
        this.flag = flag;
    }
    public void run() {
        while (flag) {  //flag 为 true 时执行，为 false 时不执行
            System.out.println("===" + new Date() + "===");
            try {
```

```
                sleep(1000);//休眠 1 秒
            } catch (InterruptedException e) {
                return;
            }
        }
    }
}
public class TestSleep2 {
    public static void main(String[] args) {
        MyThread tt = new MyThread();
        tt.start();
        tt.setFlag(true);
    }
}
```

任务实施

在小型抽奖系统中，定义一个多线程来实现手机号的不断变化：当单击“开始”按钮时，启动线程；当单击“停止”按钮时，终止线程；根据第几次单击“停止”按钮来决定产生几等奖，先产生 3 个三等奖，再产生 2 个二等奖，再产生 1 个一等奖，最后产生 1 个特等奖。默认产生 7 个奖项。在小型抽奖系统中的多线程的主要功能是让文本框中的手机号每隔 50 毫秒改变一次。程序的代码清单如下：

```
//定义多线程类，多线程的功能是每隔 50 毫秒显示一个手机号
class ChooseThread extends Thread {
    //决定此线程是否运行的标记
    private boolean runFlag = true;
    //需要使用该对象来读取文本框字段，该对象不用创建，只需声明一下即可
    private ChooseAward chooseAward = null;
    //创建一个新的随机数生成器
    Random randomNumber = new Random();
    public ChooseThread(Object obj) {
        runFlag=false;
        chooseAward = (ChooseAward) obj;
        this.start();
    }
    public void changeflag_start() {        runFlag = true;     }
    public void changeflag_stop() {     runFlag = false;     }
    //实现文本框滚动的效果
    public void run() {
```

```
        while (runFlag) {
            //返回存储手机号的集合类的一个随机序号
            int num = randomNumber.nextInt(chooseAward.v_identNumber.size());
            //显示那个选中的序号对应的手机号
            chooseAward.t_identNumber
                    .setText((String) chooseAward.v_identNumber.elementAt(num));
            try {
                sleep(50);  //休眠 50 毫秒
            } catch (Exception e) { e.printStackTrace();            }
        }
    }
}
```

在小型抽奖系统中，“开始”按钮的主要功能是加载抽奖数据，启动线程。在启动线程之前，需要判断数据是否加载成功，抽奖是否已经结束。完整的按钮事件定义如下：

```
// “开始”按钮事件
if (e.getSource() == b_start) {
    this.addDate();     //加载数据
    //判断存储两个标记的向量是否为空
    if (v_identNumber.size() <= 0 || v_name.size() <= 0) {
        l_information.setText("数据没有加载成功，请加载数据!");
    } else {
        //判断抽奖是否已经结束
        if (chooseTime > 6) {
            l_information.setText("抽奖结束，若要再进行一次，须重新启动程序！ ");
        } else
        {   //启动多线程
            awardThread = new ChooseThread(this);
            awardThread.changeflag_start();
            //设置提示文字
            l_information.setText("将产生:特(1名),一(1名),二(2名),三(3名)等奖");
            l_identNumber.setText("选取中...");
            //设置按钮状态
            b_start.setEnabled(false);
            b_stop.setEnabled(true);
        }
    }
}
```

在小型抽奖系统中，“停止”按钮的主要功能是终止线程。同时，根据文本框中的手机号找出对应的中奖者姓名，根据抽奖次数决定奖项，并给出相应的提示信息。完整的按钮事件定义如下：

```
// “停止”按钮事件
if(e.getSource()==b_stop) {
    //终止多线程，将跳转的数字置于停止状态
    awardThread.changeflag_stop();
    //第几次单击“停止”按钮（用于进行奖项的设置和抽奖结束的判断）
    chooseTime++;
    String str_name = "";  //手机号对应的中奖者姓名
    String message = "";   //提示对话框的信息
    //根据第几次单击“停止”按钮来决定产生几等奖
    //先产生 3 个三等奖，再产生 2 个二等奖，再产生 1 个一等奖，最后产生 1 个特等奖
    switch (chooseTime) {
        case 1:
        case 2:
        case 3://前 3 次单击“停止”按钮都会产生三等奖
        //寻找停止时文本框中的手机号对应的中奖者姓名
        for (int k = 0; k < v_identNumber.size(); k++) {
        //找到对应的手机号（取出停止时文本框中的手机号与存储手机号的向量比较）
            if ((t_identNumber.getText()).equals(v_identNumber.elementAt(k))) {
                //取出这个手机号对应的中奖者姓名
                str_name = (String) v_name.elementAt(k);
                //为防止下次抽奖时再抽到相同的手机号，将已中奖手机号从向量中移除
                v_identNumber.removeElementAt(k);
                v_name.removeElementAt(k);
                break;// 跳出循环
        }
    }
    l_identNumber.setText("三等奖");
    b_start.setText("继续");
    //显示提示对话框
    message = "第" + chooseTime + "位三等奖得主为：  " + str_name;
    JOptionPane.showMessageDialog(this, message);
    break;
    case 4:
    case 5://第 4 次和第 5 次单击“停止”按钮会产生二等奖
```

```
for (int k = 0; k < v_identNumber.size(); k++) {
    if (t_identNumber.getText().equals(v_identNumber.elementAt(k))) {
        str_name = (String) v_name.elementAt(k);
        v_identNumber.removeElementAt(k);
        v_name.removeElementAt(k);
        break;
    }
}
l_identNumber.setText("二等奖");
int serial = chooseTime - 3; // 第几位得主，排名序号
message = "第" + serial + "位二等奖得主为：  " + str_name;
JOptionPane.showMessageDialog(this, message);
break;
case 6: //第 6 次单击“停止”按钮会产生一等奖
    for (int k = 0; k < v_identNumber.size(); k++) {
        if (t_identNumber.getText().equals(v_identNumber.elementAt(k))) {
            str_name = (String) v_name.elementAt(k);
            v_identNumber.removeElementAt(k);
            v_name.removeElementAt(k);
            break;
        }
    }
        l_identNumber.setText("一等奖");
        serial = chooseTime - 5;
        message = "第" + serial + "位一等奖得主为：" + str_name;
        JOptionPane.showMessageDialog(this, message);
        break;
    case 7://第 7 次单击“停止”按钮会产生特等奖
        for (int k = 0; k < v_identNumber.size(); k++) {
            if (t_identNumber.getText().equals(v_identNumber.elementAt(k))) {
                str_name = (String) v_name.elementAt(k);
                v_identNumber.removeElementAt(k);
                v_name.removeElementAt(k);
                break;
            }
        l_identNumber.setText("特等奖");
        serial = chooseTime-6;
```

```
            message = "第" + serial + "位一等奖得主为： " + str_name;
            JOptionPane.showMessageDialog(ChooseAward.this, message);
            l_information.setText("此次抽奖全部结束,保存抽奖结果！ ");
            break;
            }
            b_start.setEnabled(true);//设置“开始”按钮处于可用状态
            b_stop.setEnabled(false);//设置“停止”按钮处于不可用状态
}
```

任务小结

本任务通过线程的概念引导学生正确处理局部和整体的关系，具备以国家利益为重的素养，树立正确的技能观，并引导学生在团队协作中优化分工，提高职业技能和职业素养，践行社会主义核心价值观。

习题八

一、选择题

1．下列方法中作用是启动线程的是（　　）。【“1+X”大数据应用开发（Java）职业技能等级证书（中级）考试】

A．run()　　B．start()　　C．begin()　　D．go()

2．线程可以通过（　　）方法休眠一段时间，再恢复运行。

A．run()　　B．setPriority()　　C．yield()　　D．sleep()

3．下列说法中错误的一项是（　　）。【“1+X”大数据应用开发（Java）职业技能等级证书（中级）考试】

A．线程一旦被创建，就会立即自动运行

B．线程创建后需要调用 start()方法，将线程置于可运行状态

C．调用线程的 start()方法后，线程也不一定立即运行

D．线程处于可运行状态，意味着它可以被调度

4．在 Thread 类的方法中，getName()方法的作用是（　　）。

A．返回线程组的名称　　B．设置线程组的名称

C．返回线程的名称　　D．设置线程的名称

5．在编写线程类时，要继承的父类是（　　）。

A．Runnable　　B．Serializable　　C．Thread　　D．Exception

6．关于线程，下列说法中错误的是（　　）。【“1+X”大数据应用开发（Java）职业技

能等级证书（中级）考试】

A．当一个程序运行时，其内部可能包含多个顺序执行流，每个顺序执行流就是一个线程

B．操作系统可以同时执行多个任务，每个任务就是一个进程，进程可以同时执行多个任务，每个任务就是一个线程

C．一个程序运行后至少有一个进程，一个进程中可以包含多个线程，至少包含一个主线程

D．每个线程都是相互独立运行的，资源不共享

二、编程题

1. 如何在 Java 程序中实现多线程？简述通过继承 Thread 类和实现 Runnable 接口两种方法创建线程的异同。

2. 编写一个 Java 程序，要求在屏幕上显示时间，每隔 1 秒刷新一次，可使用多线程实现该程序。

单元九

Java 输入/输出（I/O）操作

大多数应用程序都需要与外部设备进行数据交换，最常见的外部设备包括硬盘和网络设备，Java 的 I/O 操作就是对这些设备进行操作。本单元主要介绍 File 类、I/O 原理及文件的读写操作等。这些知识点对接了国信蓝桥“1+X”《大数据应用开发（Java）职业技能等级标准》中的中级技能要求。

学习目标

- 了解 File 类及 I/O 原理。
- 了解常用的 I/O 包中的输入/输出类（★★）。
- 熟练运用 I/O 包完成大数据文件的读写和输入/输出控制（★★）。

素养目标

- 培养学生的信息安全意识。
- 培养学生的自主钻研、刻苦学习精神，认识到学好专业知识的重要性。
- 培养学生的团队协作能力和追求卓越的工匠精神。

任务　简易记事本程序

任务描述

Windows 系统提供了记事本程序，记事本程序的功能是如何实现的呢？能否仿照记事本程序自己设计一个应用程序——简易记事本呢？

知识储备

9.1　File 类

文件是很多程序中的数据的基本初始源和目标源。文件的 I/O 操作在任何语言中都是存在的。在计算机系统中，文件可以被当作相关数据记录或一组数据的集合。为了便于分类管理文件，通常使用目录来组织文件的存放，也就是说，目录是一组文件的集合。这些文件和目录一般都被存储在硬盘、U 盘、光盘等介质中。

在计算机系统中，所有文件数据都是以二进制数据的形式进行存储的。在存储设备中存放的其实就是大量的二进制数据。当需要使用这些文件时，系统会调用相应的程序来解码和读取这些二进制数据，比如对于音频文件，系统会调用播放器等软件来解码并播放；对于图片文件，系统会调用图片显示程序来解码并显示。

9.1.1 Java 中文件的创建

文件的全名是由目录路径与文件名组成的。例如，C:\Program Files\Java\jdk1.6.0_10\bin\java.exe 是一个.exe 格式的文件的全称，其中，C:\Program Files\Java\jdk1.6.0_10\bin\是该文件的目录路径，也就是我们平时所说的文件夹。

在 Java 中，目录被视为一个特殊的文件。通常使用 File 类来统一代表目录和文件，在 File 类中，可以调用相应的方法来判断对象是文件还是目录。

File 类的常用构造方法如下。

- File(File parent, String child)：根据抽象路径名 parent 和路径名字符串 child 创建一个新 File 实例。
- File(String pathname)：通过将给定路径名字符串转换为抽象路径名来创建一个新 File 实例。
- File(String parent, String child)：根据路径名字符串 parent 和路径名字符串 child 创建一个新 File 实例。

在上述构造方法中，可以使用路径构造文件对象，也可以通过文件的父路径和文件名构造文件对象，例如：

```
File f = new File("C:\\Program Files\\test.txt");  //通过文件路径全名构造文件对象
File f = new File("C:\\Program Files", "test.txt");//通过父路径和文件名构造文件对象
File f = new File(File parent, "test.txt");      //创建的文件对象 f 在目录 parent 下
```

分隔符也可以使用“/”，所以上述语句也可以表示为“File f = new File("C:/Program Files/test.txt");”。有时为了保证程序的可移植性，需要使用相对路径，Java 中使用“.”来表示当前路径。要创建一个当前目录的对象，可以使用“File f = new File(".");”。

在 File 类中，定义了很多用于访问文件属性的方法。常用的文件属性访问方法如下。

- public boolean canRead()：判断文件是否可读。
- public boolean canWrite()：判断文件是否可写。
- public boolean exists()：判断文件是否存在。

- public boolean isDirectory()：判断文件是否为目录。
- public boolean isFile()：判断文件是否为文件。
- public boolean isHidden()：判断文件是否为隐藏文件。
- public long length()：返回文件长度。
- public String getName()：返回文件名。
- public String getPath()：返回文件路径。
- public String getAbsolutePath()：返回文件绝对路径。

下面通过 FileTest.java 来演示文件的创建和属性访问。

【例 9-1】

```
public class FileTest{
    public static void main(String[] args) {
        File f1 = new File("."); //以当前目录创建文件对象
        System.out.println("f1 是否存在"+f1.exists());
        System.out.println("f1 是否为目录"+f1.isDirectory());
        System.out.println("f1 是否为文件"+f1.isFile());
        System.out.println("f1 的路径"+f1.getPath());
        System.out.println("f1 的绝对路径"+f1.getAbsolutePath());
        System.out.println("f1 的名称"+f1.getName());
        System.out.println("f1 是否为隐藏文件"+f1.isHidden());
        System.out.println("f1 是否可读"+f1.canRead());
        System.out.println("f1 是否可写"+f1.canWrite());

        File f2 = new File("src/io/FileTest.java");//以相对路径创建文件对象
        System.out.println("f2 是否存在"+f2.exists());
        System.out.println("f2 是否为目录"+f2.isDirectory());
        System.out.println("f2 是否为文件"+f2.isFile());
        System.out.println("f2 的路径"+f2.getPath());
        System.out.println("f2 的绝对路径"+f2.getAbsolutePath());
        System.out.println("f2 的名称"+f2.getName());
        System.out.println("f2 是否为隐藏文件"+f2.isHidden());
        System.out.println("f2 是否可读"+f2.canRead());
        System.out.println("f2 是否可写"+f2.canWrite());
    }
}
```

程序运行结果如图 9-1 所示。

```
Console
<terminated> FileTest [Java Application] C:\Users\Administrator
f1是否存在true
f1是否为目录true
f1是否为文件false
f1的路径.
f1的绝对路径E:\ch09\.
f1的名称.
f1是否为隐藏文件false
f1是否可读true
f1是否可写true
f2是否存在true
f2是否为目录false
f2是否为文件true
f2的路径src\io\FileTest.java
f2的绝对路径E:\ch09\src\io\FileTest.java
f2的名称FileTest.java
f2是否为隐藏文件false
f2是否可读true
f2是否可写true
```

图 9-1 程序运行结果

9.1.2 Java 中对文件的操作

在 File 类中，除了提供访问文件属性的方法，还提供了很多操作文件的方法，常用方法有以下几种。

- public boolean createNewFile()：在文件不存在时，创建此文件对象的空文件。
- public boolean delete()：删除文件，如果是目录，则必须为空才可以删除。
- public boolean mkdir()：创建此抽象路径名指定的目录。
- public boolean mkdirs()：创建此抽象路径名指定的目录，包括所有不存在的父目录。
- public String[] list()：返回此目录中所有文件和目录的名称数组。
- public File[] listFiles()：返回此目录中所有文件和目录的 File 实例数组。

下面通过 FileOperate.java 来演示文件和目录的创建。

【例 9-2】

```
public class FileOperate{
    public static void main(String[] args)  {
        try{
            File f_direct = new File("Directory_test");
            File f_file_direct1 = new File("Directory_test","file_direct1.txt");
            File f_file_direct2 = new File("Directory_test","file_direct2.txt");
            File f_file_direct3 = new File("Directory_test","file_direct3.txt");
            System.out.println("在当前目录下创建 Directory_test 目录");
            f_direct.mkdir();
            System.out.println("在 Directory_test 目录中创建 3 个新文件");
            f_file_direct1.createNewFile();
            f_file_direct2.createNewFile();
            f_file_direct3.createNewFile();
            System.out.println("Directory_test 目录是否存在："+f_direct.exists());
            String[] filename = f_direct.list();
```

```
            System.out.println("Directory_test 目录中包含的文件或目录有：");
            for(int i = 0;i<filename.length;i++)          {
                System.out.println(filename[i]);
            }
        }catch(IOException e){
            System.out.println("文件创建失败");
        }
    }
}
```

程序运行结果如图 9-2 所示。

这时在项目中可以发现 Directory_test 目录及其下面的 3 个文件，如图 9-3 所示。

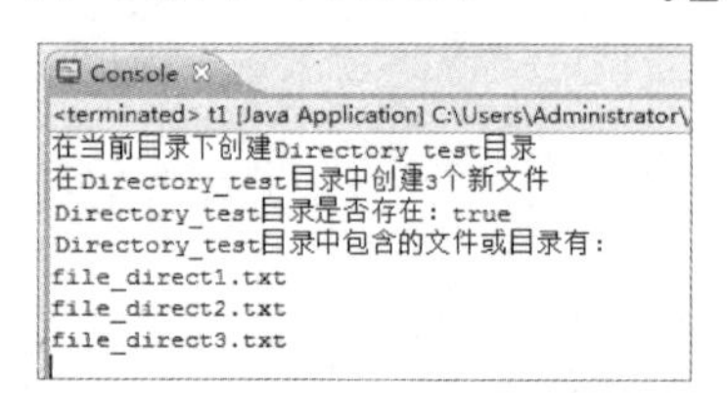

图 9-2　程序运行结果

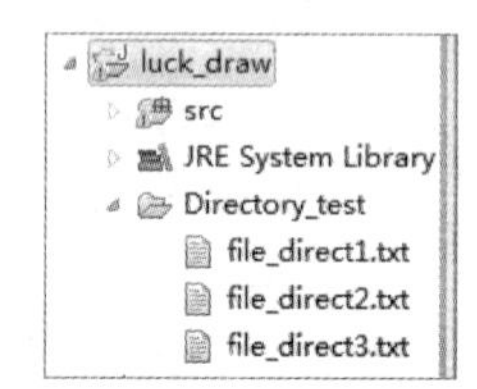

图 9-3　目录操作结果

如果要删除这 3 个新创建的文件和目录，则可以调用 delete()方法。需要注意的是，当目录中没有文件时才可以删除目录，读者可以自己练习如何删除文件和目录。

9.1.3　文件选择器（JFileChooser）的应用

大多数应用程序需要使用文件，或者读取文件的内容，或者将数据保存到文件中，其中，文件是通过文件对话框指定的。可以使用 javax.swing 包中的 JFileChooser 类实现文件对话框的打开和保存。

JFileChooser 类的常用构造方法如下。

- JFileChooser()：构造一个指向用户默认目录的 JFileChooser 对象。
- JFileChooser(File currentDirectory)：使用给定的 File 作为路径来构造一个 JFileChooser 对象。
- JFileChooser(String currentDirectoryPath)：构造一个使用给定路径的 JFileChooser 对象。

JFileChooser 类的其他常用方法如下。

- int showOpenDialog(Component parent)：弹出一个“Open File”文件对话框。
- int showSaveDialog(Component parent)：弹出一个“Save File”文件对话框。
- void setMultiSelectionEnabled(boolean b)：设置文件对话框，以允许选择多个文件。
- File getSelectedFile()：返回选中的文件。

- File[] getSelectedFiles()：返回选中文件的列表。
- String getName(File f)：返回文件名。
- void setFileSelectionMode(int mode)：设置文件对话框，允许用户只选择文件、只选择目录，或者可选择文件和目录。

在使用 showOpenDialog()和 showSaveDialog()方法打开文件对话框后，在用户单击按钮或关闭对话框时，这两个方法会返回一个整数值，这个整数值是以下三个值之一。

- JFileChooser.APPROVE_OPTION：选择确认（yes、ok）后的返回值。
- JFileChooser.CANCEL_OPTION：选择取消（cancel）后的返回值。
- JFileChooser.ERROR_OPTION：发生错误后的返回值。

在使用 setFileSelectionMode(int mode)方法设置文件选择模式时，参数 mode 的取值如下。

- JFileChooser.FILES_ONLY：只显示文件。
- JFileChooser.DIRECTORIES_ONLY：只显示目录。
- JFileChooser.FILES_AND_DIRECTORIES：显示文件和目录。

下面通过一个程序来演示文件对话框的应用。

【例 9-3】

```
public class FileChooser extends JFrame implements ActionListener{
    JButton open=null;
    JPanel jp;
    public static void main(String[] args) {
        new FileChooser("JFileChooser 测试");
    }

    public FileChooser(String title){
        jp=new JPanel();
        open=new JButton("选择文件 ");
        open.addActionListener(this);
        jp.add(open);
        this.add(jp);
        this.setBounds(400, 200, 100, 100);
        this.setVisible(true);
        this.setDefaultCloseOperation(JFrame.EXIT_ON_CLOSE);

    }

    public void actionPerformed(ActionEvent e) {
        //实例化 JFileChooser 对象
        JFileChooser jfc=new JFileChooser();
        //设置文件选择模式
        jfc.setFileSelectionMode(JFileChooser.FILES_AND_DIRECTORIES );
```

```
        //打开文件对话框
        jfc.showOpenDialog(this);
        //获得选择的文件
        File file=jfc.getSelectedFile();
        if(file.isDirectory()){
          System.out.println("文件夹:"+file.getAbsolutePath());
        }else if(file.isFile()){
          System.out.println("文件:"+file.getAbsolutePath());
        }
        //输出选择文件的名称
        System.out.println(jfc.getSelectedFile().getName());
    }
}
```

在例 9-3 中，单击“选择文件”按钮，弹出“打开”文件对话框。程序运行结果如图 9-4 所示。

图 9-4 程序运行结果

9.2 Java I/O 原理（★★）

Java 中对文件的操作是以流的方式进行的。流是 Java 内存中的一组有序数据序列。Java 先将数据从源（文件、内存、键盘、网络）读入内存，形成流，然后将这些流写入另外的目的地（文件、内存、控制台、网络），之所以将其称为流，是因为这个数据序列在不同时刻所操作的是源的不同部分。

Java 中的流是对数据传递的一种抽象，它代表一组数据的集合。流就像程序和数据源的一个传输通道，当程序员需要读取数据时，需要开启一个基于目标数据源的输入通道；当程序员需要输出数据时，需要开启一个基于目标数据源的输出通道。图 9-5 所示为 Java I/O 原理，演示了 Java 通过流类与数据源互动的抽象模型。

流是通过 Java 的输入/输出程序与物理设备进行连接并传输数据的。对于连接何种物理设备，这与使用的流的种类有关，比如，文件流会访问本地硬盘，而网络流会访问网络上其他计算机的网络设备。Java 中有关流的类都定义在 java.io 包中，如果要使用流，就要导入该包。

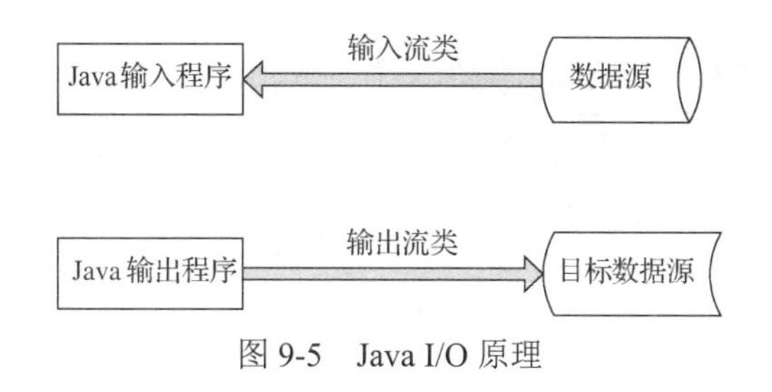

图 9-5　Java I/O 原理

思政小贴士

中共中央、国务院印发《知识产权强国建设纲要（2021—2035 年）》，要求建立健全新技术、新产业、新业态、新模式知识产权保护规则。探索完善互联网领域知识产权保护制度。研究构建数据知识产权保护规则。完善开源知识产权和法律体系。研究完善算法、商业方法、人工智能产出物知识产权保护规则。当前，我国知识产权事业发展稳中提质，保护体系更加完善，在全球创新生态系统中的影响力不断增强。

9.3　Java 流的分类（★★）

1. 输入流和输出流

Java 将数据从源（文件、内存、键盘、网络）读入内存，形成了输入流，然后将这些数据写入另外的目的地（文件、内存、控制台、网络），形成了输出流。

2. 节点流和处理流

节点流可以从一个特定的数据源（节点）读写数据。

处理流连接在已存在的流（节点流或处理流）之上，通过对数据的处理为程序提供更强大的读写功能。

3. 字节流和字符流

字节流用于读写二进制数据。字节流数据是 8 位的，在处理一些二进制文件（音频、视频和图像等文件）时，一般使用字节流。字节流的基类是抽象类 InputStream 和 OutputStream，如图 9-6 所示。InputStream 类负责输入，OutputStream 类负责输出。

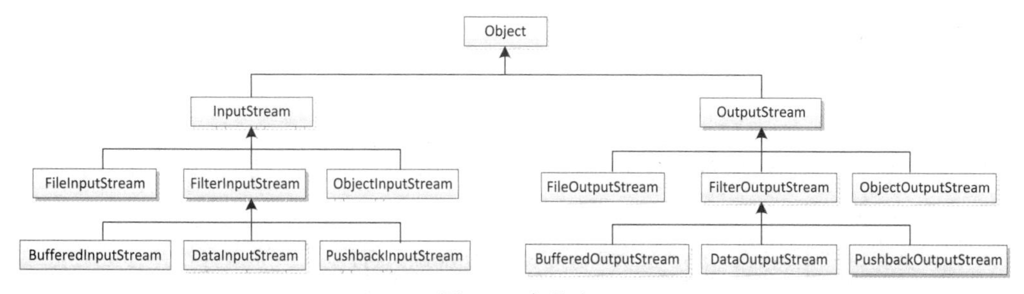

图 9-6　字节流

字符流数据是 16 位的 Unicode 字符，在处理文本文档等字符文件时，适合使用字符流。字符流的基类是抽象类 Reader 和 Writer，如图 9-7 所示。Reader 类负责输入，Writer 类负责输出。

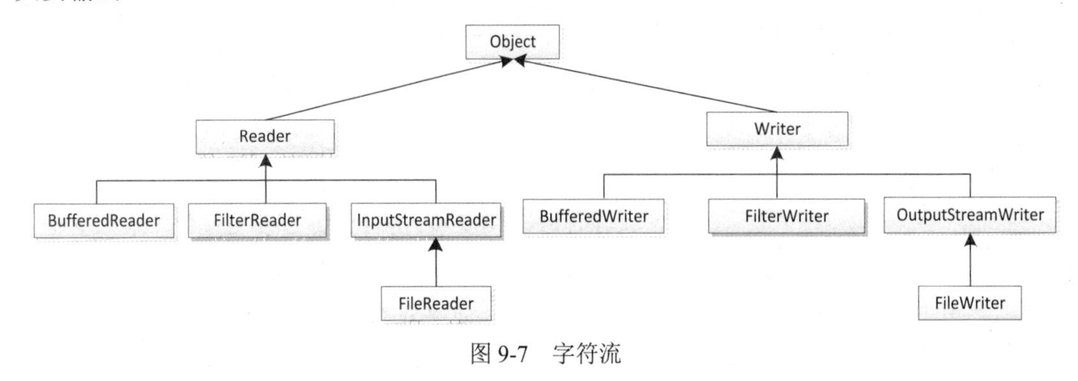

图 9-7 字符流

9.4 字节流（★★）

1．FileInputStream 类和 FileOutputStream 类

FileInputStream 类和 FileOutputStream 类用于从文件中读取字节和向文件中写入字节，适合用于二进制文件的读写。它们的所有方法都是从 InputStream 类和 OutputStream 类中继承的，没有定义新方法。

FileInputStream 类的常用构造方法如下。

- FileInputStream(File file)：通过打开一个到实际文件的链接来创建一个文件输入流，该文件通过文件系统中的 File 对象 file 指定。
- FileInputStream(String filename)：通过打开一个到实际文件的链接来创建一个文件输入流，该文件通过文件系统中的路径名 filename 指定。

在使用上述构造方法创建对象时，如果文件不存在，则会抛出 FileNotFoundException 异常。

FileOutputStream 类的常用构造方法如下。

- FileOutputStream(File file)：创建一个向指定 File 对象表示的文件中写入数据的文件输出流。
- FileOutputStream(String filename)：创建一个向具有指定名称的文件中写入数据的文件输出流。
- FileOutputStream(File file,boolean append)：创建一个向指定 File 对象表示的文件中写入数据的文件输出流，写入时把新数据追加到原数据后面。
- FileOutputStream(String filename,boolean append)：创建一个向具有指定 filename 的文件中写入数据的文件输出流，写入时把新数据追加到原数据后面。

在使用上述构造方法创建对象时，如果文件不存在，则创建文件。如果 file 是目录或者无法打开的文件，则抛出 FileNotFoundException 异常。

下面通过 FileInputStreamTest.java 来演示 FileInputStream 类的使用方法和效果。

【例 9-4】

```
import java.io.File;
import java.io.FileInputStream;
import java.io.FileNotFoundException;
import java.io.IOException;
public class FileInputStreamTest {
    public static void main(String[] args) {
        try{
                //创建文件对象
                File f = new File("src/io/FileInputStreamTest.java");
                //创建输入流对象
                FileInputStream fis = new FileInputStream(f);
                int i = 0;
                //使用 read()方法读取数据，在控制台中输出
                while((i = fis.read()) != -1){
                    System.out.print((char)i);
                }
            }
            catch(FileNotFoundException ffe) {
                System.out.println("文件不存在！");
            }
            catch(IOException e){
                System.out.println("文件读写异常");
            }
        }
}
```

程序运行结果如图 9-8 所示。

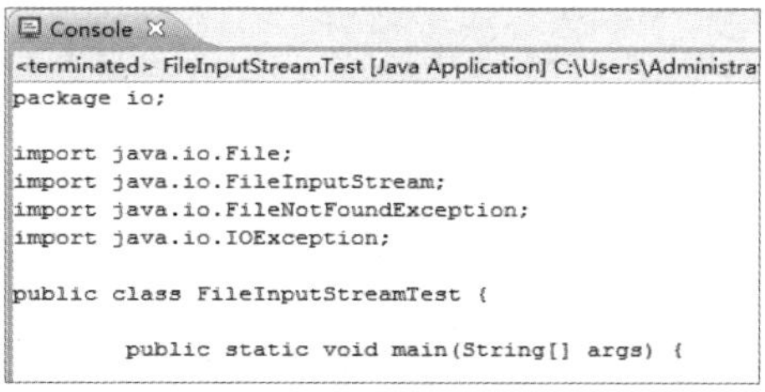

```
Console ⊠
<terminated> FileInputStreamTest [Java Application] C:\Users\Administra
package io;

import java.io.File;
import java.io.FileInputStream;
import java.io.FileNotFoundException;
import java.io.IOException;

public class FileInputStreamTest {

        public static void main(String[] args) {
```

图 9-8　程序运行结果

下面通过 FileOutputStreamTest.java 来演示 FileOutputStream 类的功能。

【例 9-5】

```
import java.io.File;
import java.io.FileInputStream;
import java.io.FileNotFoundException;
import java.io.FileOutputStream;
import java.io.IOException;

public class FileOutputStreamTest {
    public static void main(String[] args) {
        try{
            //创建文件对象
            File f = new File("src/io/FileInputStreamTest.java");
            //创建输入流对象，读取 FileInputStreamTest.java 的内容
            FileInputStream fis = new FileInputStream(f);
            //创建输出流对象，向 out.txt 文件中写入内容
            FileOutputStream fout=new FileOutputStream("out.txt");
            int i = 0;
            //文件读写
            while((i = fis.read()) != -1){
                fout.write(i);
            }
        }
        catch(FileNotFoundException ffe) {
            System.out.println("文件不存在！");
        }
        catch(IOException e){
            System.out.println("文件读写异常");
        }
    }
}
```

程序说明：程序利用文件输入流和文件输出流进行文件复制，通过文件输入流读取源文件数据并通过文件输出流将数据写入目标文件。运行程序后，在项目目录下会出现复制的文件 out.txt，其文件内容与源文件一致。

2. System.in 控制台输入流

人们平时在编写程序时经常会使用 System.out 来进行控制台输出，其实还可以使用 System.in 来进行控制台输入，这和 C 语言中的 scanf()函数有些类似。

System.in 其实也是一个字节输入流，由于继承自 InputStream 类，因此它具有

InputStream 类中的所有方法。下面通过 SystemInTest.java 来演示控制台输入操作。

【例 9-6】

```
import java.io.File;
import java.io.FileOutputStream;
import java.io.IOException;
public class SystemInTest {
    public static void main(String[] args){
        try  {
            File f = new File("SystemIntest.txt");
            FileOutputStream fos = new FileOutputStream(f);
            while(true){
                byte[] b = new byte[1024];  //创建缓冲数组
                System.out.print("请输入数据:");
                int len = System.in.read(b);
                //将输入的字符放置到缓冲数组中，返回输入的字符数
                if(b[0] == 'q' ) {
                    System.out.println("退出...");
                    break;
                }
                else
                //将字符数组中从 0 偏移量开始读取 len 个字符
                fos.write(b, 0, len);
            }
            fos.close();
        }
        catch(IOException e) {
            System.out.println("文件读写异常");
        }
    }
}
```

运行程序后，在控制台中输入数据，当输入“q”时退出循环，如图 9-9 所示。

打开项目目录下的 SystemIntest.txt 文件，如图 9-10 所示。

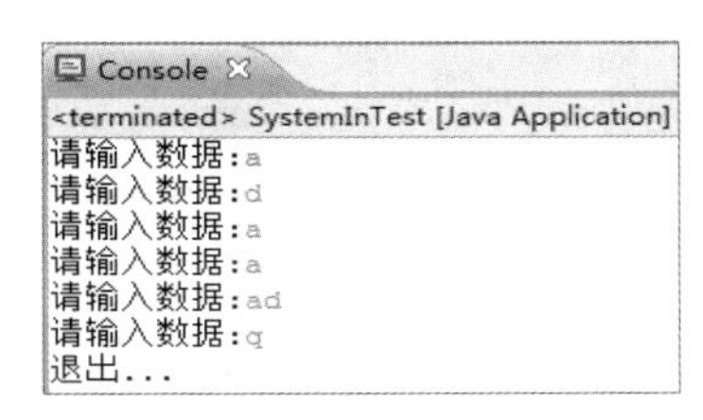

图 9-9　在控制台中输入数据

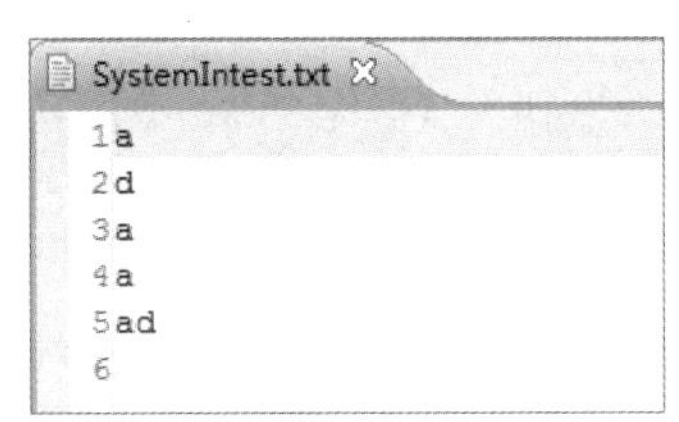

图 9-10　输入结果

9.5 字符流（★★）

1．FileReader 类和 FileWriter 类

FileReader 和 FileWriter 是以字符为基本操作单位的文件流。在一般情况下，对文本的读写操作使用 FileReader 类和 FileWriter 类比较合适。

FileReader 类的常用构造方法如下。

- FileReader(String filename)。
- FileReader(File file)。

FileWriter 类的常用构造方法如下。

- FileWriter(File file)。
- FileWriter(String filename)。
- FileWriter(File file，boolean append)：如果要将数据追加到文件中，则将 append 设置为 true。
- FileWriter(String filename，boolean append)：如果要将数据追加到文件中，则将 append 设置为 true。

下面通过 FileRead_Writer.java 演示 FileReader 类和 FileWriter 类的使用方法和效果。

【例 9-7】

```
import java.io.File;
import java.io.FileReader;
import java.io.FileWriter;
import java.io.IOException;
public class FileRead_Writer{
    public static void main(String [] args){
        FileReader fr = null;  //输入流对象
        FileWriter fw= null;  //输出流对象
        try{
            File f_out = new File("rw.txt");  //创建 File 对象
            //根据 File 对象创建 FileWriter 对象和 FileReader 对象
            fw = new FileWriter(f_out);
            fr = new FileReader(f_out);
            fw.write("China 中国—上海—世博会");
            fw.flush();//注意这里要调用 flush()方法
            int i;
            StringBuffer strbuf = new StringBuffer();//创建 StringBuffer 对象
            while((i = fr.read()) != -1){
                //将字符添加到 StringBuffer 对象中
                strbuf.append((char)i);
```

```
            }
            System.out.println(strbuf);//输出 strbuf
        }
        catch(IOException ioe) {
            System.out.println("文件读写异常! ");
        }
        finally {
            try {
                //关闭字符流
                fr.close();
                fw.close();
            }
            catch(IOException ioe) {
                ioe.printStackTrace();
            }
        }
    }
}
```

运行程序后，将在项目目录下创建文本文件，输入字符，利用 FileReader 类读取文件内容并在控制台中输出，结果如图 9-11 所示。

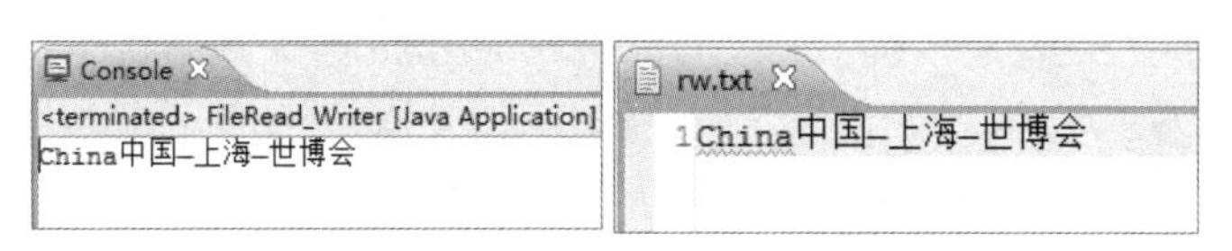

图 9-11　程序运行结果

2．BufferedReader 类和 BufferedWriter 类

BufferedReader 类和 BufferedWriter 类的作用与 BufferedInputStream 类和 BufferedOutputStream 类的作用一样，可以通过内存缓冲区来减少 I/O 设备的读写响应次数，从而提高输入/输出速度。BufferedReader 和 BufferedWriter 是针对字符的缓冲输入/输出流。同样地，它们也不能独立读写数据，必须通过包装字符流进行读写工作。

BufferedReader 类的常用构造方法及成员方法如下。

- BufferedReader(Reader in)：创建一个使用默认大小输入缓冲区的缓冲字符输入流。
- BufferedReader(Reader in, int sz)：创建一个使用指定大小输入缓冲区的缓冲字符输入流。
- String readLine()：读取一个文本行。

BufferedWriter 类的常用构造方法及成员方法如下。

- BufferedWriter(Writer out)：创建一个使用默认大小输出缓冲区的缓冲字符输出流。
- BufferedWriter(Writer out, int sz)：创建一个使用指定大小输出缓冲区的缓冲字符输出流。

- newLine()：写入一个行分隔符。

下面通过 BufferedRW.java 来演示缓冲流的使用方法和效果。

【例 9-8】

```
import java.io.BufferedReader;
import java.io.BufferedWriter;
import java.io.FileReader;
import java.io.FileWriter;
import java.io.IOException;
public class BufferedRW{
    public static void main(String[] args) {
        BufferedReader br = null;  //缓冲输入流
        BufferedWriter bw = null;  //缓冲输出流
        try {
            //根据字符流对象创建缓冲输出流对象
            bw = new BufferedWriter(new FileWriter("java源文件.txt"));
            //根据字符流对象创建缓冲输入流对象
            br = new BufferedReader(new FileReader("src/io/BufferedRW.java"));
            String str = null;
            //读写文件
            while((str = br.readLine()) != null) {
                bw.write(str);
                bw.newLine();//写入换行符
                System.out.println(str);//将字符输出到控制台中
            }
            bw.flush();//刷新缓冲输入流
        }
        catch(IOException ioe){
            System.out.println("文件读写异常！");
        }
        finally {
            try {
                //关闭缓冲流
                bw.close();            br.close();
            }
            catch(IOException e) {
                e.printStackTrace();
            }
        }
```

```
    }
}
```

运行程序后，在控制台中输出源文件的内容，如图 9-12 所示。在项目目录下会生成一个文本文件“java 源文件.txt”，其内容和源文件一致。

```
Console
<terminated> BufferedRW [Java Application] C:\Users\Administrator\AppData\Local\Genuitec\Common\binary\com.sun.java
package io;

import java.io.BufferedReader;
import java.io.BufferedWriter;
import java.io.FileReader;
import java.io.FileWriter;
import java.io.IOException;

public class BufferedRW {
        public static void main(String[] args)  {
                BufferedReader br = null;    //缓冲输入流
        BufferedWriter bw = null;    //缓冲输出流
                try  {
                        //根据字符流对象创建缓冲输出流对象
                        bw = new BufferedWriter(new FileWriter("java源文件.txt"));
                        //根据字符流对象创建缓冲输入流对象
                        br = new BufferedReader(new FileReader("src/io/BufferedRW.java"));
                        String str = null;
                        //读写文件
                        while((str = br.readLine()) != null) {
                                bw.write(str);
                                bw.newLine();//写入换行符
                                System.out.println(str);//将字符输出到控制台中
```

图 9-12　源文件的内容

任务实施

在实现简易记事本程序时，将文本域放在一个滚动面板中作为文本编辑区域，为界面定义相应的菜单项，提供相关操作，简易记事本程序界面截图如图 9-13 所示。

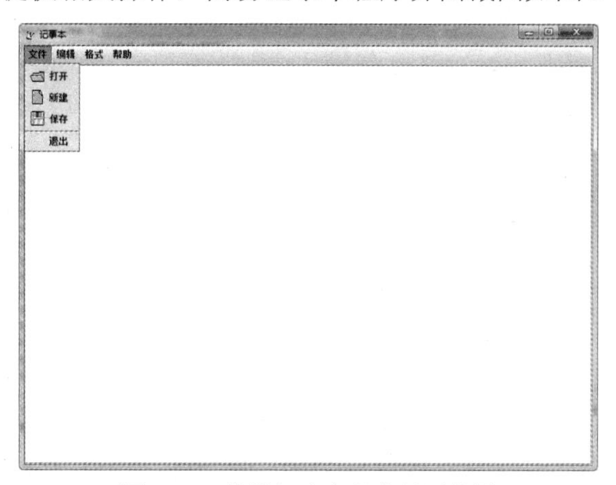

图 9-13　简易记事本程序界面截图

实现简易记事本程序的核心代码如下：

```
// “打开”按钮事件
if(e.getSource()==item11){
    //设置文件对话框的模式为打开模式
    fd.setMode(FileDialog.LOAD);
    //设置文件对话框的大小
```

```
    fd.setSize(300,400);
    fd.setVisible(true);
    try{
    //创建 File 对象并通过文件对话框获取要打开的文件路径和文件名
    File f=new File(fd.getDirectory(),fd.getFile());
    //创建文件输入流对象
    FileInputStream fin=new FileInputStream(f);
    //将获取的字符转换为字符串
    byte[] b=new byte[fin.available()];
    fin.read(b);
    String str1=new String(b);
    //将读取的字符串放置到文本框中
        ja.setText(str1);
        //关闭文件输入流
        fin.close();
    }catch(Exception e2){}
}
// "保存"按钮事件
if(e.getSource()==item13){
    try{
        //设置文件对话框的模式为保存模式
        fd.setMode(FileDialog.SAVE);
        //设置文件对话框的大小
        fd.setSize(300,200);
        fd.setVisible(true);
        //获取文本域的字符串对象
        String st=ja.getText();
        //通过文件对话框获取要保存的文件路径和文件名
        File f1=new File(fd.getDirectory(),fd.getFile());
        //通过文件对象创建文件输出流对象
        FileOutputStream fout=new FileOutputStream(f1);
        //通过文件输出流对象将文本框中的数据写入指定文件
        fout.write(st.getBytes());
        //关闭文件输出流
        fout.close();
    }catch(Exception e1){      System.out.println(e1);         }
}
```

任务小结

本任务通过简易记事本程序的实现引导学生树立信息安全意识，遵守行业法则和职业道德，提高专业技能，具备理论联系实际、学以致用的能力，以及分工协作的软件职业素养。

习题九

一、选择题

1．下面属于字符流的是（　　）。【“1+X”大数据应用开发（Java）职业技能等级证书（中级）考试】

A．FileOutputStream　　B．BufferedOutputStream
C．PipedOutputStream　　D．FileWriter

2．要使程序按行输入/输出文件的字符流，最合理的方法是采用（　　）。

A．BufferedReader 类和 BufferedWriter 类
B．InputStream 类和 OutputStream 类
C．FileReader 类和 FileWriter 类
D．File_Reader 类和 File_Writer 类

3．在 Java 类库中，可以实现输入/输出操作的包是（　　）。

A．java.util　　B．java.io　　C．java.applet　　D．java.awt

4．Java 可以使用 javax.swing 包中的 JFileChooser 类来实现打开和保存文件对话框的功能。用户通过文件对话框不可能获得的信息是（　　）。

A．文件名称　　B．文件路径　　C．文件内容　　D．文件对象

5．下面同时属于字符流、输入流、缓冲流的是（　　）。【“1+X”大数据应用开发（Java）职业技能等级证书（中级）考试】

A．BufferedReader　　B．BufferedWriter
C．InputStreamReader　　D．FileInputStream

6．在 Java 中，（　　）类代表一个特定的文件或目录，并提供了若干方法对这些文件或目录进行各种操作。【“1+X”大数据应用开发（Java）职业技能等级证书（中级）考试】

A．InputStream　　B．File　　C．Reader　　D．FileOutputStream

二、编程题

1．使用 Java 的输入/输出流技术将一个文本文件的内容按行读出，每读出一行就顺序添加行号，并将其写入另一个文件。

2．编写一个程序实现如下功能，从当前目录下的 fin.txt 文件中读取 80 字节（实际读取的字节数可能比 80 少）并将读取的字节写入当前目录下的 fout.txt 文件。

3．编写一个程序实现如下功能，fin.txt 文件是无行结构（无换行符）的汉语文件，从 fin.txt 文件中读取字符并写入 fout.txt 文件，每 40 个字符为一行（最后一行可能少于 40 个字符）。

单元十

网络编程

计算机网络可以将分布在不同地理区域的计算机与专门的外部设备用通信线路互联成一个规模大、功能强的网络系统，使众多计算机可以方便地互相传递信息，共享硬件、软件、数据信息等资源。本单元主要介绍网络编程的基本概念、TCP 程序设计的相关知识。这些知识点对接了国信蓝桥“1+X”《大数据应用开发（Java）职业技能等级标准》中的中级技能要求。

学习目标

- 了解 InetAddress 类的应用。
- 理解 Socket 通信的原理。
- 熟练掌握 Java 客户端套接字和服务器套接字（★★）。
- 运用网络编程 API 获取网络数据或发送网络数据（★★）。

素养目标

- 引导学生注重信息安全，树立正确的技能观。
- 培养学生刻苦学习、自主钻研的精神，提高学生通过网络自主学习的能力。
- 培养学生有效沟通、团队协作的软件工匠精神。

任务　网络聊天室

任务描述

客户端-服务器模型是最常见的网络应用程序模型。我们应该如何实现如图 10-1 所示的网络聊天室呢？

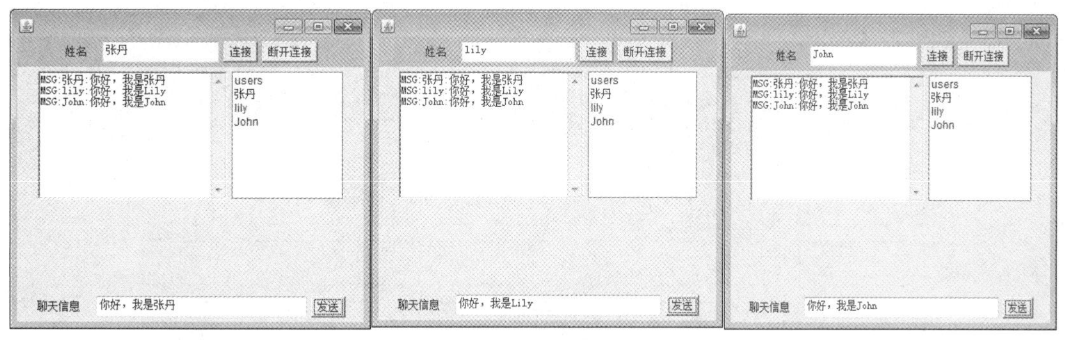

图 10-1　网络聊天室

知识储备

10.1　网络编程的基本概念（★★）

10.1.1　网络基础

网络编程的目的是直接或间接地通过网络协议与其他计算机进行通信。网络编程有两个主要的问题：一是如何准确地定位网络上的一台或多台计算机；二是如何可靠、高效地进行数据传输。IP 协议为各种不同的通信子网或局域网提供了一个统一的互联平台；TCP 协议为应用程序提供了端到端的通信和控制功能。

思政小贴士

“没有网络安全就没有国家安全，就没有经济社会稳定运行，广大人民群众利益也难以得到保障。”习近平总书记多次强调统筹发展和安全，要求构建更加和平安全的网络空间，为维护国家网络安全指明了方向。近年来，我国网络安全工作取得积极进展，网络安全政策法规体系不断健全，网络安全工作体制机制日益完善，全社会网络安全意识和能力显著提高，广大人民群众在网络空间的获得感、幸福感、安全感不断提升。

10.1.2　TCP/IP 协议

为了进行网络通信，通信双方必须遵守通信协议。目前被广泛使用的通信协议是 TCP/IP 协议。TCP 是一种传输控制协议，IP 是一种网际协议，TCP/IP 协议是两者的结合。TCP/IP 参考模型将 TCP/IP 协议分成 4 个层次，分别是网络接口层、网络层、传输层和应用层。TCP/IP 参考模型如图 10-2 所示。

1. 应用层

应用层对应于 OSI 参考模型的高层，为用户提供所需要的各种服务，如 HTTP、FTP、

SMTP、DNS 服务等。

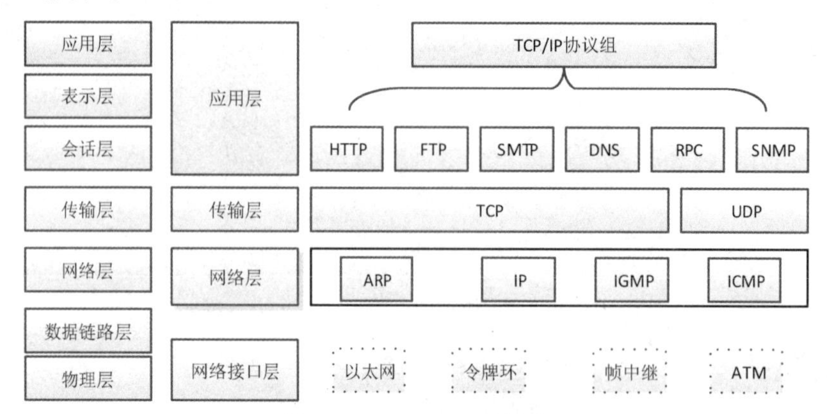

图 10-2 TCP/IP 参考模型

2．传输层

传输层对应于 OSI 参考模型的传输层，为应用层实体提供端到端的通信功能，保证了数据包的顺序传送及数据的完整性。该层定义了两个主要的协议，即传输控制协议（TCP）和用户数据报协议（UDP）。

TCP 提供的是一种可靠的、面向连接的数据传输服务；而 UDP 提供的则是一种不可靠的、无连接的数据传输服务。

3．网络层

网络层对应于 OSI 参考模型的网络层，主要解决主机到主机的通信问题。它所包含的协议涉及数据包在整个网络上的逻辑传输。它注重重新赋予主机一个 IP 地址来完成对主机的寻址，还负责数据包在多种网络中的路由。该层有 4 个主要协议，即网际协议（IP）、地址解析协议（ARP）、互联网组管理协议（IGMP）和互联网控制报文协议（ICMP）。

IP 是网络层最重要的协议，它提供的是一种不可靠的、无连接的数据传输服务。

4．网络接口层

网络接口层与 OSI 参考模型中的物理层和数据链路层相对应。它负责监视数据在主机和网络之间的交换。事实上，TCP/IP 协议本身并未定义该层的协议，而由参与互联的各网络使用自己的物理层和数据链路层协议，并与 TCP/IP 参考模型的网络接口层进行连接。

10.1.3 InetAddress 类

java.net 包中的 InetAddress 类是 Java 封装的 IP 地址。InetAddress 类的对象用于存储 IP 地址和域名，该类提供以下方法。

- static InetAddress getByName(String host)：根据给定主机名得到一个 InetAddress 对象。
- String getHostName()：返回此 IP 地址的主机名。

- String getHostAddress()：返回 IP 地址字符串。
- static InetAddress getLocalHost()：返回本地主机的 InetAddress 对象。

下面通过 InetAddressTest.java 来演示获取域名和 IP 地址的方法。

【例 10-1】

```
import java.net.InetAddress;
import java.net.UnknownHostException;
public class InetAddressTest {
    public static void main(String[] args) {
        try {
            //根据域名得到 IP 地址
            InetAddress addr=InetAddress.getByName("www.phei.com.cn");
            //获得主机名
            String domainName=addr.getHostName();
            //获得 IP 地址
            String IPName=addr.getHostAddress();
            //输出 InetAddress 对象
            System.out.println(addr);
            System.out.println("主机名："+domainName+";IP 地址："+IPName);
        } catch (UnknownHostException e) {
            e.printStackTrace();
        }
    }
}
```

程序运行结果如图 10-3 所示。

```
Console
<terminated> InetAddressTest [Java Application] C:\Users\Administrator
www.phei.com.cn/218.249.32.140
主机名：www.phei.com.cn;IP地址：218.249.32.140
```

图 10-3 程序运行结果

10.2 TCP 程序设计（★★）

前文说过，客户端-服务器模型是最常见的网络应用程序模型。一般而言，主动发起通信的应用程序属于客户端，而服务器则用于等待通信请求。当服务器收到客户端的请求时，执行需要的运算，并向客户端返回结果。

在客户端-服务器模型中，服务器（Server）要准备接收多个客户端（Client）计算机的通信。为此，除了使用 IP 地址表示 Internet 上的计算机，还需要引入端口，用端口标识正在服务器后台服务的线程。端口和 IP 地址的组合称为网络套接字（Socket）。

利用网络套接字进行通信的主要步骤如下。

（1）在服务器的指定端口创建一个 ServerSocket 对象。

（2）ServerSocket 对象调用 accept()方法在指定的端口监听到来的连接请求。accept()方法会阻塞当前 Java 线程，直到收到客户端连接请求，并返回连接客户端与服务器的 Socket 对象。

（3）调用 getInputStream()和 getOutputStream()方法获得 Socket 对象的输入流和输出流。

（4）服务器与客户端根据一定的协议交互数据，直到一端请求关闭连接为止。

（5）服务器和客户端关闭连接。

（6）服务器继续监听下一次连接，客户端运行结束。

Socket 通信示意图如图 10-4 所示。

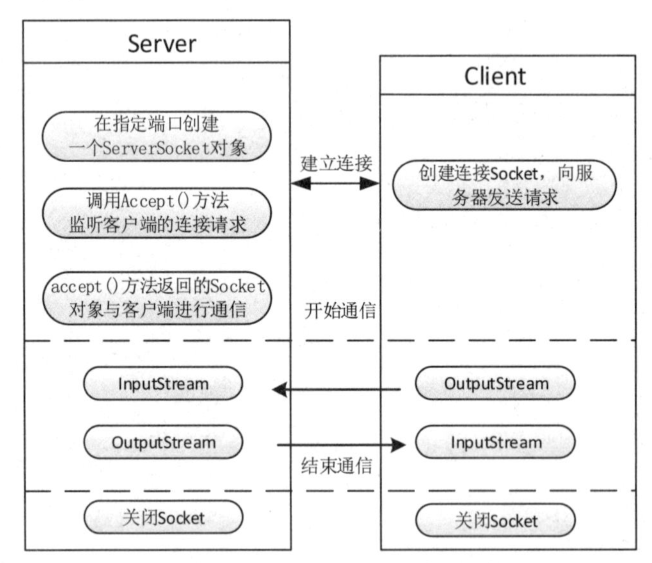

图 10-4 Socket 通信示意图

10.2.1 Java 客户端套接字

Java 客户端利用 java.net.Socket 类实现了客户端的套接字，Socket 对象可以用于向服务器发出连接请求并交换数据。

Socket 类的常用构造方法如下。

- Socket(String host, int port)：创建一个流套接字，并将其连接到指定主机上的指定端口。
- Socket(InetAddress address, int port)：创建一个流套接字，并将其连接到指定 IP 地址的指定端口。

Socket 类的常用成员方法如下。

- getInetAddress()：返回套接字连接的地址。
- getLocalAddress()：获取套接字绑定的本地地址。

- getLocalPort()：返回套接字绑定的本地端口。
- getLocalSocketAddress()：返回套接字绑定的端口的地址。
- getInputStream()：返回套接字的输入流。
- getOutputStream()：返回套接字的输出流。
- getPort()：返回套接字连接的远程端口。
- isBound()：返回套接字的绑定状态。
- isClosed()：返回套接字的关闭状态。
- isConnected()：返回套接字的连接状态。
- connect(SocketAddress endpoint)：将套接字连接到服务器。
- close()：关闭套接字。

下面通过 TestClient.java 演示客户端接收服务器的文本，并在控制台中输出。

【例 10-2】

```
public class TestClient {
    public static void main(String args[]) {
        try {
            //创建 Socket 对象，向服务器发送请求
            Socket s1 = new Socket("127.0.0.1", 8888);
            //创建输入流对象
            InputStream is = s1.getInputStream();
            DataInputStream dis = new DataInputStream(is);
            //读取数据，并在控制台中输出
            System.out.println(dis.readUTF());
            //关闭流
            dis.close();
            s1.close();
        } catch (ConnectException connExc) {
            connExc.printStackTrace();
            System.err.println("服务器连接失败！");
        } catch (IOException e) {       e.printStackTrace();        }
    }
}
```

程序运行结果如图 10-5 所示。

```
Console
<terminated> TestClient [Java Application] C:\Users\Administrator\AppData\
Hello,/127.0.0.1port#56615  bye-bye!
```

图 10-5　程序运行结果

10.2.2 Java 服务器套接字

Java 服务器利用 java.net.ServerSocket 类实现了服务器的套接字。

ServerSocket 类的常用构造方法如下。

- ServerSocket()：创建非绑定服务器套接字。
- ServerSocket(int port)：创建绑定到特定端口的服务器套接字。
- ServerSocket(int port, int backlog)：使用指定的 backlog 创建服务器套接字并将其绑定到指定的本地端口。
- ServerSocket(int port, int backlog, InetAddress bindAddr)：使用指定的端口、侦听 backlog 和要绑定到的本地 IP 地址创建服务器套接字。

ServerSocket 类的常用成员方法如下。

- public Socket accept() throws IOException：侦听并接收套接字的连接。
- public void close() throws IOException：关闭套接字。

下面通过 TestServer.java 演示与例 10-2 对应的服务器代码。

【例 10-3】

```
import java.io.DataOutputStream;
import java.io.IOException;
import java.io.OutputStream;
import java.net.ServerSocket;
import java.net.Socket;
public class TestServer {
    public static void main(String args[]) {
        try {
            //创建服务器套接字，等待连接请求
            ServerSocket s = new ServerSocket(8888);
            while (true) {
                //接收连接请求，创建连接
                Socket s1 = s.accept();
                //创建输出流对象
                OutputStream os = s1.getOutputStream();
                DataOutputStream dos = new DataOutputStream(os);
                //写入数据
                dos.writeUTF("Hello," + s1.getInetAddress() + "port#" +
s1.getPort() + "  bye-bye!");
                //关闭流
                dos.close();
                s1.close();
            }
```

```
        }catch (IOException e) {
            e.printStackTrace();
            System.out.println("程序运行出错:" + e);
        }
    }
}
```

下面的程序实现了客户端与服务器的对话，对话内容由控制台输入。

TalkServer.java：

```
import java.io.BufferedReader;
import java.io.IOException;
import java.io.InputStreamReader;
import java.io.PrintWriter;
import java.net.ServerSocket;
import java.net.Socket;
public class TalkServer {
    public static void main(String args[]) {
        try {
            //创建 ServerSocket 对象，等待连接请求
            ServerSocket server = new ServerSocket(4700);
            //接收连接请求，创建连接
            Socket socket = server.accept();
            //创建输入流对象，读取客户端数据
            BufferedReader is = new BufferedReader(new InputStreamReader
(socket.getInputStream()));
            //创建输出流对象，写入数据
            PrintWriter os = new PrintWriter(socket.getOutputStream());
            //创建输入流对象，读取控制台输入的数据
            BufferedReader sin = new BufferedReader(new InputStreamReader
(System.in));
            //在控制台中输出读取的客户端数据
            System.out.println("Client:" + is.readLine());
            //读取控制台输入的数据，当不为"bye"时输出到客户端，并在控制台中输出
            String line = sin.readLine();
            while (!line.equals("bye")) {
                os.println(line);
                os.flush();
                System.out.println("Server:" + line);
                System.out.println("Client:" + is.readLine());
                line = sin.readLine();
```

```
            }
            //关闭流
            is.close();
            os.close();
            socket.close();
            server.close();
        } catch (IOException e) {
            e.printStackTrace();
        }
    }
}
```

TalkClient.java：

```
import java.io.BufferedReader;
import java.io.IOException;
import java.io.InputStreamReader;
import java.io.PrintWriter;
import java.net.Socket;
import java.net.UnknownHostException;
public class TalkClient {
    public static void main(String args[]) {
        try {
            //创建 Socket 对象
            Socket socket = new Socket("127.0.0.1", 4700);
            //创建输入流对象，读取控制台输入的数据
            BufferedReader sin = new BufferedReader(new InputStreamReader
(System.in));
            //创建输出流对象
            PrintWriter os = new PrintWriter(socket.getOutputStream());
            //创建输入流对象，读取服务器数据
            BufferedReader is = new BufferedReader(new InputStreamReader
(socket.getInputStream()));
            //读取控制台输入的数据，当不为"bye"时输出到服务器，并在控制台中输出
            String readline = sin.readLine();
            while (!readline.equals("bye")) {
                os.println(readline);
                os.flush();
                System.out.println("Client:" + readline);
                System.out.println("Server:" + is.readLine());
                readline = sin.readLine();
```

```
            }
            //关闭流
            os.close();
            is.close();
            socket.close();
        } catch (UnknownHostException e) { e.printStackTrace();    }
          catch (IOException e) {  e.printStackTrace();        }
    }
}
```

程序运行结果如图 10-6 所示。

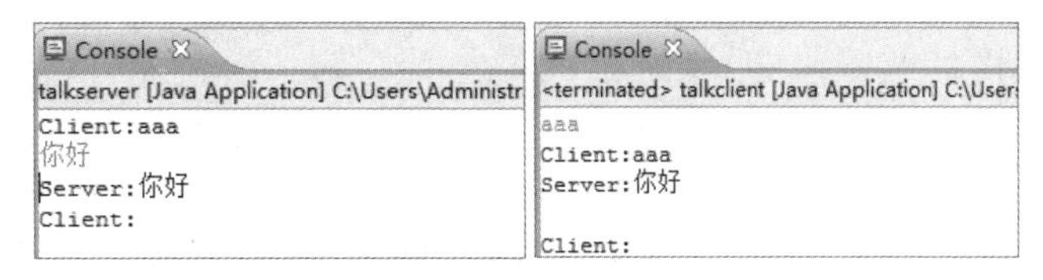

图 10-6　程序运行结果

思政小贴士

习近平总书记在党的二十大报告中指出:“深化科技体制改革,深化科技评价改革,加大多元化科技投入,加强知识产权法治保障,形成支持全面创新的基础制度。”我们要树立正确的技能观,不能利用技能从事危害公众利益的活动,包括侵犯软件知识产权、黑客行为和攻击网站等。

任务实施

在网络聊天室中,用户打开聊天室界面,输入自己的姓名,单击“连接”按钮即可连接到服务器,界面右侧列表框中会显示目前所有用户的信息。在界面中输入聊天信息,单击“发送”按钮,可以将自己的信息显示在界面中,使连接到服务器的所有用户都可以看到。

ChatServer.java:

```
import java.io.BufferedReader;
import java.io.IOException;
import java.io.InputStreamReader;
import java.io.PrintStream;
import java.net.ServerSocket;
import java.net.Socket;
import java.util.StringTokenizer;
import java.util.Vector;
public class ChatServer {static int port = 5566;//端口
```

```
static Vector<Client> clients = new Vector<Client>(10);//存储连接客户信息
static ServerSocket server = null;            //建立服务器套接字
static Socket socket = null;                  //套接字连接

public ChatServer() {
    try {
        System.out.println("Server start...");
        server  = new ServerSocket(port);    //初始化服务器套接字
        while (true) {
            socket = server.accept();         //等待连接
            System.out.println(socket.getInetAddress()+"连接\n");//得到客户机地址
            //实例化一个客户线程
            Client client = new Client(socket);
            clients.add(client);              //增加客户线程到向量中
            client.start();                   //启动线程
            notifyChatRoom();                 //监视聊天室连接变化
        }
    } catch (Exception ex) {
        ex.printStackTrace();                 //输出错误信息
    }
}
//监视客户端线程
public static void notifyChatRoom() {
    StringBuffer newUser = new StringBuffer("newUser");
    for (int i = 0; i < clients.size(); i++) {
        Client c = (Client)clients.elementAt(i);
        newUser.append(":"+c.name);          //客户端姓名字符串
    }
    sendClients(newUser);                    //发送信息到客户端
}
//发送信息到客户端
public static void sendClients(StringBuffer message) {
    for (int i= 0 ; i < clients.size(); i++) {
        Client client = (Client)clients.elementAt(i); //分别得到每个客户端的连接
        client.send(message);                          //发送信息
    }
}
//关闭所有连接
public void closeAll() {
    while (clients.size() > 0 ) {                     //遍历整个 Vector
```

```
        Client client = (Client) clients.firstElement();    //得到一个客户端
        try {
            client.socket.close();
        } catch(IOException ex) {   ex.printStackTrace();   }
        clients.removeElement(client);                        //移除客户端
    }
}
//断开客户端
public static void disconnect(Client c) {
    try {
        System.err.println(c.ip+"断开连接\n");
    } catch (Exception ex) {        ex.printStackTrace();   }
    clients.removeElement(c);
    c.socket = null;
}

public static void main(String[] args) {
    new ChatServer();
}

class Client extends Thread {
    Socket socket;            //连接端口
    String name ;             //用户姓名
    String ip;                //客户端 IP 地址
    BufferedReader reader; //输入流
    PrintStream ps;           //输出流
    public Client(Socket s) {
        socket = s;
        try {
            //得到输入流
            reader = new BufferedReader(new InputStreamReader
(s.getInputStream()));
            ps = new PrintStream(s.getOutputStream()); //得到输出流
            String info = reader.readLine();             //读取接收到的信息
            StringTokenizer stinfo = new StringTokenizer(info,":"); //分解字符串
            String head = stinfo.nextToken();            //获取关键字
            System.out.println(stinfo.toString());
            System.out.println(head);
            if (stinfo.hasMoreTokens()){
                name = stinfo.nextToken() ;              //获取用户名
```

```
            }
            if (stinfo.hasMoreTokens()) {
                ip = stinfo.nextToken();        //获取 IP 地址
            }
        } catch (IOException ex) {ex.printStackTrace();    }
        System.out.println(name);
        System.out.println(ip);
    }

    public void send (StringBuffer msg) {
        ps.println(msg);                        //输出信息
        ps.flush();
    }
    public void run() {
        while (true) {
            String line = null;
            try {
                line = reader.readLine();
                System.out.println("line:"+line);
            } catch (IOException ex) {
                ex.printStackTrace();           //输出错误信息
                ChatServer.disconnect(this);    //断开连接
                ChatServer.notifyChatRoom();    //更新信息
                return ;
            }
            if (line == null) {                 //客户离开
                ChatServer.disconnect(this);
                ChatServer.notifyChatRoom();
                return ;
            }
            StringTokenizer st = new StringTokenizer(line,":");//分解字符串
            String keyword = st.nextToken();
            if (keyword.equals("MSG")) {            //发送来的聊天信息
                StringBuffer msg = new StringBuffer("MSG:");
                msg.append(name);                   //在信息上增加用户名
                msg.append(st.nextToken("\0\n"));
                ChatServer.sendClients(msg);        //发送聊天语句到各个客户端
                System.out.println(msg);
            } else if (keyword.equals("quit")) {    //退出命令
                ChatServer.disconnect(this);        //断开连接
```

```
                ChatServer.notifyChatRoom();          //刷新信息
            }
        }
    }
}
```

ChatClient.java：

```
import java.awt.*;
import java.awt.event.ActionEvent;
import java.awt.event.ActionListener;
import java.io.*;
import java.net.InetAddress;
import java.net.Socket;
import java.util.StringTokenizer;
import javax.swing.*;
public class ChatClient extends JFrame  implements ActionListener{
    TextField tfName = new TextField(15);              // “姓名”文本框
    Button btConnect = new Button("连接");             // “连接”按钮
    Button btDisconnect = new Button("断开连接");      // “断开连接”按钮
    TextArea tfChat = new TextArea(8,27);              // “聊天信息”文本框
    Button btSend = new Button("发送");
    TextField tfMessage = new TextField(30);           //输入聊天信息
    java.awt.List list1  = new java.awt.List(9);       //显示在线用户信息
    Socket socket = null;                              //连接端口
    PrintStream ps = null;                             //输出流
    Listen listen = null;                              //监听线程类

    class Listen extends Thread {
        BufferedReader reader;
        PrintStream ps;
        String cname;
        Socket socket;
        ChatClient chatClient;
        public Listen(ChatClient client,String name,Socket socket) {
            try {
                this.chatClient = client;
                 this.socket = socket;
                 this.cname = name;
                 reader = new BufferedReader(new InputStreamReader
(socket.getInputStream()));
```

```
            ps = new PrintStream(socket.getOutputStream());
        } catch (IOException e) {       e.printStackTrace();            }
    }
    public void run() {
        while (true) {
            String line=null ;
            try {
              line = reader.readLine();     //读取数据流
              System.out.println("客户端: "+line);
            }catch (IOException ex) {
            ex.printStackTrace();
              ps.println("quit");;            //断开连接
            return;
        }
        StringTokenizer stinfo = new StringTokenizer(line,":"); //分解字符串
        String keyword = stinfo.nextToken();
        if (keyword.equals("MSG")) {
            chatClient.tfChat.append(line+"\n");
        }
        else if (keyword.equals("newUser")){
            chatClient.list1.clear();
            chatClient.list1.add("users", 0);
            int i = 1;
            while (stinfo.hasMoreTokens()) {
                chatClient.list1.add(stinfo.nextToken(), i++);
            }
        }
    }
    }
}
public void actionPerformed(ActionEvent e) {
    try{
      if(e.getSource()==btConnect) { //单击“连接”按钮
        if (socket == null) {
            //实例化一个套接字
            socket = new Socket(InetAddress.getLocalHost(),5566);
            //获取输出流，写入信息
            ps = new PrintStream(socket.getOutputStream());
```

```
            StringBuffer info = new StringBuffer("info:");
            String userinfo = tfName.getText()
+":"+InetAddress.getLocalHost().toString();
            ps.println(info.append(userinfo));//输出信息
            ps.flush();
            listen = new Listen(this,tfName.getText(),socket);
            listen.start();
        }
    } else if (e.getSource() == btDisconnect) { //单击"断开连接"按钮
            disconnect();
    } else if (e.getSource() == btSend) { //单击"发送"按钮
            if (socket != null) {
                StringBuffer msg = new StringBuffer("MSG:");
                String msgtxt = new String(tfMessage.getText());
                ps.println(msg.append(msgtxt));//发送信息
                ps.flush();
            } else {
                JOptionPane.showMessageDialog(this, "请先连接! ", "提示", 1);
            }
        }
    } catch (Exception ex) {
        ex.printStackTrace();//输出错误信息
    }
}

public void disconnect() { //断开连接方法
    if (socket != null) {
        ps.println("quit");//发送信息
        ps.flush();
        socket = null;
        tfName.setText("");
    }
}

public ChatClient(Socket socket) {
    //设置页面布局方式
    this.setLayout(new BorderLayout());
```

```
        JPanel panel1 = new JPanel();
        Label label = new Label("姓名");
        panel1.setBackground(Color.orange);
        panel1.add(label);
        panel1.add(tfName);
        panel1.add(btConnect);
        panel1.add(btDisconnect);
        this.add(panel1,BorderLayout.NORTH);

        JPanel panel2 = new JPanel();
        panel2.add(tfChat);
        panel2.add(list1);
        this.add(panel2,BorderLayout.CENTER);

        JPanel panel3 = new JPanel();
        Label label2 = new Label("聊天信息");
        panel3.add(label2);
        panel3.add(tfMessage);
        panel3.add(btSend);
        this.add(panel3,BorderLayout.SOUTH);

        this.setBounds(50,50,400,350);
        this.setVisible(true);

        btConnect.addActionListener(this);
        btDisconnect.addActionListener(this);
        btSend.addActionListener(this);
    }
    public static void main(String[] args) {
        ChatClient client = new ChatClient(new Socket());
        System.out.println(client.socket);
    }
}
```

任务小结

本任务通过网络聊天室的实现引导学生树立正确的技能观，共同维护良好的网络环境，引导学生自主探究、主动实践，具备良好的职业素养和道德规范，保护信息安全。

习题十

一、选择题

1．TCP 协议在每次建立连接时，双方要经过（　　）次握手。【“1+X”大数据应用开发（Java）职业技能等级证书（中级）考试】

A．1 次　　B．2 次　　C．3 次　　D．4 次

2．在 Java 程序中，使用 TCP 套接字编写服务器程序的套接字类是（　　）。

A．Socket　　B．ServerSocket

C．DatagramSocket　　D．DatagramPacket

3．ServerSocket 的 accept()方法的返回值类型是（　　）。

A．void　　B．Object　　C．Socket　　D．DatagramSocket

4．ServerSocket 的 getInetAddress()方法的返回值类型是（　　）。

A．Socket　　B．ServerSocket　　C．InetAddress　　D．URL

5．当使用客户端套接字 Socket 创建对象时，需要指定（　　）。【“1+X”大数据应用开发（Java）职业技能等级证书（中级）考试】

A．服务器主机名和端口　　B．服务器端口和文件

C．服务器名和文件　　D．服务器地址和文件

6．当使用流式套接字编程时，为了向对方发送数据，需要使用（　　）方法。

A．getInetAddress()　　B．getLocalPort()

C．getOutputStream()　　D．getInputStream()

二、编程题

1．请写出使用 InetAddress 类获取网址为“www.hxedu.com.cn”的 IP 地址的 Java 语句。

2．编写一个程序，实现服务器和客户端的对话。服务器输出接收到的客户端的信息，客户端输出接收到的服务器的信息，并在输入“quit”时退出。

单元十一

学生成绩管理系统

学习编程语言的目的是将其应用到项目开发过程中来解决实际问题，并在实践应用中提高自己的技能，加深对语言的理解。在设计学生成绩管理系统时，我们应综合运用所学知识，这对使用 Java 分析、解决实际问题有很大的帮助。

一、系统需求分析

学生管理是各大院校管理工作中尤为重要的一项，一直以来都是衡量学校管理的一项重要指标。应用学生成绩管理系统对学生的成绩和个人信息进行管理，可以提高工作效率，有利于学校及时掌握学生成绩等一系列信息，及时调整日常管理工作。

学生成绩管理系统的主要功能模块如图 11-1 所示。

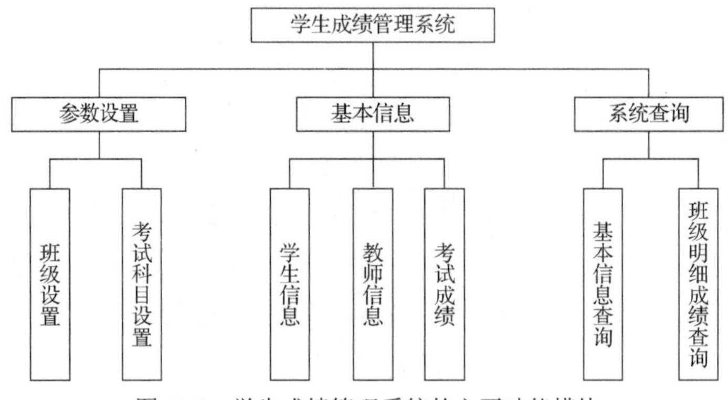

图 11-1　学生成绩管理系统的主要功能模块

1. 参数设置

参数设置模块包括班级设置和考试科目设置两个模块。班级设置模块主要对班级信息进行“增删改查”操作；考试科目设置模块主要对考试的科目信息进行“增删改查”操作。

2. 基本信息

基本信息模块包括学生信息、教师信息和考试成绩三个模块。学生信息模块主要对学生的基本信息进行“增删改查”操作，教师信息模块主要对教师的基本信息进行“增删改查”操作，考试成绩模块主要对学生的考试成绩进行“增删改查”操作。

3. 系统查询

系统查询模块包括基本信息查询和班级明细成绩查询两个模块。基本信息查询模块主要对教师信息和学生信息进行查询，班级明细成绩查询模块主要按照班级查询所有学生所有科目的考试成绩信息。

二、系统数据库设计

根据系统需求分析，数据库的表主要包括班级信息表、教师信息表、用户信息表、科目信息表、学生信息表和考试科目成绩信息表。数据库的表间关系如图 11-2 所示。

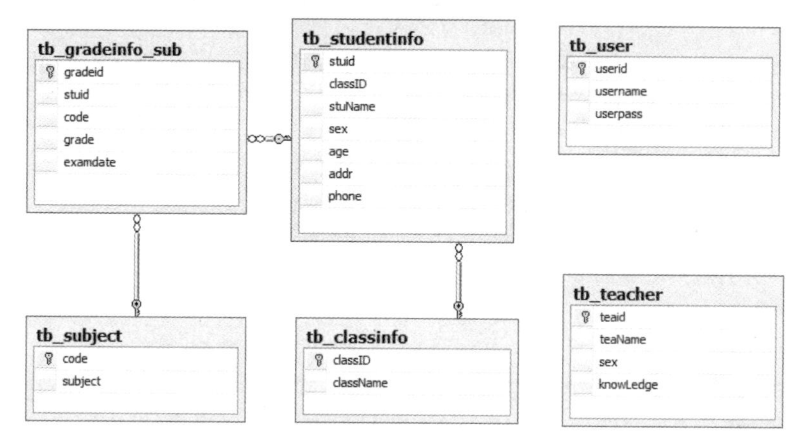

图 11-2 数据库的表间关系

数据库各表的结构如下。

班级信息表（tb_classinfo）用于保存班级信息。tb_classinfo 表的结构如表 11-1 所示。

表 11-1 tb_classinfo 表的结构

字段名	数据类型	长度	主键否	描述
classID	varchar	10	是	班级编号
className	varchar	20		班级名称

教师信息表（tb_teacher）用于保存教师信息。tb_teacher 表的结构如表 11-2 所示。

表 11-2 tb_teacher 表的结构

字段名	数据类型	长度	主键否	描述
teaid	varchar	10	是	教师编号
teaName	varchar	20		教师姓名
sex	varchar	50		教师性别
knowLedge	varchar	20		学历水平

用户信息表（tb_user）用于保存用户信息。tb_user 表的结构如表 11-3 所示。

表 11-3　tb_user 表的结构

字段名	数据类型	长度	主键否	描述
userid	varchar	10	是	用户编号
username	varchar	20		用户姓名
userpass	varchar	50		用户密码

科目信息表（tb_subject）用于保存科目信息。tb_subject 表的结构如表 11-4 所示。

表 11-4　tb_subject 表的结构

字段名	数据类型	长度	主键否	描述
code	varchar	10	是	科目编号
subject	varchar	40		科目名称

学生信息表（tb_studentinfo）用于保存学生信息。tb_studentinfo 表的结构如表 11-5 所示。

表 11-5　tb_studentinfo 表的结构

字段名	数据类型	长度	主键否	描述
stuid	varchar	10	是	学生编号
classID	varchar	10		班级编号
stuName	varchar	20		学生姓名
sex	varchar	10		学生性别
age	int			学生年龄
addr	varchar	50		家庭住址
phone	varchar	20		联系电话

考试科目成绩信息表（tb_gradeinfo_sub）用于保存考试科目成绩信息。tb_gradeinfo_sub 表的结构如表 11-6 所示。

表 11-6　tb_gradeinfo_sub 表的结构

字段名	数据类型	长度	主键否	描述
gradeid	int		是	成绩编号
stuid	varchar	10		学生编号
code	varchar	10		考试科目编号
grade	float			考试成绩
examdate	datetime			考试日期

三、系统功能简介

在进入学生成绩管理系统之前，必须先登录。学生成绩管理系统的“用户登录”界面如图 11-3 所示。该界面主要提供了用于输入姓名和密码的文本框，以及“确定”按钮和“清空”按钮。

成功登录学生成绩管理系统后，进入“学生成绩管理系统”主界面。该界面主要显示了功能菜单，如图 11-4 所示。

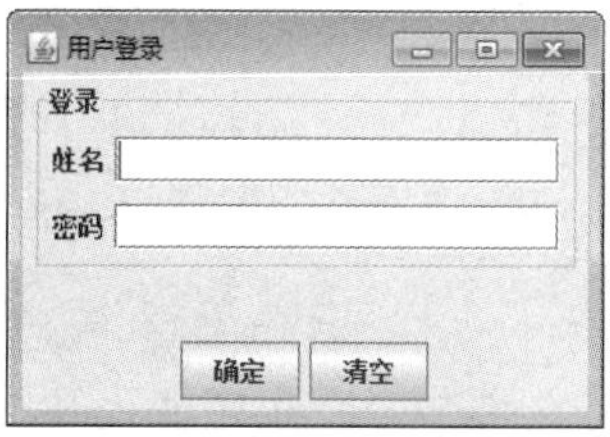

图 11-3　“用户登录”界面

图 11-4　“学生成绩管理系统”主界面

在“学生成绩管理系统”主界面中选择“参数设置”→“班级设置”菜单项，打开“班级信息设置”界面，如图 11-5 所示。该界面的中间区域以表格形式显示班级信息，下面是操作按钮。其中，表格部分可以使用 JTable 类的构造方法 JTable(Vector rowData, Vector columnNames)来创建。

在“班级信息设置”界面中单击“添加”按钮，打开“班级信息添加”界面。该界面主要用于在添加班级信息时填写班级编号和班级名称，如图 11-6 所示。

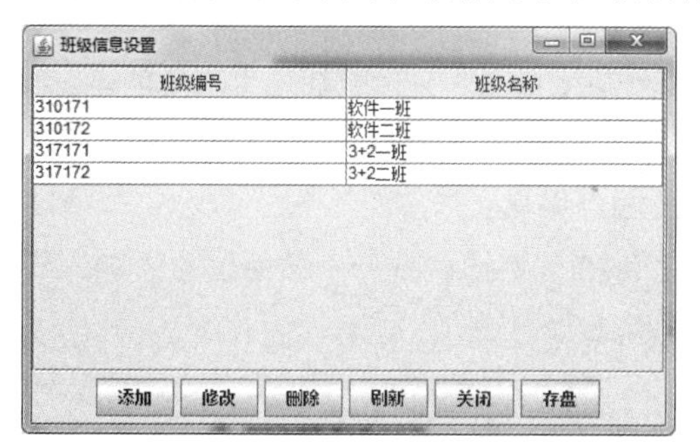

图 11-5　“班级信息设置”界面

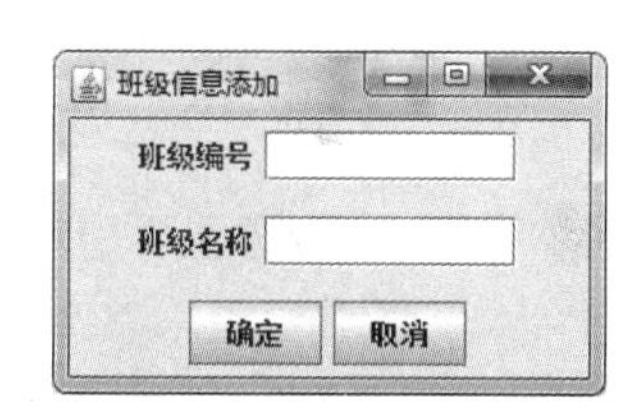

图 11-6　“班级信息添加”界面

在“学生成绩管理系统”主界面中选择“参数设置”→“考试科目设置”菜单项，打开“科目信息管理”界面，如图 11-7 所示。该界面的中间区域以表格形式显示科目信息，下面是操作按钮。

在“科目信息管理”界面中单击“添加”按钮，打开“科目信息添加”界面。该界面主要用于在添加科目信息时填写科目编号和科目名称，如图 11-8 所示。

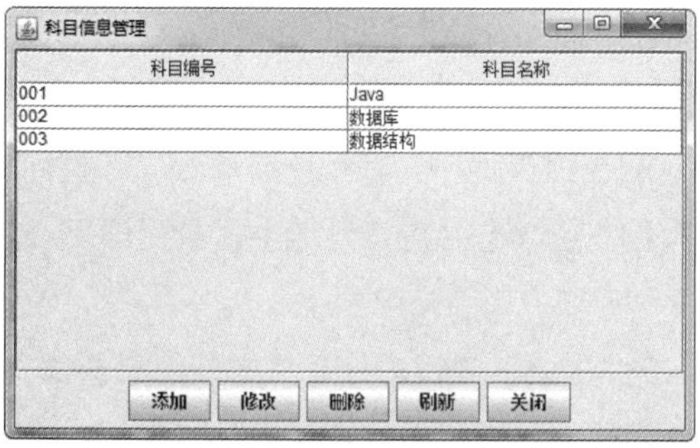

图 11-7　“科目信息管理”界面

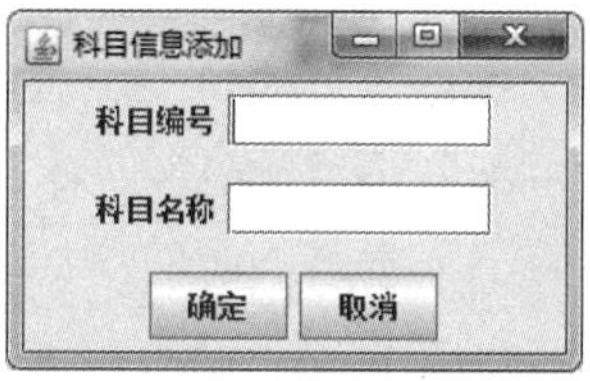

图 11-8　“科目信息添加”界面

在“学生成绩管理系统”主界面中选择“基本信息”→“学生信息”菜单项，打开“学生基本信息管理”界面，如图 11-9 所示。在该界面中，在“所属班级”下拉列表框中选择班级名称，即可在中间区域的表格中显示该班级的所有学生信息，也可以对学生信息进行“增删改查”操作。

在“学生基本信息管理”界面中单击“添加”按钮，打开“学生信息添加”界面，如图 11-10 所示。该界面主要用于填写学生的基本信息。

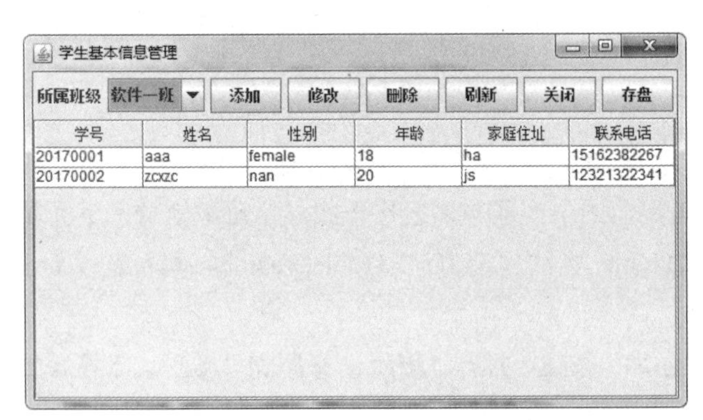

图 11-9 “学生基本信息管理”界面

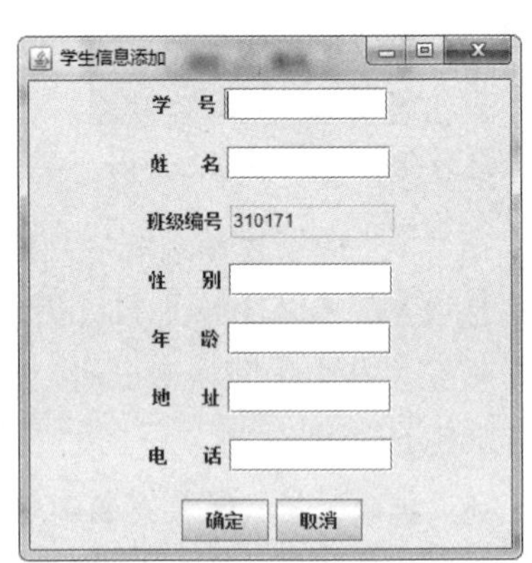

图 11-10 “学生信息添加”界面

在“学生成绩管理系统”主界面中选择“基本信息”→“教师信息”菜单项，打开“教师基本信息管理”界面，如图 11-11 所示。在该界面中，可以在中间区域的表格中查看教师基本信息，也可以对教师信息进行“增删改查”操作。

在“教师基本信息管理”界面中单击“添加”按钮，打开“教师信息添加”界面，如图 11-12 所示。该界面主要用于填写教师的基本信息。

图 11-11 “教师基本信息管理”界面

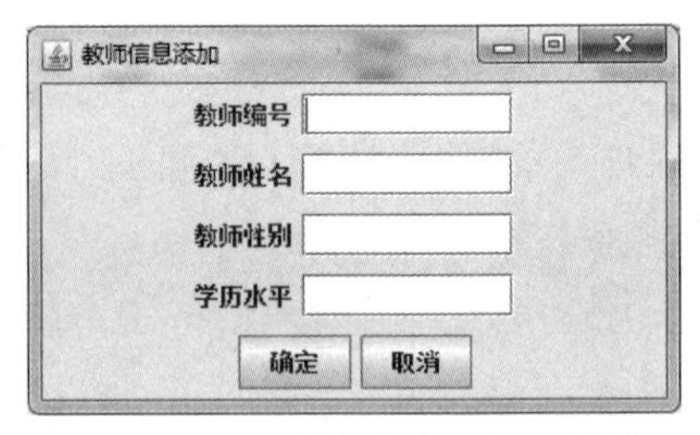

图 11-12 “教师信息添加”界面

在“学生成绩管理系统”主界面中选择“基本信息”→“考试成绩”菜单项，打开“学生考试成绩信息管理”界面，如图 11-13 所示。在该界面中，在“所属班级”下拉列表框中选择班级信息，即可显示这个班级的所有学生信息。选中某一条学生记录，即可显示这个学生的所有考试信息。

在“学生考试成绩信息管理”界面中单击“添加”按钮，打开“成绩信息添加”界面，如图 11-14 所示。该界面主要用于填写成绩信息。其中，学号是在“学生考试成绩信息管理”界面中选中的学生学号，科目可以通过下拉列表框在所有存在科目中选择。

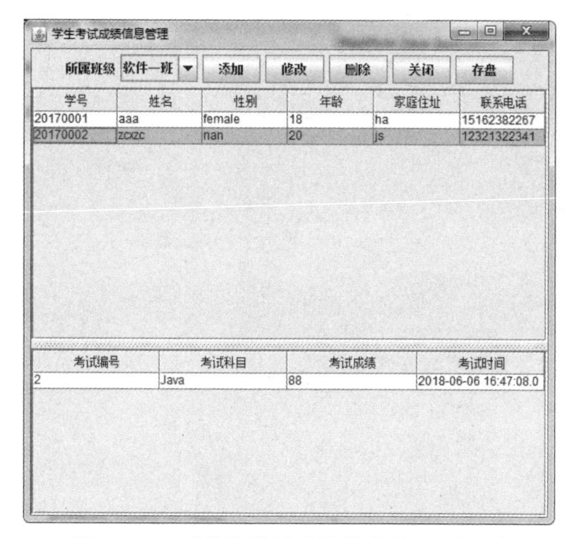

图 11-13 “学生考试成绩信息管理”界面

图 11-14 “成绩信息添加”界面

在“学生成绩管理系统”主界面中选择“系统查询”→“基本信息查询”菜单项，打开“基本信息查询”界面，如图 11-15 所示（默认为学生的“基本信息查询”界面）。在该界面中，可以通过学号或者班级编号查询学生信息。教师的“基本信息查询”界面如图 11-16 所示。

基本信息查询

查询类型 学生信息 字段 班级编号 数值 310171 确定 退出

学号	姓名	性别	年龄	家庭住址	联系电话
20170001	aaa	female	18	ha	15162382267
20170002	zcxzc	nan	20	js	12321322341

图 11-15 学生的“基本信息查询”界面

基本信息查询

查询类型 教师信息 字段 教工号 数值 032301 确定 退出

教师编号	姓名	性别	学历水平
032301	hlp	female	postgraduate

图 11-16 教师的“基本信息查询”界面

在“学生成绩管理系统”主界面中选择“系统查询”→“班级明细成绩查询”菜单项，打开“考试成绩班级明细查询”界面，如图 11-17 所示。在该界面中，选择要查询的班级，可以显示这个班级所有学生的成绩汇总信息。

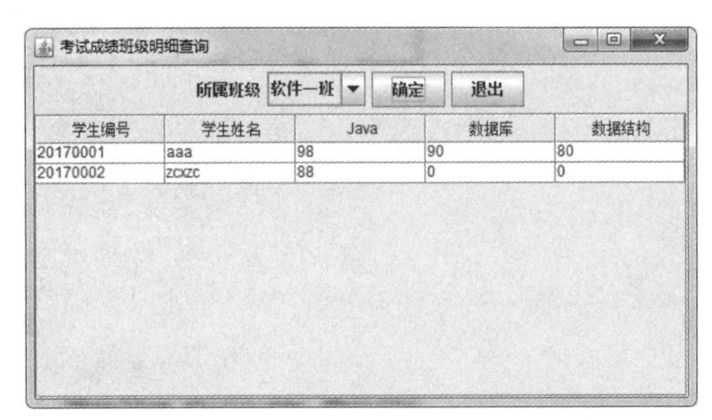

图 11-17　“考试成绩班级明细查询”界面

四、部分功能模块的实现

1．班级设置模块的实现

1）班级信息查询

查询数据库中 tb_classinfo 表的信息，在“班级信息设置”界面的表格中显示出来。

ClassManager 类的代码清单如下：

```
import java.util.Vector;
import javax.swing.JButton;
import javax.swing.JFrame;
import javax.swing.JPanel;
import javax.swing.JScrollPane;
import javax.swing.JTable;
import DAO.ClassinfoDAO;

public class ClassManager extends JFrame  {
    JScrollPane jsp;
    JPanel jp1;
    JButton jbmod;  JButton jbadd;  JButton jbdel;
    JButton jbflush;    JButton jbclose;    JButton jbsave;
    JTable table;

    public ClassManager(){
        this.setTitle("班级信息设置");
        //调用 buildTable()方法创建表格
        table=this.buildTable();
        jsp = new JScrollPane(table);

        jp1 = new JPanel();
        jbmod = new JButton("修改");    jbflush=new JButton("刷新");
```

```
        jbadd = new JButton("添加");    jbdel = new JButton("删除");
        jbclose=new JButton("关闭");    jbsave=new JButton("存盘");
        jp1.add(jbadd);     jp1.add(jbmod);         jp1.add(jbdel);
        jp1.add(jbflush);   jp1.add(jbclose);       jp1.add(jbsave);

        this.add(jsp, "Center");
        this.add(jp1, "South");

        this.setDefaultCloseOperation(JFrame.EXIT_ON_CLOSE);
        this.setSize(500,300);
        this.setLocationRelativeTo(null);
        this.setVisible(true);
    }
    //创建表格
    public JTable buildTable(){
        JTable jt;
        Vector<String> title=new Vector<String>();
        title.add("班级编号");
        title.add("班级名称");
        //调用 ClassinfoDAO 类中的 getinfo()方法查询数据
        ClassinfoDAO cdao=new ClassinfoDAO();
        Vector data=cdao.getinfo();
        jt= new JTable(data,title);
        return jt;
    }

    public static void main(String[] args) {
        new ClassManager();
    }
}
```

ClassinfoDAO 类中 getinfo()方法的定义如下：

```
public Vector<Object> getinfo() {
            Vector<Object> info = new Vector<Object>();
            //定义 SQL 语句
            String sql = "select * from tb_classinfo";
            ResultSet rs;
            try {
                //执行 SQL 语句
                DBCon db=new DBCon();
```

```
                rs = db.executeQuery(sql);
                //处理结果集
                while (rs.next()) {
                    Vector<String> lineinfo = new Vector<String>();
                    lineinfo.add(rs.getString(1));
                    lineinfo.add(rs.getString(2));
                    info.add(lineinfo);
                }
            } catch (SQLException e) {
                e.printStackTrace();
            }
            return info;
}
```

2）班级信息添加

在“班级信息设置”界面中单击“添加”按钮，打开“班级信息添加”界面，在该界面中填写班级编号和班级名称，单击“确定”按钮，将数据添加到 tb_classinfo 表中，提示“数据插入成功!”。班级信息添加效果如图 11-18 所示。

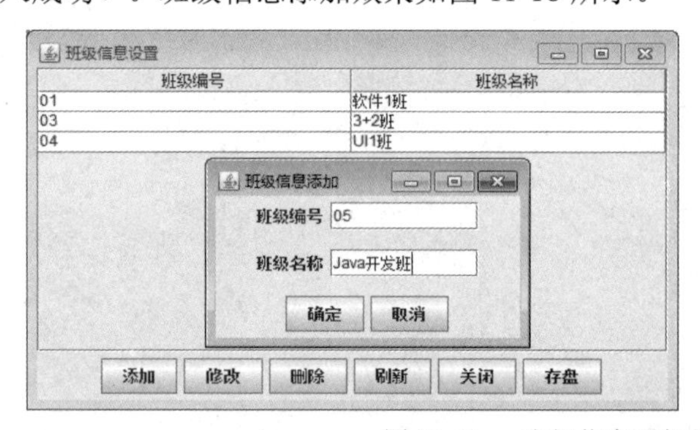

图 11-18　班级信息添加效果

ClassAdd 类的代码清单如下：

```
public class ClassAdd extends JFrame implements ActionListener{

    JPanel jp1;
    JPanel jp2;
    JLabel jlid;
    JLabel jlname;
    JTextField jtid;
    JTextField jtname;
    JPanel jp7;
    JPanel jp6;
    JButton sure;
```

```
    JButton cancel;

    public ClassAdd(String title){
        super(title);
        jp1=new JPanel();
        jlid=new JLabel("班级编号"); jtid=new JTextField(10);
        jp1.add(jlid);           jp1.add(jtid);

        jp2=new JPanel();
        jlname=new JLabel("班级名称");       jtname=new JTextField(10);
        jp2.add(jlname);          jp2.add(jtname);

        jp6=new JPanel();
        jp6.setLayout(new GridLayout(2,1));
        jp6.add(jp1);            jp6.add(jp2);

        jp7=new JPanel();
        sure=new JButton("确定");        cancel=new JButton("取消");
        jp7.add(sure);      jp7.add(cancel);
        sure.addActionListener(this);
        cancel.addActionListener(this);

        this.add(jp6);
        this.add(jp7,"South");
        this.setSize(250,150);
        this.setLocationRelativeTo(null);
        this.setDefaultCloseOperation(JFrame.EXIT_ON_CLOSE);
        this.setVisible(true);
    }

    public static void main(String[] args) {
        new ClassAdd("班级信息添加");
    }
    public void actionPerformed(ActionEvent e) {
        if(e.getSource()==sure){
            String classid=this.jtid.getText();
            String className=this.jtname.getText();
            //调用ClassinfoDAO类中的insertinfo()方法插入数据
            ClassinfoDAO cdao=new ClassinfoDAO();
            int i=cdao.insertinfo(classid, className);
```

```
            if (i == 1) {
                this.dispose();
                JOptionPane.showMessageDialog(this, "数据插入成功！");
            }
        }
    }
}
```

ClassinfoDAO 类中 insertinfo()方法的定义如下：

```
public int insertinfo(String id, String name) {
    int i=0;
    String sql="insert into tb_classinfo values('"+id+"','"+name+"')";
    DBCon db=new DBCon();
    i=db.executeUpdate(sql);
    return i;
}
```

2. 学生信息模块的实现

1）学生基本信息查询

在“学生基本信息管理”界面中，选择所属班级，会显示该班级的所有学生信息。

StuManager 类的代码清单如下：

```
public class StuManager extends JFrame implements ItemListener {
    JScrollPane jsp;
    JPanel jp1;
    JLabel jl1;     JComboBox jcb;      JButton jbmod;
    JButton jbadd;  JButton jbdel;      JButton jbflush;
    JButton jbclose;   JTable table;    JButton jbsave;

    public StuManager(){
        this.setTitle("学生基本信息管理");

        jp1 = new JPanel();
        jl1=new JLabel("所属班级");
        //调用 getClassName()方法查询班级信息，填充下拉列表框
        ClassinfoDAO cdao=new ClassinfoDAO();
        Vector date=cdao.getClassName();
        jcb=new JComboBox(date);
        jcb.addItemListener(this);
```

```
    jbmod = new JButton("修改");           jbflush=new JButton("刷新");
    jbadd = new JButton("添加");           jbdel = new JButton("删除");
    jbclose=new JButton("关闭");           jbsave = new JButton("存盘");

    jp1.add(jl1);        jp1.add(jcb);        jp1.add(jbadd);
    jp1.add(jbmod);      jp1.add(jbdel);      jp1.add(jbflush);
    jp1.add(jbclose);    jp1.add(jbsave);
    //调用 buildTable()方法创建表格
    table=this.buildTable();
    jsp = new JScrollPane(table);

    this.add(jp1, "North");
    this.add(jsp, "Center");

    this.setDefaultCloseOperation(JFrame.EXIT_ON_CLOSE);
    this.setSize(550,300);
    this.setLocationRelativeTo(null);
    this.setVisible(true);
}
//创建表格
public JTable buildTable(){
    JTable jt;
    Vector<String> title=new Vector<String>();
    title.add("学号");        title.add("姓名");        title.add("性别");
    title.add("年龄");        title.add("家庭住址");
    title.add("联系电话");
    //获得下拉列表框中的班级名称，根据班级名称查询学生信息
    String className=jcb.getSelectedItem().toString();
    StudentDAO studao=new StudentDAO();
    Vector data=studao.getinfo(className);

    jt= new JTable(data,title);
    return jt;
    }

public static void main(String[] args) {
        new StuManager();
}
//下拉列表框事件
public void itemStateChanged(ItemEvent e) {
```

```
        tableflush();
    }
    //表格更新方法
    public void tableflush(){
        table=buildTable();
        jsp.setViewportView(table);
    }

}
```

ClassinfoDAO 类中 getClassName()方法的定义如下：

```
public Vector<String> getClassName() {
    Vector<String> info = new Vector<String>();
    String sql = "select className from tb_classinfo";
    ResultSet rs;
    try {
        DBCon db=new DBCon();
        rs = db.executeQuery(sql);
        while (rs.next()) {
            info.add(rs.getString(1));
        }
    } catch (SQLException e) {
        e.printStackTrace();
    }
    return info;
}
```

StudentDAO 类中查询班级信息的 getinfo()方法的定义如下：

```
public  Vector<Object> getinfo(String className){
    Vector<Object> info=new Vector<Object>();
    //定义带参数的 SQL 语句
    String sql = "select * from tb_studentinfo,tb_Classinfo "
        + "where tb_studentinfo.classid=tb_Classinfo.classid and className=?";
    //获得数据库连接
    Connection conn=db.getconn();
    ResultSet rs;
    try {
        //预编译 SQL 语句
        PreparedStatement ps=conn.prepareStatement(sql);
        //为 SQL 语句的参数赋值
```

```
        ps.setString(1, className);
        //执行 SQL 语句
        rs=ps.executeQuery();
        //处理结果集
        while(rs.next()){
            Vector<String> lineinfo=new Vector<String>();
            lineinfo.add(rs.getString(1));
            lineinfo.add(rs.getString(3));
            lineinfo.add(rs.getString(4));
            lineinfo.add(rs.getString(5));
            lineinfo.add(rs.getString(6));
            lineinfo.add(rs.getString(7));
            info.add(lineinfo);
        }
    } catch (SQLException e) {
            e.printStackTrace();
    }
    return info;
}
```

2）学生基本信息修改

在“学生基本信息管理”界面中，选中一行数据，单击“修改”按钮，打开“学生信息修改”界面，在该界面中修改数据，单击“确定”按钮，提示“数据修改成功！”。学生基本信息修改效果如图 11-19 所示。

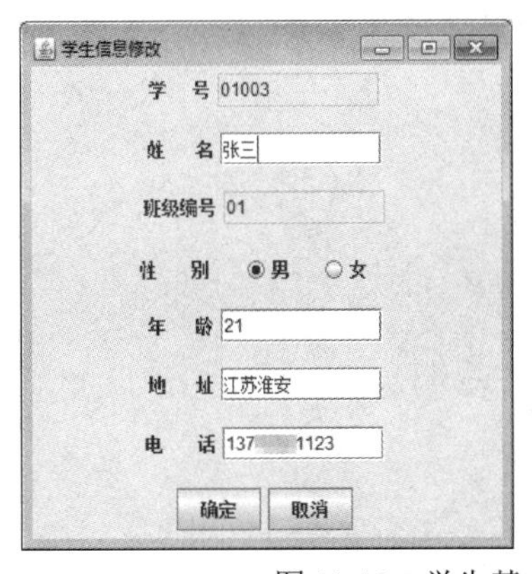

图 11-19　学生基本信息修改效果

StuManager 类中“修改”按钮的事件定义如下：

```
if(e.getSource()==jbmod){
    //选中一行数据
    int row=this.getTable().getSelectedRow();
    //没有选择，提示信息
```

```
    if(row==-1){
        JOptionPane.showMessageDialog(this, "请选择一行数据! ");
    }
    else{
        //取出当前行数据的值
        String id=(String)this.getTable().getValueAt(row, 0);
        String name=(String)this.getTable().getValueAt(row, 1);
        String sex=(String)this.getTable().getValueAt(row, 2);
        String age=(String)this.getTable().getValueAt(row, 3);
        String address=(String)this.getTable().getValueAt(row, 4);
        String phone=(String)this.getTable().getValueAt(row, 5);
        //打开“学生信息修改”界面
        StuAdd stu=new StuAdd("学生信息修改");
        //为“学生信息修改”界面中的各控件赋值
        stu.setvalue(id, name, age, sex, address, phone);
        stu.setClassId(this.getClassid());

        //设置“学生信息修改”界面的学号和班级编号不可编辑
        stu.getJtid().setEditable(false);
        stu.getJtclassid().setEditable(false);
        stu.setFlag("mod");
    }
}
```

“学生信息修改”界面中“确定”按钮的事件定义如下：

```
if(e.getSource()==sure){
    //获得各控件的值
    String stuid=this.jtid.getText();
    String classid=this.jtclassid.getText();
    String name=this.jtname.getText();
    String sex="";
    if(btnsex1.isSelected())sex="男";
    else sex="女";
    String age=this.jtage.getText();
    String address=this.jtaddress.getText();
    String phone=this.jtphone.getText();
    //调用StudentDAO类中的modinfo()方法修改数据
    StudentDAO cdao=new StudentDAO();
    if(this.getFlag().equals("mod")){
```

```
        int i=cdao.modinfo(stuid, name,sex,age,address,phone);
        //修改成功的提示信息
        if (i == 1) {
            this.dispose();
            JOptionPane.showMessageDialog(this, "数据修改成功！");
        }
    }
}
```

StudentDAO 类中 modinfo()方法的定义如下：

```
public int modinfo(String stuid, String name, String sex, String age, String
address, String phone) {
        int i=0;
        String sql="update tb_studentinfo set stuname=?,sex=?,age=?,addr=?,"
                    +" phone=? where stuid= ? ";
        Connection conn=db.getconn();
        try {
            PreparedStatement ps=conn.prepareStatement(sql);
            ps.setString(1, name);      ps.setString(2, sex);
            ps.setString(3, age);       ps.setString(4, address);
            ps.setString(5, phone);     ps.setString(6, stuid);
            i=ps.executeUpdate();
        } catch (SQLException e) { e.printStackTrace();   }
        return i;
}
```